Krane und Kranbahnen

Berechnung, Konstruktion, Ausführung

Von Dipl.-Ing. Dietrich von Berg, Stuttgart

2., durchgesehene Auflage
Mit 146 Bildern, 60 Tabellen und 43 Beispielen

B. G. Teubner Stuttgart 1989

CIP-Titelaufnahme der Deutschen Bibliothek

Berg, Dietrich von:
Krane und Kranbahnen : Berechnung, Konstruktion,
Ausführung / von Dietrich von Berg. 2., durchges. Aufl. –
Stuttgart : Teubner, 1989

ISBN 978-3-322-96767-1 ISBN 978-3-322-96766-4 (eBook)
DOI 10.1007/978-3-322-96766-4

Umschlaggestaltung: P. Pfitz, Stuttgart

Vorwort

Tragwerke von Kranen und Kranbahnen in Gebäuden sind ein Teilgebiet des Stahlbaus. Anders als im üblichen Stahlbau sind die Kräfte, welche auf die Tragwerke einwirken, "nicht vorwiegend ruhend". D.h. die Kräfte sind Wanderlasten, die dazu noch ihre Größe entsprechend der angehängten Last variieren können. Den Bauingenieur stellt dies während des Studiums und auch in der späteren Berufspraxis vor ungewohnte und ungeliebte Aufgaben. Dies trifft besonders bei der Tragwerksplanung im Industriebau zu.

Es wurde deshalb in einer praxisnahen Darstellung mit vielen Beispielen der Bereich der Lastermittlung für vertikale und horizontale Beanspruchungen ausführlich behandelt.

Den Prüfingenieuren soll die Möglichkeit gegeben werden, die Beanspruchungen aus Kranen und Kranbahnen in das Gebäude zu prüfen.

Detailliert wurde die Praxis der Einstufung in die Hubklassen und in die Beanspruchungsgruppen erläutert. Von Fachleuten ist dies ohne Probleme durchführbar. Schwierigkeiten bereitet es demjenigen, der nur hin und wieder mit dieser Arbeit beauftragt wird. In den wegen der großen Stoffülle schwierigen Normenwerken bedarf es dann immer wieder einer langen Einarbeitungszeit.
Gleiches trifft für die geforderten Nachweise der Betriebsfestigkeit und die kleineren zulässigen Beanspruchungen bei Bauteilen zu, die nicht vorwiegend ruhend beansprucht werden. Hier findet der Bauingenieur und Student durch zusammengestellte Tabellen hilfreiche Unterstützung und Anleitung.

Es wurde weitgehendst auf die Herleitung der Formeln und der Rechenverfahren verzichtet. Es werden aber immer Quellen der Herleitungen genannt, und es werden auch die Grenzen der Anwendung der Formeln aufgezeigt.

In den Kapiteln über Bauarten, Konstruktionsmaße, Sicherheitsabstände und Baugenehmigungen werden dem Architekten im Studium, in der Praxis und den Baubüros der Industrieunternehmen Arbeitshilfen angegeben, die ein schnelles und sicheres Arbeiten ermöglichen.

Um die Unfallgefahren, welche von Kranen ausgehen können, so gering wie möglich zu halten, wurden die geforderten Prüfungen für Krane und Kranbahnen erläutert.

In diesem Buch wurde versucht, die in DIN 1080 geregelten Schreibweisen der Schnittkräfte, Spannungen und Achsbezeichnungen zu übernehmen. Es mußte allerdings an verschiedenen Stellen auf die noch nicht vollständig umgestellten Normen Rücksicht genommen werden. Es sollten möglichst für einen Begriff keine unterschiedlichen Bezeichnungen zwischen Buch und Norm auftreten.
Dort, wo Unterschiede bei der Berechnung zwischen Kranen und Krahnbahnen auftreten, wurde in diesem Buch ausdrücklich darauf hingewiesen. Bei gleicher Behandlung findet sich kein Hinweis.

Meinen Dank möchte ich an dieser Stelle meiner Frau Gabriele sowie meinen Mitarbeitern an diesem Buch Frau Dorothee Zimek, Frau Lilo Appel und Herrn Dr.-Ing. habil. Adrian Pocanschi aussprechen, die mir bei der Bearbeitung der Texte und dem Anfertigen der Zeichnungen und Druckvorlagen behilflich waren.

Die erste Auflage war schnell vergriffen, deshalb wurde eine zweite Auflage notwendig. Die Druckfehler wurden korrigiert. Die verwendeten Formelzeichen wurden weitgehend dem Entwurf DIN 18800 (März 1988) angepaßt.

Den vielen Kollegen spreche ich meinen Dank aus, die mit lobenden und kritischen Anmerkungen mir viele Anregungen gegeben haben.

Stuttgart, März 1989 Dietrich von Berg

I n h a l t

Anhang

Formelzeichen und Abkürzungen

Alle Abkürzungen und Zeichen sind in jedem Kapitel beschrieben und ggf. durch Bilder dargestellt und erläutert.

1. Einleitung

In gewerblich genutzten Gebäuden sind Krane und Kranbahnen zu wesentlichen Bestandteilen der Einrichtung geworden. Rationalisierungsmaßnahmen durch Lohn- und Lohnnebenkosten, sowie Wettbewerbsdruck zwingen die Unternehmen Krananlagen in verstärktem Maße einzusetzen. Um Gesundheitsschäden bei Mitarbeitern zu verhindern, sollten Hebezeuge überall dort eingesetzt werden, wo die anzuhebenden Lasten über den zumutbaren Lasten nach /95/ liegen. Die Krananlagen haben die unterschiedlichsten Funktionen zu erfüllen, z.B. als Umschlag- und Transporteinrichtung, Beschickungseinrichtung für Maschinen, Reparatur- und Instandsetzungseinrichtung usw. Heute werden Krananlagen und Kranbahnen nach den modernsten Fertigungsmethoden erstellt. So werden z.B. materialsparende Fachwerkkonstruktionen durch unterpulvergeschweißte Kastenträger ersetzt. Mit Bearbeitungszentren lassen sich preiswert große Stückzahlen von genormten Teilen mit hoher Präzision herstellen.

Diese neuen Verfahrenstechniken und das erweiterte Wissen über das Tragverhalten von Stahlkonstruktionen bei schwellender und wechselnder Beanspruchung wurden in die beiden DIN-Normen DIN 15 018 "Kran" /2/ und DIN 4132 "Kranbahnen" /3/ eingebracht. Die alte DIN 120 "Krane und Kranbahnen" wurde aufgehoben.

Entsprechend ihrer vielfältigen Funktionen und Einsatzmöglichkeiten werden Krane nach verschiedenen Gesichtspunkten unterschieden und eingeteilt. Innerhalb von Gebäuden unterscheidet man Krananlagen am sinnvollsten nach ihrer Bauart.

2. Bauarten von Kranen

Krane sind Hebezeuge, bei denen Lasten mit einem Tragmittel gehoben und zusätzlich in eine oder mehreren Richtungen bewegt werden können.

Krananlagen werden in der Regel nach den unterschiedlichen Bauarten benannt. So unterscheidet man z.B. Einschienen-Hängekatzen, Zweischienen-Hängekatzen, Säulenschwenkkrane, Wandschwenkkrane, Einbrücken-Laufkrane, Zweibrücken-Laufkrane, Einbrücken-Hängekrane, Zweibrücken-Hängekrane, Portalkrane und Halbportalkrane. In /4/ und /9/ werden Symbole der einzelnen Bauarten für die Verwendung in Zeichnungen dargestellt.

Eine Einteilung und Benennung nach dem Verwendungszweck ist ebenfalls üblich. So spricht man z.B. von einem Werkstattkran, einem Lagerkran oder einem Gießereikran. Diese Art der Benennung wird im folgenden nur für die Klassifizierung nach Beanspruchungsgruppen (siehe Kap. 9) verwendet.

2.1 Schienenhängebahnen

Schienenhängebahnen werden auch als Einschienen-Hängekatzen bzw. als Schienenlaufkatzen bezeichnet. Dabei läuft eine verfahrbare Laufkatze (Hebezeug) am Unterflansch eines Trägers. Die Laufkatze kann mit einem Verschiebefahrwerk, einem Handfahrwerk, einem Elektro- oder Pneumatikfahrwerk ausgerüstet sein. Der Hubvorgang kann von Hand oder kraftbetätigt erfolgen. Diese Bauart kann sowohl als selbständiger Kran oder als Teil eines Portalkrans oder eines Brückenkrans in Erscheinung treten.

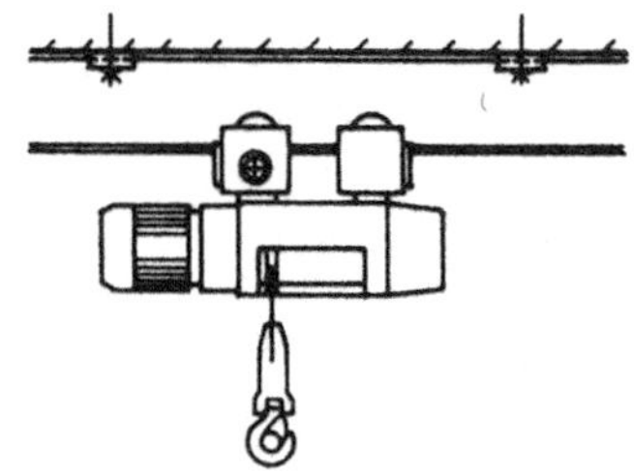
Bild 2.1 Schienenhängebahn

Bei selbständigen Krananlagen (Anlagen, bei denen die Kranbahn direkt mit der tragenden Konstruktion des Gebäudes verbunden ist), ist der Träger meistens durch Klemmplatten an der darüber befindlichen Konstruktion befestigt. Diese Krananlagen sind preiswert. Allerdings können sie nur in der Trägerachse und in ihrer unmittelbaren Umgebung eingesetzt werden, da ein Schrägziehen von Lasten mit Kranen nur in wenigen Ausnahmefällen /6/ erlaubt ist. Üblicherweise werden diese Krananlagen bis ca. 10 t eingesetzt. Läuft die verfahrbare Laufkatze an den Unterflanschen von zwei parallelen Trägern, so spricht man von einer Zweischienen-Hängekatze.

2.2 Säulenschwenkkrane

Sie bestehen aus einer ortsfesten Säule, dem Ausleger und dem Hebezeug. Die Säule ist in ihrem Fußpunkt in ein Fundament eingespannt. Alle Bewegungen (drehen, fahren, heben) können entweder von Hand als auch kraftbetätigt erfolgen. Ist der Schwenkbereich nicht begrenzt, so spricht man auch von Säulendrehkranen. Üblicherweise werden diese Krananlagen bis ca. 6,3 t Tragfähigkeit eingesetzt. Das Traglastmoment überschreitet selten 280 kNm. Diese Krananlagen sind in der Lage, eine kreisringförmige Fläche zu bestreichen. Ist der Schwenkarm durch ein Gelenk in der Mitte nochmals knickbar, so ist dies ein sog. Knickarm.

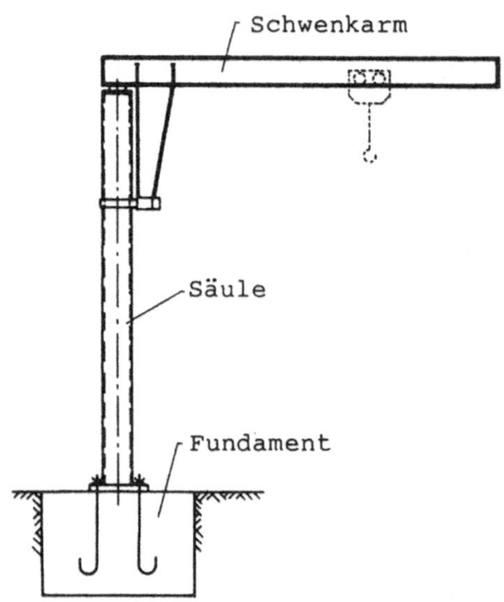

Bild 2.2 Säulenschwenkkran

2.3 Wandschwenkkrane

Wandschwenkkrane bestehen in der Regel aus einer ortsfesten Säule, dem Ausleger und dem Hebezeug. Die Säule ist oben und unten gelagert. Dies hat zur Folge, daß das untere Fundament, im Gegensatz zum Säulenschwenkkran, kleiner ausgeführt werden kann, weil keine Einspannung der Säule stattfinden muß. Der Schwenkbereich beträgt in der Regel 180° oder 270°. Entsprechend ist die Form der überstrichenen Fläche ein Kreisringstück mit dem entsprechenden Zentriwinkel.

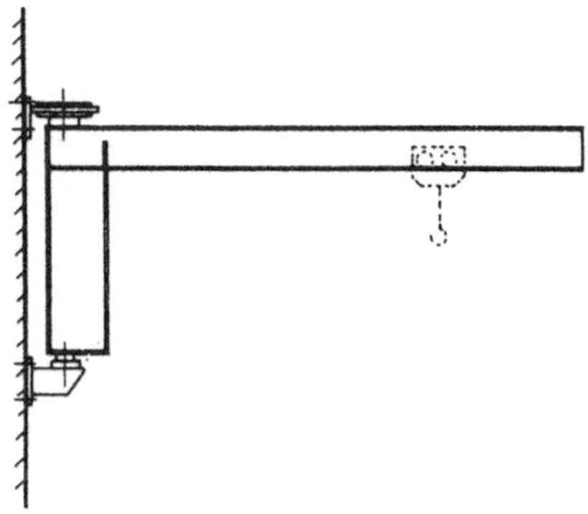

Bild 2.3 Wandschwenkkran

Eingesetzt wird die Krananlage bis ca. 4,0 t Tragfähigkeit. Das Traglastmoment überschreitet selten 150 kNm.

2.4 Brückenkrane

Man unterscheidet zwischen Laufkranen und Hängekranen.

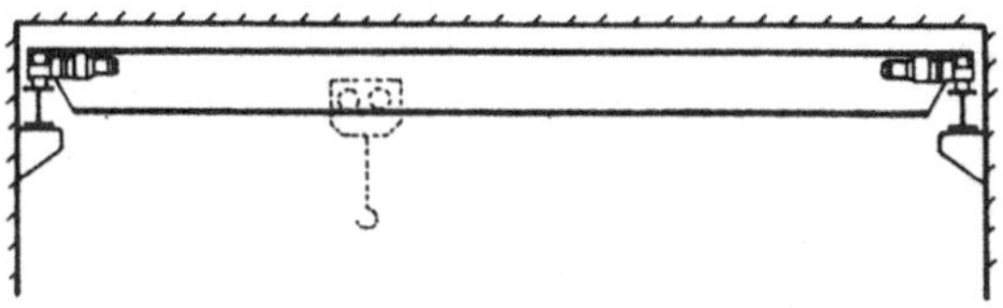

Bild 2.4 Laufkran

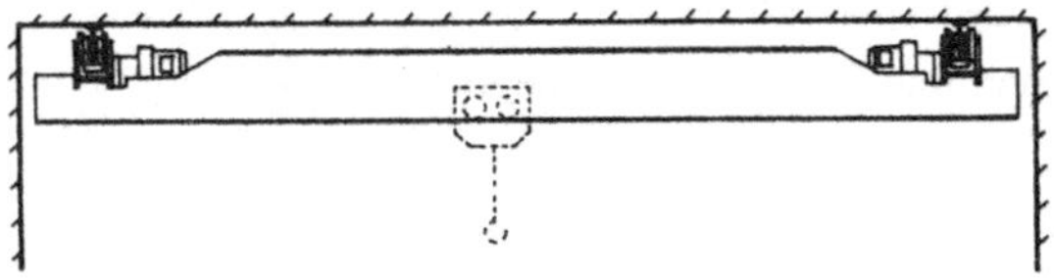

Bild 2.5 Hängekran oder Deckenkran

Die Hängekrane werden auch als Deckenkrane bezeichnet, sofern die Abhängung direkt von der Deckenkonstruktion aus erfolgt.

2.4.1 Laufkrane

Die Laufkrane bestehen aus einer Brücke, den Kopfträgern und dem Hebezeug (Laufkatze).

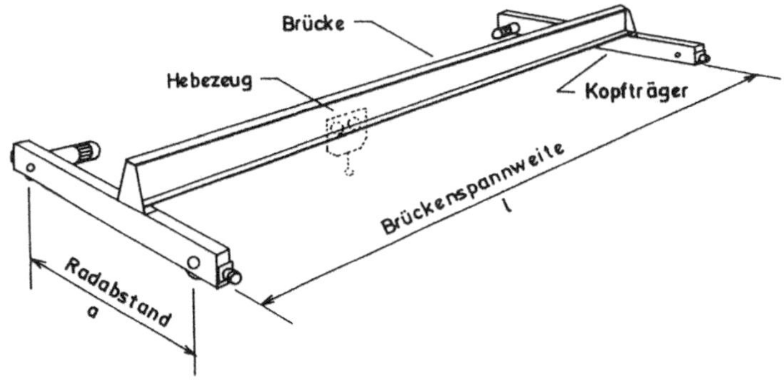

Bild 2.6 Einträger-Brückenlaufkran mit auf die Kopfträger aufgesetzter Brücke

Die Kopfträger sitzen auf der hochgelegenen Kranbahn auf. Die Lasteinleitung von der Brückenkonstruktion auf die Kranbahn erfolgt also von oben. Die Brücke wird heute meistens als geschweißter Kastenträger oder als Walzprofilträger ausgeführt.

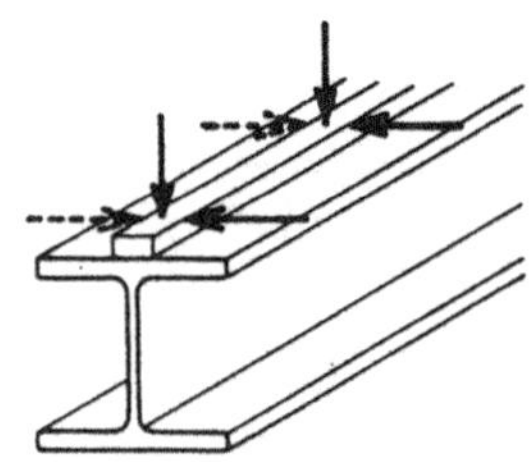

Bild 2.7

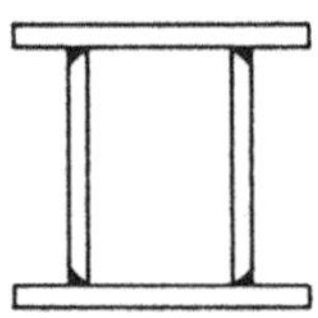

Bild 2.8 Brücke als geschweißter Kastenträger

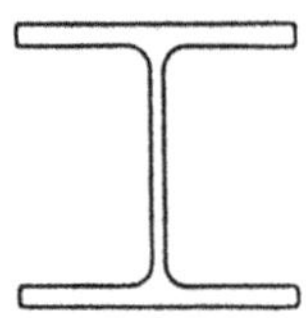

Bild 2.9 Brücke als Walzprofil

Man unterscheidet zwischen Einträger- und Zweiträger-Brückenlaufkran, wobei jeweils die Brücke <u>zwischen</u> die Kopfträger eingehängt oder <u>auf</u> die Kopfträger aufgelegt werden können.

Befindet sich die Brücke zwischen den Kopfträgern, so wird bei gegebener Hallenhöhe eine größere Hakenhöhe erzielt. Das Hebezeug kann entweder an der Brücke hängen (Einschienenkatze) oder auf der Brücke aufgesetzt laufen (Laufkatze).

Einträger-Brückenlaufkrane werden bis zu einer Spannweite von 22 m und einer Tragfähigkeit von 10000 kg (10 t) eingesetzt. Zweiträger-Brückenlaufkrane werden für größere Spannweiten und Tragfähigkeiten eingesetzt.

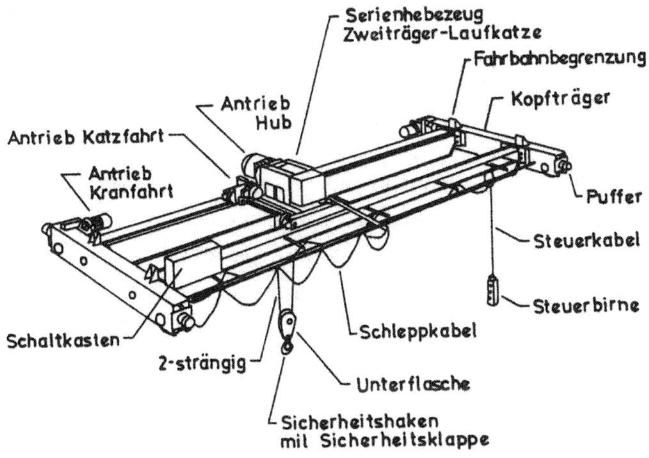

Bild 2.10 Zweiträger-Brückenlaufkran

Die Laufeigenschaft bzw. das Fahrverhalten /7/ bei Zweiträger-Brückenlaufkranen ist im allgemeinen besser als bei Einträger-Brückenlaufkranen. Beim Zweiträger-Brückenlaufkran ist bei ausmittiger Belastung der Brücke ein geringerer Verzug festzustellen als beim Einträger-Brückenlaufkran. Nicht zuletzt hängt die Laufeigenschaft einer Krananlage von den Herstellungstoleranzen (siehe Kap. 7), von den seitlichen Führungselementen und vom Verhältnis Spannweite zu Radstand ab. Das Verhältnis Brückenspannweite zu Radstand sollte 7 : 1 nicht überschreiten.

$$\frac{\ell}{a} \leq 7 \qquad (2.1)$$

2.4.2 Hängekrane

Hängekrane werden auch als Deckenkrane bezeichnet, wenn die Kranbahn an der Deckenkonstruktion oder der Dachkonstruktion abgehängt ist (vgl. Unfallverhütungsvorschrift UVV VBG 9 "Krane" Durchführungsanweisung 3 zu § 8 Abs. 2). Hängekrane bestehen aus der Brücke, den Kopfträgern und dem Hebezeug.

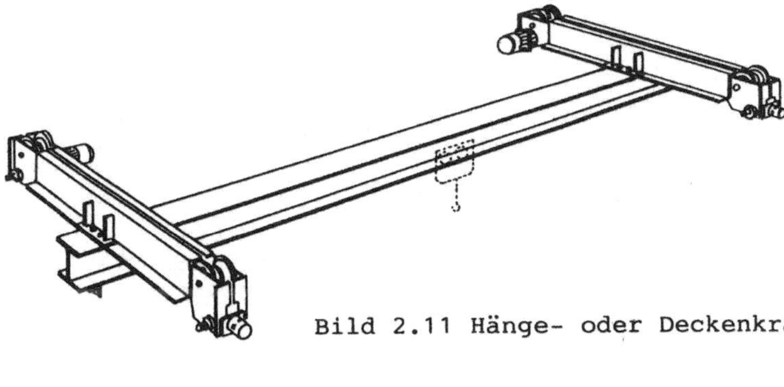

Bild 2.11 Hänge- oder Deckenkran

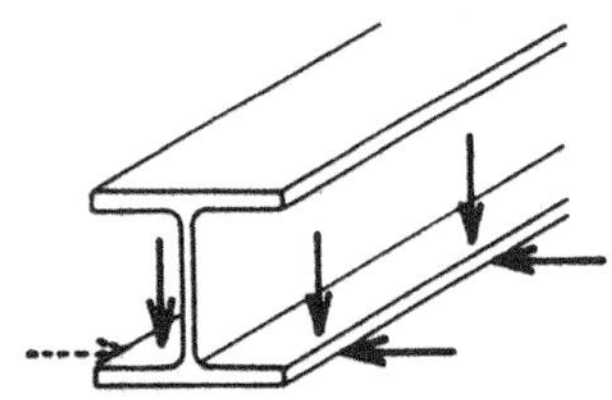

Bild 2.12

Üblicherweise werden die Hängekrane als Einträger-Brückenhängekrane ausgeführt. Die Kopfträger und die Brücke hängen an der hochgelegten Kranbahn. Die Lasteinleitung erfolgt also am Unterflansch der Kranbahn.
Die Kranbrücke wird als Walzprofilträger ausgeführt. Das Hebezeug hängt an der Brücke. Üblicherweise werden Deckenkrane bis zu einer Spannweite von 20,0 m und einer Tragfähigkeit von 10,0 t eingesetzt.

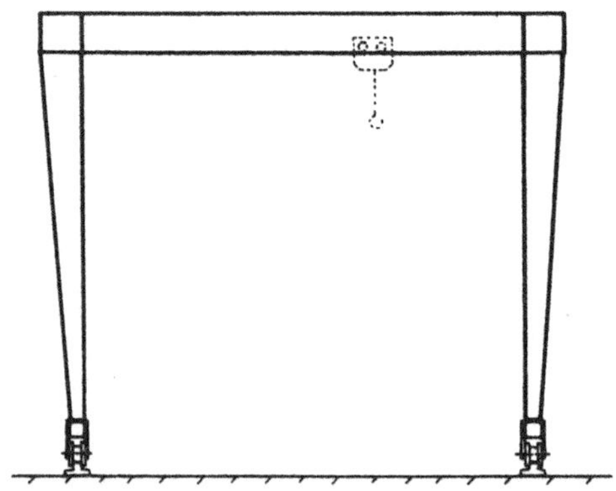

Bild 2.13 Portalkran

2.5 Portalkrane

Der Vollständigkeit halber soll noch die Konstruktionsart der Portal- und Halbportalkrane aufgeführt werden. Sie bestehen aus einem Rahmen, wobei der Riegel gleichzeitig die Brücke der Krananlage darstellt. Aus Wirtschaftlichkeitsgründen werden diese Bauarten nur noch in geringem Umfang innerhalb von Gebäuden eingesetzt.

Bei den Halbportalkranen fehlt ein Stiel des Rahmens. Die Kranbahnen laufen auf unterschiedlichen Niveaus.

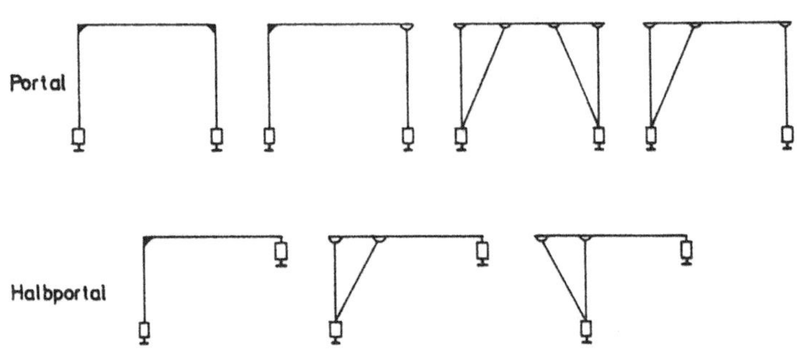

Bild 2.14 Mögliche Tragwerkssysteme für Portal- und Halbportalkrane

3. Hebezeuge, Hubwerke, Triebwerke und deren Einteilung in Gruppen

3.1 Allgemeines

Hebezeuge sind absatzweise arbeitende Fördermittel für Einzellasten, bei denen die vertikale Fördereinrichtung vorherrscht. Werden die Hebezeuge bei Krananlagen verwendet, so spricht man von Hubwerken. Der Hubvorgang kann handbetätigt oder kraftbetätigt erfolgen. Vorzugsweise werden kraftbetätigte Hebezeuge als Hubwerke eingesetzt, wobei der elektrische Antrieb vorherrscht. Vergleichbar mit der Einteilung der Krantragwerke nach Hubklassen und Beanspruchungsgruppen werden die Hubwerke ebenfalls in Gruppen eingeteilt (siehe DIN 15020). Ist die Tragfähigkeit und die Hubgeschwindigkeit bekannt und die Gruppe des Hubwerks ermittelt, sind alle übrigen Daten für das Hubwerk bestimmt, wie z.B. Leistung des Elektromotors, Einschaltdauer usw.

3.2 Einteilung in die Hubwerksgruppe oder Triebwerksgruppe

Die Einteilung erfolgt nach der Belastungsart (Lastkollektiv) und der mittleren Laufzeit je Arbeitstag.

Bei der Belastungsart wird unterschieden zwischen leicht, mittel, schwer und sehr schwerem Lastkollektiv (s. Bild 3.1 und Tab. 3.1). Eine genaue Berechnung der Belastungsarten ist in /46/ wiedergegeben.

Als mittlere Laufzeit je Arbeitstag wird die Summe der Hub- und Senkzeiten je Arbeitstag verstanden.

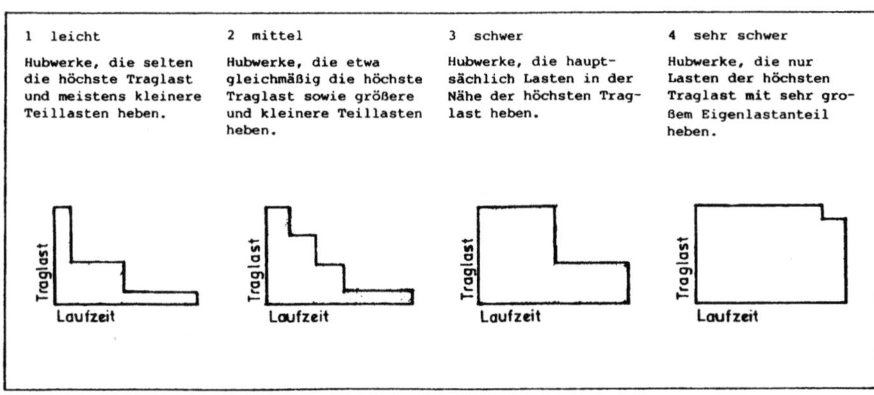

Bild 3.1 Belastungsarten

Tab. 3.1 Einteilung in Hubwerksgruppen

Aus Laufzeit und Belastungsart wird die Gruppe bestimmt.

Belastungsart	Mittlere Laufzeit je Arbeitstag in Stunden					
1 leicht	bis 2	2 - 4	4 - 8	8 - 16	über 16	-
2 mittel	bis 1	1 - 2	2 - 4	4 - 8	8 - 16	über 16
3 schwer	bis 0,5	0,5 - 1	1 - 2	2 - 4	4 - 8	8 - 16
4 sehr schwer (FEM)	bis 0,25	0,25-0,5	0,5 - 1	1 - 2	2 - 4	4 - 8
Gruppe FEM/ DIN 15020	1 B_m	1 A_m	2_m	3_m	4_m	5_m

Beispiel 3.1 Gesucht ist die Hubwerksgruppe nach FEM 9.511 bzw. DIN 15020 eines Elektroseilzuges. Die mittlere Laufzeit der Hub- und Senkbewegung beträgt ca. 3 Std./Arbeitstag. Der Anteil der großen, mittleren und kleinen Lasten ist etwa gleich groß.
Das Hubwerk kann dem Lastkollektiv 2 (mittel) zugeordnet werden (siehe Bild 3.1). Nach Tabelle 3.1 wird die Hubwerksgruppe bestimmt. Die Hubwerksgruppe entspricht der Gruppe 2_m.

3.3 Tragfähigkeiten

Die Traglasten in Tonnen [t] werden wie folgt abgestuft:

0,25 / 0,50 / 1 / 1,25 / 1,6 / 2 / 3,2 / 5 / 6,3 / 8 / 10 /
12,5 / 16 / 20 / 32 / 50 / 80 / 100 / 125 / 160 / 200 / 250.

- Siehe hierzu auch DIN 15021 "Krane und Winden".

Üblicherweise werden Elektrokettenzüge bis 2 t Tragfähigkeit eingesetzt, Elektroseilzüge von 2 t bis 80 t und Windwerke von 40 t bis 250 t.

3.4 Hubgeschwindigkeiten

- Siehe hierzu auch DIN 15022 "Krane, Hubhöhen, Arbeitsgeschwindigkeiten".

Folgende Hubgeschwindigkeiten sind üblich:

Feinhub in m/min	0,3 / 0,5 / 0,8 / 1 / 1,25
Normalhub in m/min	1,6 / 2 / 2,5 / 3,15 / 4 / 5 / 6,3 / 8 / 10 / 12,5 / 16 / 20 / 25 / 31,5 / 40 / 50 /.

Als Feinhub wird die Reduzierung der normalen Hub- und Senkgeschwindigkeit auf 1/2, 1/4, 1/6 bis zu 1/10 der normalen Hub- und Senkgeschwindigkeit bezeichnet. Diese Reduzierung wird durch polumschaltbare Motoren erzielt. Dabei werden bei halber Geschwindigkeit zwei weitere Polpaare zugeschaltet. Polumschaltbare Drehzahlreduzierung gibt es bis zum Untersetzungsverhältnis 1:6, darüber bis zur Reduzierung von 1:10 werden mechanisch zuschaltbare Feinhubgetriebe eingesetzt. Siehe hierzu /40/.

Welche Hubgeschwindigkeiten benötigt werden, hängt von verschiedenen Faktoren ab:

1. von der Anzahl der Lastspiele pro Stunde,
2. vom zum befördernden Gut bzw. von der Fahrgenauigkeit, die an den Kran gestellt wird beim Heben und Senken bzw. beim Anhalten der zu hebenden Last,
3. von der Tragfähigkeit, d.h. je größer die Tragfähigkeit desto geringer die Hubgeschwindigkeit.

Als Richtwert können die Hubgeschwindigkeiten in der nebenstehenden Tabelle 3.2 dienen.

Tab. 3.2 Hubgeschwindigkeiten

Traglast in t	Hubgeschw. v in Meter pro Min. v_{max} / v_{min}		
	Elektrozug-Zweitr.kran	Elektrozug-Einträger-laufkran	Elektrozug-Einträger-Hängekran
1	2	3	4
0,50	-	-	10/5
1,0	-	12/5	12/5
1,25	-	-	8/4
1,60	-	12/4	12/4
2,0	10/4	10/4	10/4
3,2	12/4	12/4	12/4
5,0	12/4	12/4	12/4
6,3	10/4	10/4	10/4
8,0	12/5	12/5	12/5
10,0	10/4	10/4	10/4
12,5	8/4	-	-
16,0	10/4	-	-
20,0	8/5	-	-
32,0	5/5	-	-

4. Antriebe

4.1 Allgemeines

Antriebe werden benötigt für die Horizontalbewegungen der Katze und für die Horizontalbewegungen des Krans. Der Antrieb kann handbetätigt durch Haspelantriebe oder kraftbetätigt in erster Linie durch Elektroantriebe erfolgen. Bei Elektroantrieben werden Kurzschlußläufermotoren mit Verschiebeanker oder Schleifringläufermotoren verwendet. Letztgenannte werden nur bei hohen Geschwindigkeiten mit sanftem Anfahren und bei hohen Schalthäufigkeiten eingesetzt. Beim Anfahren wird dabei die Anpassung des Drehmoments durch das stufenweise Abschalten der Läufervorwiderstände erzielt. Die meisten Antriebe sind Kurzschlußläufermotoren mit Verschiebeanker. Diese Antriebe sind praktisch wartungsfrei und auch im robusten Betrieb noch einsetzbar. Bei diesem Antrieb ist der Motor und die Bremse in einer kompakten Einheit vereinigt. Rotor und Stator (Läufer und Ständer) sind bei diesem Motor kegelförmig ausgebildet. Beim Einschalten wird eine Achsialkraft erzeugt, die den Rotor gegen eine Druckfeder verschiebt, und dadurch wird am Bremslüfter zwangsläufig die Bremswirkung aufgehoben. Nach dem Abschalten oder bei Stromausfall drückt die Feder den Läufer in die konusförmige Bremse hinein,

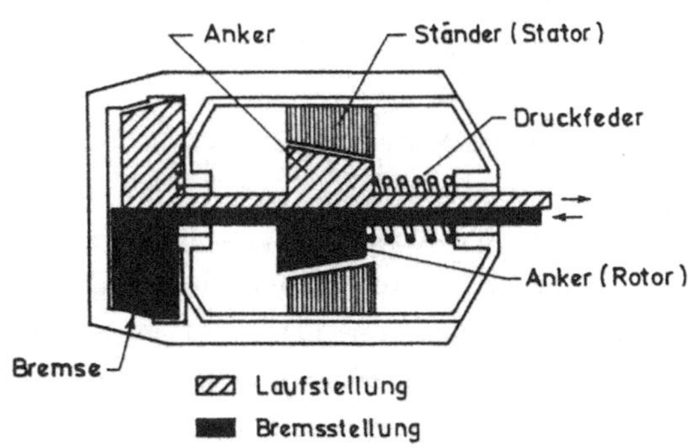

Bild 4.1 System Kurzschlußläufer mit Verschiebeanker

und die Bremswirkung ist in vollem Umfang wieder vorhanden. Weitere Einzelheiten sind /36/ und /40/ zu entnehmen.

4.2 Festlegung der Fahrgeschwindigkeiten für Katz- und Kranfahrten

Die Fahrgeschwindigkeiten für die Katze wie für den Kran werden nach gleichen Kriterien ermittelt. Je größer die Fahrstrecke ist, desto höher muß die Fahrgeschwindigkeit sein. Die empfohlenen Fahrgeschwindigkeiten der Antriebe in Abhängigkeit von der Fahrstrecke kann der nebenstehenden Tab. 4.1 entnommen werden.

Tabelle 4.1

Fahrstrecke s [m]	Fahrgeschwindigkeit [m/min]
bis 6	12,5
6 bis 10	16
10 bis 15	20
15 bis 24	25
24 bis 36	32
36 bis 55	40
55 bis 90	50
90 bis 150	63
150 bis 200	80

Beispiel 4.1 Gesucht ist die Fahrgeschwindigkeit für den Katzantrieb und den Kranantrieb für einen Brückenkran. Fahrstrecke der Katze zwischen den beiden Fahrbahnbegrenzungen (Puffer) s_1 = 13,7 m. Fahrstrecke des Krans auf der Fahrbahn, gemessen zwischen den Fahrbahnbegrenzungen s_2 = 27 m. Gemäß Tab. 4.1 ergibt dies eine Fahrgeschwindigkeit für den Katzantrieb von 20 m/min und die Fahrgeschwindigkeit des Kranantriebes beträgt 32 m/min.

Vorteilhaft und komfortabel wirkt sich eine "Feinfahrt" aus. Dabei wird die Fahrgeschwindigkeit durch eine polumschaltbare Ausführung des Elektromotors abgestuft. Üblich sind Abstufungen im Verhältnis 1:2 und 1:4.

Geschwindigkeiten über 63 m/min dürfen nicht mehr flurgesteuert werden, d.h. Krananlagen, die mehr als 63 m/min an maximaler Fahrgeschwindigkeit erzielen, müssen führerhausgesteuert sein.

Die Antriebsleistungen der Fahrmotoren richten sich nach der Fahrgeschwindigkeit, den Raddrücken und den Raddurchmessern. Näheres hierzu siehe /40/.

Die relative Einschaltdauer sollte nicht kleiner als 20 % gewählt werden (ED ≧ 20 %). Sie richtet sich nach der Beanspruchung und der Laufzeit des Antriebes (s. auch Tab. 24.3).

Allgemein gilt für die relative Einschaltdauer:

$$ED = \frac{\Sigma t_B}{\Sigma t_E + \Sigma t_{St}} \cdot 100\ \% \qquad (4.1)$$

t_B = Belastungszeit, t_E = Einschaltzeit und t_{St} = Stillstandszeit

Im Kranbetrieb werden 10-Minuten-Zyklen betrachtet, d.h. ein Antrieb mit der relativen Einschaltdauer ED = 40 % bedeutet, daß der Antrieb innerhalb von 10 Minuten maximal 4 Minuten belastet wird (siehe hierzu auch /77/). In der Regel sind die Antriebe spritzwassergeschützt (s. DIN 40050).

Die Grundwerte für die Arbeitsgeschwindigkeiten von Kranen sind in DIN 15022 aufgeführt.

5. Elektrische Ausrüstung der Krananlagen

5.1 Allgemeines

Kraftbetätigte Krananlagen sind fast ausschließlich elektrisch angetrieben. Die elektrische Ausrüstung solcher Krane muß der VDE 0100 entsprechen. Hier sind insbesondere im § 26 der VDE 0100 die Anforderungen an Hebezeuge erfaßt.

Die einwandfreie Funktion und die Betriebssicherheit des Krans hängt von der Qualität der elektrischen Ausrüstung ab.

5.2 Grundausstattung

Zur Grundausstattung gehören die Steuerung, die Antriebsmotoren (siehe Kap. 4), die Steuerschalter, die Leitungen und der Netzanschlußschalter.

5.2.1 Steuerungen

Am weitverbreitesten sind die sog. Schützsteuerungen. Bei Schützsteuerungen werden die Steuerbefehle für die Kranbewegungen über Schütze auf die Motoren übertragen. Die Steuerspannung beträgt 42 Volt und wird über einen Trenntrafo erzeugt.

Seltener sind die sog. Direktsteuerungen. Direktsteuerungen sind nur bei niederen Motorleistungen möglich. Dabei wird die volle Betriebsspannung über die Steuerschalter geführt.

Im zunehmenden Umfang werden sog. frei programmierbare Steuerungen eingesetzt. Dabei ist nur noch der Leistungsteil, in dem hohe Ströme fließen, mit Schützen ausgerüstet. Ideal können die frei programmierbaren Steuerungen dort eingesetzt werden, wo noch Umfahrsteuerungen, Lastmesseinrichtungen, Geschwindigkeitsüberwachungen als Zusatzeinrichtungen vorgesehen sind.

Die Steuerung ist gewöhnlich in einem Schaltschrank untergebracht.

5.2.2 Steuerschalter

Für die Bedienung eines Krans werden sog. Steuerschalter verwendet. Bei führerhausbedienten Kranen werden Verbundsteuerschalter eingesetzt, die erlauben, den Kran vom Boden (Flur), wie auch vom Führerhaus zu bedienen.

Die Steuerschalter werden häufig auch als "Steuerbirnen" bezeichnet. Sie können als Wippschalter oder als Druckknopfschalter ausgeführt sein.

Bei Fahrmotoren mit einer Leistung von über 0,5 kW ist es erforderlich, an den Steuerschaltern sog. Not-Aus-Taster anzubringen. Sollten z.B. Steuerrelais durch Verschmoren der Kontakte hängen bleiben, ist es mit dem Not-Aus-Taster möglich, die gesamte Anlage abzuschalten. Dadurch werden Unfallgefahren weitgehendst vermieden.

Bei den Steuerschaltern besteht die Möglichkeit ein Zylinderschloß einzusetzen, so daß nur berechtigte Personen den Kran betreiben und benützen können.

5.2.3 Leitungen für die Versorgung der beweglichen Antriebe und die Übertragung der Steuerbefehle

Bei den Leitungen unterscheidet man zwischen Schleifleitungen und Schleppkabel. Bei Schleifleitungen werden heute fast ausnahmslos gekapselte Schleifleitungen verwendet, d.h. die Schleifleitung ist mit einem Kunststoffmantel umgeben, der nach unten offen ist. Innerhalb läuft ein Stromabnehmerwagen, der über einen Mitnehmerarm die Stromzuführung zu den Antrieben gewährleistet. Die Stromaufnahme entscheidet über die Größe der Bürsten und über die Größe des Kupferquerschnitts der eigentlichen Schleifleitung.

Bei niedrigeren Anschlußleistungen und kleineren Strecken können Schleppkabelanlagen verwendet werden. Dabei wird ein flexibles Kupferkabel (meist Flachkabel) über einen Strombahnwagen der Kranbewegung nachgezogen.

5.2.4 Netzanschlußschalter

Die Übergabestelle von der allgemeinen Elektroinstallation zum Kran erfolgt über einen sog. Netzanschlußschalter. Dieser Netzanschlußschalter muß aus Unfallschutzgründen ein abschließbarer Netzanschlußschalter sein. Über den Netzanschlußschalter muß das Freischalten der Versorgungsleitungen möglich sein. Es ist sicherzustellen, daß die geerdeten Leitungen (Schutzleiter) direkt durchgeführt sind, d.h. sie dürfen nicht über den Netzanschlußschalter abgeschaltet werden können. Der Netzanschlußschalter muß schnell und leicht zugänglich sein, d.h. von keinem Punkt aus darf der Netzanschlußschalter weiter als 50 m entfernt angebracht sein.
Siehe hierzu auch /10/.

Der Schutzleiter benötigt eine direkte Verbindung mit den Kranbahnen.

In der Regel werden Krananlagen mit 380 Volt und 3-Phasen-Drehstrom betrieben. Da die Verbraucher (Motoren) einen symmetrischen Aufbau haben, kann auf den Mittelpunktsleiter verzichtet werden.

5.2. Schaltplanunterlagen

Für den kraftbetriebenen Kran müssen sog. Schaltplanunterlagen erstellt werden. Diese Schaltplanunterlagen sind sowohl im Prüfbuch als auch nach Möglichkeit im Schaltschrank abzulegen. Eine sinnvolle Aufteilung des Stromlaufplanes nach Einspeisung und Antrieben ist aus Übersichtlichkeitsgründen zu empfehlen.

5.3 Elektrische Zusatzeinrichtungen

Als elektrische Zusatzeinrichtungen gelten Umfahrsteuerungen, Lastmeßeinrichtungen (Überlastschutz), Wiegeeinrichtungen und Geschwindigkeitsüberwachungen bei Flur- und Führerhausbedienung.

5.3.1 Umfahrsteuerung

Oft ragen in den Arbeitsbereich der Krane Hindernisse wie z.B. hohe Werkzeugmaschinen, Regale oder Betriebsbüros hinein. Um diese Bereiche zu schützen, können Krane mit einer Umfahrsteuerung ausgerüstet werden. Beim Ansprechen der Umfahrsteuerung werden die entsprechenden Fahr- und Hubbewegungen in Richtung auf das Hindernis abgeschaltet. Alle Bewegungen vom Hindernis weg können noch ausgeführt werden.

5.3.2 Lastmeßeinrichtung, Überlastschutz (siehe /48/)

Die hier beschriebenen Krananlagen müssen nach den Unfallverhütungsvorschriften nicht mit einem Überlastschutz ausgestattet werden - im Gegensatz zu Autokranen, Lkw- und Auslegerkranen. In der Regel obliegt dieses Abschätzen des Gewichtes der zu transportierenden Lasten dem Kranführer. Dies ist nicht immer zuverlässig möglich. Um das Hubwerk und damit den Kran vor Schäden zu bewahren und um Unfälle zu vermeiden, kann eine Lastmeßeinrichtung vorgesehen werden. Diese schaltet beim Überschreiten der zulässigen Traglast die Hubbewegung ab und erlaubt nur noch das Absenken der Last. Diese Lastmeßeinrichtung kann zusätzlich mit einer Lastmeßanzeige ausgerüstet werden.

5.3.3 Geschwindigkeitsüberwachung bei Flur- und Führerhausbedienung

Oft ist es erwünscht Krane sowohl vom Flur als auch vom Führerhaus zu bedienen. Hierbei ist zu beachten, daß lt. der deutschen Unfallverhütungsvorschriften Flurbedienungen nur bei Kranfahrgeschwindigkeiten bis maximal 63 m/min erlaubt sind. Ist die größte Kranfahrgeschwindigkeit höher, muß die Fahrgeschwindigkeit bei

Flurbetrieb reduziert werden auf den maximal zulässigen Wert. Nach der Umschaltung auf Führerhausbetrieb kann der Kran wieder mit höherer Fahrgeschwindigkeit betrieben werden.

5.3.4 Explosionsgeschützte Anlagen

Werden Krane in Räumen betrieben, in denen Explosionsgefahr besteht, müssen die Anlagen als explosionsgeschützte Anlagen ausgeführt werden (VDE 0165/0170/0171). Der Aufwand für explosionsgeschützte Anlagen ist beträchtlich. Ob eine Anlage explosionsgeschützt sein muß, ist mit den zuständigen Ämtern wie Feuerwehr, Gewerbeaufsicht, Berufsgenossenschaft und den Versorgungsunternehmen abzuklären.

6. Lastaufnahmeeinrichtungen, Anschlagmittel

Lastaufnahmeeinrichtungen im Hebezeugbetrieb werden bezüglich der Unfallverhütung in /23/ geregelt.
Zu den Lastaufnahmeeinrichtungen gehören alle Lastaufnahmemittel, Anschlagmittel und Tragmittel, die die Last mit dem Aufnahmemittel des Hebezeuges verbindet. Hierzu gehören: Seile, Ketten, Bänder, Seilschlingen, Kettengehänge, Geschirre, Greifer, Klauen, Klemmen, Kübel, Lasthebemagnete, Lasttraversen, Zangen, an Lastaufnahmemittel eingebaute Lasthaken usw.. Ausführliche Erläuterungen sind in /24/ zu finden.
Nicht zu den Lastaufnahmeeinrichtungen gehören Seile und Ketten, sowie Unterflaschen, die als Tragmittel am Hebezeug des Krans eingebaut sind.

Viele Unfälle mit Kranen sind auf die verwendeten Lastaufnahmeeinrichtungen zurückzuführen, die zum Teil falsch eingesetzt werden, Beschädigungen oder konstruktive Mängel aufweisen.

An allen vorgenannten Lastaufnahmemittel ist eine dauerhafte und leicht erkennbare Beschriftung vorgeschrieben, auf der folgende Angaben gemacht werden müssen:

1. Hersteller
2. Tragfähigkeit
3. Eigengewicht
4. Baujahr
5. Typ-Bezeichnung, falls vorhanden
6. Fabriknummer, falls das Lastaufnahmemittel serienmäßig hergestellt wurde.

Diese Einrichtungen müssen vor der ersten Inbetriebnahme, sowie mindestens ein Mal jährlich, einer Prüfung unterzogen werden. Über diese Prüfung ist ein Nachweis zu führen. Dabei sind die Kriterien für die Ablegereife von Seilen zu beachten (s. DIN 15020).

Die bauliche Durchbildung des jeweiligen Aufnahmemittels kann /23/, /24/ und /96/ entnommen werden.

Die zulässigen Spannungen liegen wegen der höheren Sicherheitsbeiwerte niedriger als im normalen Kranbaubereich. Außerdem sind die Stoßbeiwerte höher anzusetzen, als bei der Berechnung des Krans bzw. der Kranbahn.

Die Lastaufnahmeeinrichtungen müssen für die bei bestimmungsgemäßer Verwendung auftretenden Beanspruchungen bemessen sein. Dabei dürfen keine bleibenden Verformungen auftreten, wenn das Lastaufnahmemittel bei einer statischen Beanspruchung (ruhende Beanspruchung ohne Stoßbeiwert), mit dem 2-fachen Wert der zulässigen Beanspruchung belastet wird. Bei einer statischen Beanspruchung mit dem 3-fachen der zulässigen Tragfähigkeit muß die Last auch bei bleibenden Verformungen noch gehalten werden. Haken dürfen sich bei der statischen Beanspruchung mit dem 4-fachen der zulässigen Tragfähigkeit nur so weit aufbiegen, daß die Last noch gehalten wird. Bei über dem 4-fachen muß der Haken sich ohne Bruch so weit aufbiegen, daß die Last abgleitet. Berechnungen von Haken werden in /27/, /28/ und /29/ behandelt.

Der Nachweis für Lastaufnahmemittel kann rechnerisch oder entsprechend dem vorigen Absatz durch Versuche erfolgen. Im allgemeinen werden rechnerische Nachweise erbracht. Die zulässigen Spannungen für Werkstoffe und Bauteile können nach Kap. 10 und für Verbindungsmittel nach Kap. 11 in Rechnung gestellt werden. Als dynamischer Stoßbeiwert wird der Hublastbeiwert ψ_H (s. Kap. 8.2.2) berücksichtigt. Sofern keine weiteren Einzelheiten bekannt sind, muß mindestens mit der Hubklasse H4 und einer Hubgeschwindigkeit von v ≅ 16 m/min gerechnet werden.
Der kleinste mögliche Hublastbeiwert beträgt somit

$$\psi_H = 1{,}4 + 0{,}088 \cdot v \qquad (6.1)$$

$$\psi_H = 1{,}4 + 0{,}0088 \cdot 16 = 1{,}54$$

Ein Betriebsfestigkeitsnachweis muß ebenfalls geführt werden.

Die Lastaufnahmeeinrichtungen sollten mit einer gelb-schwarzen Warnfarbe entsprechend Bild 6.1 a) gekennzeichnet werden. Siehe hierzu auch /25/.

Bild 6.1 Gefahrenkennzeichnung gelb-schwarz
a) allgemein
b) an der 2-strängigen Unterflasche eines Krans
c) am Lasthaken eines Hebezeuges

Die nicht zu den Lastaufnahmeeinrichtungen gehörigen Unterflaschen und Lasthaken sollen nach Bild 6.1 b) und 6.1 c) gekennzeichnet werden.

7. Herstellungstoleranzen

Das Fahrverhalten sowie der Verschleiß und somit die Lebensdauer von Krananlagen werden stark von den Herstellungstoleranzen beeinflußt. Deshalb wurden diese Toleranzen in /2/, /3/, /11/, /12/ und /13/ geregelt. Gemessen werden die Toleranzen unter ständiger Last.

8. Hubklassen

8.1 Einteilung in Hubklassen

Krananlagen werden in 4 Hubklassen H1 bis H4 eingeteilt, siehe /2/, /3/, /14/. Die richtige Einteilung setzt eine gewisse Praxis voraus. Ohne eine richtige Einstufung in Hubklassen ist eine Festigkeitsberechnung nicht möglich. Anhand der Hubklasse werden die entsprechenden Beiwerte ermittelt. Die Lasten, bzw. die Schnittkräfte oder die Spannungen werden mit diesen Beiwerten multipliziert. Die so ermittelten Spannungen werden mit den zulässigen Spannungen verglichen.

Grundsätzlich gilt: je größer die Stöße sind, welche auf den Kran beim Heben und Senken einwirken, desto größer ist die Hubklasse. Die Stöße beim Heben und Senken können verursacht werden durch:

1. ruckartiges Abbremsen der Last (schlagartiges Einrücken der Bremsen),
2. sehr steife Konstruktion des Krans und der Kranbahn,
3. Be- und Entladevorgänge, z.B. beim Greiferbetrieb,
4. große Beschleunigung der Last beim Anheben durch schlechte Abstufungen der Hubgeschwindigkeiten.

Die Hubklasse ist nicht, wie vielfach angenommen, abhängig von der Hubgeschwindigkeit, sondern lediglich von der Beschleunigung und Verzögerung der Last während des Hub- und Senkvorganges. Das bedeutet, daß z.B. ein Kran mit einer kleinen Hubgeschwindigkeit in die gleiche Hubklasse fallen kann, wie ein Kran mit einer

Tabelle 8.1

Nr.	Benennung nach Verwendung	Lastaufnahmemittel	Erklärung	Bauarten nach Kap. 2	Hubklasse	Beanspruchungsgruppe s. Kap. 9
1	Handkrane	Haken	nicht kraftbetätigte Hubbewegung	alle	H1	B1; B2
2	Maschinenhauskrane	Haken	Krane in Maschinenhäusern (z.B. Kraftwerke, Trafostationen, Wartung und Reparatur von Maschinen	alle	H1	B2; B3
3	Lagerkrane	Haken	Krane zum Bedienen von Lagern im unterbrochenen Betrieb (Stangenlager, Formenlager)	alle	H2	B4
4	Lagerkrane	Haken	Krane zum Bedienen von Lagern im Dauerbetrieb	Brückenlaufkrane, Hängekrane	H3; H4	B5; B6
5	Werkstattkrane	Haken	Krane für Werkstätten der verarb. Industrie, Instandsetzungs- und Reparaturbetriebe	alle	H2; H3	B3; B4
6	Brückenkrane	Greifer oder Magnetbetrieb	entscheidend ist hier das Lastaufnahmemittel und diedaraus entstehenden Stöße auf den Kran	Brückenkrane	H3; H4	B5; B6
7	Brückenkrane	Haken	- s. bei Nr. 5 -	Brückenkrane	H2; H3	B3; B4
8	Gießkrane, Gießereikrane	Haken	zum Befördern von Gießpfannen und zum Abgießen in Formen; Achtung: doppelte Hubwerksbremse auf 2/3 des zulässigen Wertes reduziert	Brückenlaufkrane, Hängekrane	H2; H3	B5; B6
9	Tiefofenkrane	Zangen	Hüttenwerkskrane für das Fassen und Befördern von Blöcken und Brammen	Brückenkrane	H3; H4	B6
10	Schmiedekrane	Wendegehänge	Krane, zum Bedienen von großen Schmiedepressen und Schmiedehämmern	Brückenkrane, Hängekrane	H4	B5; B6

sehr großen Hubgeschwindigkeit. In der Praxis ist es allerdings so, daß Krane mit einer kleinen Hubgeschwindigkeit "weicher" konstruiert werden können. Den größten Einfluß auf die Einteilung in Hubklassen haben zweifellos Punkt 1 und 4 der vorherigen Aufzählung. Dies ist die Beschleunigung und die Verzögerung der Hublast während der Hub- und Senkbewegung. Das bedeutet, die Einteilung ist abhängig von der Charakteristik des Hubwerkes.

Die Einteilung der Hubklassen ist unabhängig von der Bauart (s. Kap. 2). Sie wird in großem Maß vom Verwendungszweck des Krans, der Charakteristik des Hubwerks und von der Art des Lastaufnahmemittels (siehe Kap. 6) geprägt. Die Tabelle 8.1 gibt Anhaltspunkte für die Eingruppierung.

Mit folgenden Beispielen wird die Einstufung in die Hubklassen an zwei Kranarten erläutert (siehe auch /2/).

Beispiel 8.1 Gesucht wird die Hubklasse einer Einschienen-Hängekatze. Gegeben: Tragfähigkeit 1,0 t, Elektrokettenzug mit Handverschiebefahrwerk, Hubgeschwindigkeit v_H = 20 m/min. Eingesetzt wird die Anlage für das Anheben und Befördern von Stahlrohren im Bereich einer Bügelsäge.
Diese Krananlage kann in die Nr. 5 der Tabelle 8.1 eingeordnet werden. In diesem Fall ergibt sich die Hubklasse H2.

Beispiel 8.2 Gesucht wird die Hubklasse eines Einträger-Brückenkrans. Gegeben: Tragfähigkeit 5,0 t, Hebezeug ist ein Elektroseilzug 2-strängig, Hubgeschwindigkeit 20 m/min, Elektroantrieb für Katz- und Kranfahrt. Eingesetzt wird die Anlage in einem Lager, in dem Tiefziehformen mit unterschiedlichen Größen gelagert werden. Die Anlage ist in die Nr. 3 der Tabelle 8.1 einzuordnen. Die Krananlage ist sicher ununterbrochen in Betrieb. Das Lastaufnahmemittel ist ein Haken. Hier ergibt sich die Hubklasse H2.

Es gibt keine mathematische Formel, um die Hubklasse von Kranen bestimmen zu können. Aber alle vorkommenden Krane innerhalb von Gebäuden sind den Kranen in der Tabelle 8.1 mit den Nr. 1 bis 10 direkt zuzuordnen.

8.2 Beiwerte

Bei der Berechnung von Kranen und Kranbahnen werden hauptsächlich drei unterschiedliche Beiwerte für die Erhöhung der Last, der Schnittkräfte oder der Spannungen berücksichtigt. Diese Beiwerte beziehen die dynamische Beanspruchung von Kranen und Kranbahnen in die Berechnung mit ein. Es handelt sich hierbei um

- den Eigenlastbeiwert ϕ_E für die Berechnung von Kranen
- den Hublastbeiwert ψ_H für die Berechnung von Kranen
- den Schwingbeiwert ϕ_S für die Berechnung von Kranbahnen

Die Erhöhung erfolgt durch Multiplikation. Diese Beiwerte erfassen nicht eine eventuelle "Materialermüdung" durch wechselnde oder schwellende Beanspruchung, wie das bei der zurückgezogenen DIN 120 noch der Fall war. Dies wird beim sog. Betriebsfestigkeitsnachweis (siehe Kap. 16) untersucht. Die Beiwerte berücksichtigen ausschließlich die Stöße, hervorgerufen durch Bewegungen.

8.2.1 Eigenlastbeiwert ϕ_E

Der Vollständigkeit halber werden an dieser Stelle die Eigenlastbeiwerte ϕ_E mitbehandelt, obwohl sie nicht abhängig sind von der Hubklasse. Mit dem Eigenlastbeiwert ϕ_E werden die Eigengewichte bewegter Krane und Kranteile, die Schnittkräfte oder die Spannungen hieraus vervielfacht. Mit dem Eigenlastbeiwert soll die Stoßbeanspruchung infolge Kranfahrens berücksichtigt werden. Das Fahren führt zu Schwingungen des Tragwerks, das damit höher beansprucht wird, als nur durch ruhend angenommene Eigengewichte allein. Die Spannungserhöhungen werden vereinfacht durch den Eigenlastbeiwert ϕ_E (s. Tab. 8.2) erfaßt.

Zu den Eigengewichten bzw. Eigenlasten zählen alle vorhandenen feste und bewegliche Kranteile, einschließlich der mechanischen und elektrischen Anlagen, sowie das Hubseil bzw. die Lastkette.

Tabelle 8.2 Eigenlastbeiwert ϕ_E

Fahrgeschwindigkeit v_F in m/min		Eigenlastbeiwert ϕ
Kranbahnen		
mit Schienenstößen oder Unebenheiten (Straße)	ohne Schienenstöße oder mit geschweißten, bearbeiteten Schienenstößen	
bis 60	bis 90	1,1
über 60 bis 200	über 90 bis 300	1,2
über 200	-	$\geq$ 1,2

Krane und Kranteile mit gefederten Laufrädern dürfen, unabhängig von der Fahrgeschwindigkeit, mit ϕ_E = 1,1 berechnet werden.

Beispiel 8.3 Zweiträger-Brückenlaufkran, Kranbahn mit Schienenstößen, Katzbahn ohne Schienenstöße.
Katzfahrgeschwindigkeit v_{Ka} = 10 m/min $\rightarrow$ ϕ_E = 1,1
Kranfahrgeschwindigkeit v_{Kr} = 63 m/min $\rightarrow$ ϕ_E = 1,2

Tabelle 8.3

	Katzfahren (Ka)	Kranfahren (Kr)
Eigenlast der Katze mit:	$\Phi_E = 1,1$	$\Phi_E = 1,2$
Eigenlast der Brücke mit:	$\Phi_E = 1,0$	$\Phi_E = 1,2$

8.2.2 Hublastbeiwert ψ_H

Mit dem Hublastbeiwert sollen die Stoßwirkungen auf das Tragwerk durch die Hublast mit einbezogen werden. Unter einer Hublast versteht man die Nutzlast (Tragfähigkeit) des Krans sowie die Eigenlasten der Teile zur Aufnahme der Nutzlast, also die Lastaufnahmemittel wie z.B. Unterflasche, Traverse, Greifer, Lasthebemagnet sowie Hubseil bzw. Lastkette. Dies sind alles Lasten, die beim Hubvorgang bewegt werden. Durch den Hubvorgang (Heben oder Senken) wird das Tragwerk durch Stöße höher beansprucht als durch die ruhend angenommene Hublast allein. Diese Spannungserhöhungen werden vereinfacht durch Multiplikation mit dem Hublastbeiwert ψ_H erfaßt.

Der Hublastbeiwert ψ_H ist abhängig von der Hubklasse und der Hubgeschwindigkeit (s. Tab. 8.4).

Tabelle 8.4 Hublastbeiwert ψ_H

Hubklasse	bei Hubgeschwindigkeit v_H in m/min bis 90	über 90
H1	$1,1 + 0,0022 \cdot v_H$	1,3
H2	$1,2 + 0,0044 \cdot v_H$	1,6
H3	$1,3 + 0,0066 \cdot v_H$	1,9
H4	$1,4 + 0,0088 \cdot v_H$	2,2

Beispiel 8.4 Gegeben Hubklasse H2, v_H = 20 m/min,
daraus ergibt sich: $\psi_H = 1,2 + 0.0044 \cdot 20 = 1,288$
(bzw. siehe Tabelle 8.5.)

Tab. 8.5 Hublastbeiwerte ψ_H

	Hubgeschwindigkeit v_H in m/min nach DIN 15022															
	4	5	6,3	8	10	12,5	16	20	25	31,5	40	50	63	80	90	mehr
H1	1,1088	1,111	1,1139	1,1176	1,122	1,1275	1,1352	1,144	1,155	1,1693	1,188	1,21	1,2386	1,276	1,298	1,3
H2	1,2176	1,222	1,2277	1,2352	1,244	1,255	1,2704	1,288	1,31	1,3386	1,376	1,42	1,4772	1,552	1,596	1,6
H3	1,3264	1,333	1,3416	1,3528	1,366	1,3825	1,4056	1,432	1,465	1,5079	1,564	1,63	1,7158	1,828	1,894	1,9
H4	1,444	1,4352	1,4554	1,4704	1,488	1,51	1,5408	1,576	1,62	1,6772	1,752	1,84	1,9544	2,104	2,192	2,2

Bei der Berechnung der Kranbahn werden die Kräfte aus dem Kran bezüglich der Eigenlastbeiwerte ϕ_E und der Hublastbeiwerte ψ_H nicht einbezogen. Die Stoßbeanspruchung auf die Kranbahn wird durch den Schwingbeiwert ϕ_S berücksichtigt.

8.2.3 Schwingbeiwert ϕ S

Der Schwingbeiwert ϕ_S für Kranbahnen und Bauteile, wie Konsolen, Stützen, Auflagerungen, ist nur noch abhängig von der Hubklasse. Die Kräfte aus dem Kran werden ohne den Eigenlastbeiwert ϕ_E und den Hublastbeiwert ψ_H in Ansatz gebracht. Die Stoßwirkungen werden vereinfacht dadurch berücksichtigt, indem die Radlasten oder die Schnittkräfte oder die Spannungen hieraus mit dem Schwingbeiwert ϕ_S multipliziert werden (s. Tab. 8.6).

Tabelle 8.6 Schwingbeiwerte ϕ_S

Bauteil	Hubklasse des Krans			
	H1	H2	H3	H4
Träger	1,1	1,2	1,3	1,4
Unterstützungen oder Aufhängungen	1,0	1,1	1,2	1,3

Bei der Berechnung von Fundamenten, Grundbauten, Bodenpressungen, Formänderungen und Standsicherheitsnachweisen ist der Schwingbeiwert ϕ_S nicht einzurechnen. Verkehren mehrere Krane auf einer Kranbahn, so muss nur der Kran mit dem größten $\phi_S \cdot R$ - Wert berechnet werden. Die Radlasten der übringen Krane werden jeweils nur mit dem Schwingbeiwert ϕ_S der Hubklasse H1 multipliziert. Eigengewichte der Krahnbahnen brauchen nicht mit dem Schwingbeiwert ϕ_S vervielfacht werden.

9. Beanspruchungsgruppen

Krane und Kranbahnen werden in 6 verschiedene Beanspruchungsgruppen B1 bis B6 eingeteilt. Diese Einteilung spielt bei der Betriebssicherheit gegen Bruch mit häufig wechselnden Lasten eine ausschlaggebende Rolle (s. Kap. 17). Hiermit wird, vereinfacht ausgedrückt, die "Materialermüdung" untersucht.

9.1 Einteilung in Beanspruchungsgruppen

Die Einteilung in die Beanspruchungsgruppe B1 bis B6 ist abhängig von den zu erwartenden Spannungsspielen und wie häufig die Krananlage mit ihrer Nenntragfähigkeit beansprucht wird. Je höher die Anzahl der Spannungsspiele und je häufiger der Kran während seiner Lebensdauer mit der Nenntragfähigkeit beansprucht wird, desto höher ist die Beanspruchungsgruppe.

Unter einem Spannungsspiel wird hier der Zeitabschnitt verstanden, in dem sich die Spannung ändert durch Heben, Transportieren und Absetzen einer Last, ggf. Kranrücktransport bis zum erneuten Anheben. Das Spannungsspiel ist dabei identisch mit dem Arbeitsspiel des Krans (s. Bild 9.1).

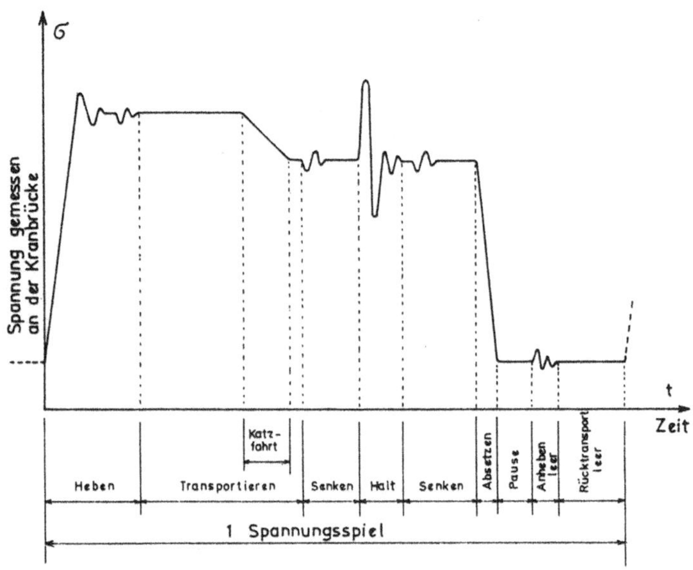

Bild 9.1 Definition eines Spannungsspiels bei einem Brückenkran

Diese Betrachtungsweise ist für die Einteilung der Beanspruchungsgruppen für das Tragwerk (Kran, Kranbahn) zulässig. Anders sieht es aus, wenn bestimmte Bauteile für sich betrachtet werden müssen, z.B. bei der Betriebsfestigkeit einer Welle. Dabei können für das einzelne Bauteil viel mehr Spannungsspiele entstehen wie die zu zu erwartenden Spannungsspiele des Krans. Das bedeutet, daß bei der Betrachtung eines Krans für die verschiedenen Bauteile und Baugruppen unterschiedliche Beanspruchungsgruppen gelten können.

9.1.1 Ermittlung der Arbeitsspiele, Spannungsspiele

Im Rahmen dieses Buches sind die Arbeitsspiele des Krans gleichzusetzen mit den Spannungsspielen. Die Anzahl der Arbeitsspiele über die gesamte Lebensdauer des Krans wird für die Einstufung des Krans in die für ihn richtige Beanspruchungsgruppe benötigt. Wenn nichts anderes verlangt wird, kann die Lebensdauer eines Krans mit n = 20 Jahren angenommen werden.
Ein Jahr besteht bei dieser Berechnung aus T = 240 Arbeitstagen bei einer durchschnittlichen Arbeitszeit von 8 Stunden pro Tag.

Zunächst wird die Dauer eines Arbeitsspieles mit den mittleren Hub- und Fahrbewegungen ermittelt. Die Hub- und Fahrwege sind bei der Planung bereits bekannt. Danach werden die Hubgeschwindigkeiten und die Fahrgeschwindigkeiten für Katze und Kran ermittelt, erfragt oder geschätzt.

Beispiel 9.1 Einträger-Brückenlaufkran für eine Reparaturwerkstatt für Baumaschinen; Tragfähigkeit 6,3 t; die volle Tragfähigkeit wird zum Abheben der Oberwagen für Bagger benötigt; sonst ist die Krananlage als Hilfsgerät für 4 Reparaturplätze eingesetzt; Brückenspannweite ℓ = 15 m, Hallenlänge L = 28 m, Hakenhöhe H_h = 6,0 m, 4-strängige Unterflasche, Radstand bei den Kopfträgern a = 2,50 m; die nutzbare Breite der Halle beträgt B = 14,40 m (s. Bilder 9.2 und 9.3);

Geschwindigkeiten: Hubwerk v_H = 10 m/min
Kranfahrt v_{Kr} = 63 m/min
Katzfahrt v_{Ka} = 16 m/min

(Feinhub und 2-stufige Fahrgeschwindigkeiten werden hierbei nicht berücksichtigt).

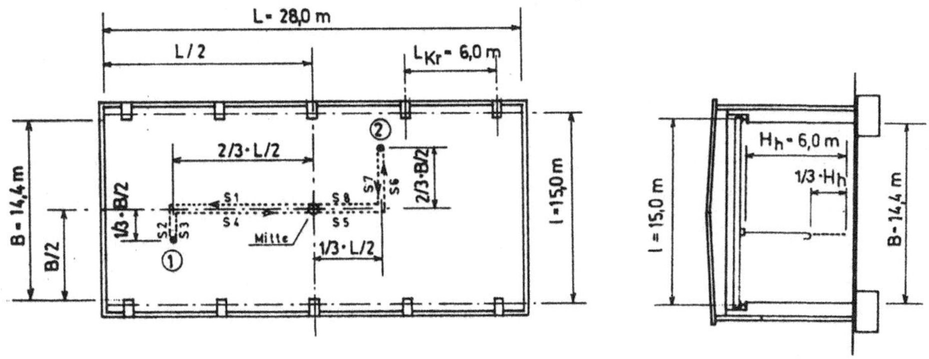

Bild 9.2 Grundriß und Schnitt einer Halle zum Beispiel 9.1

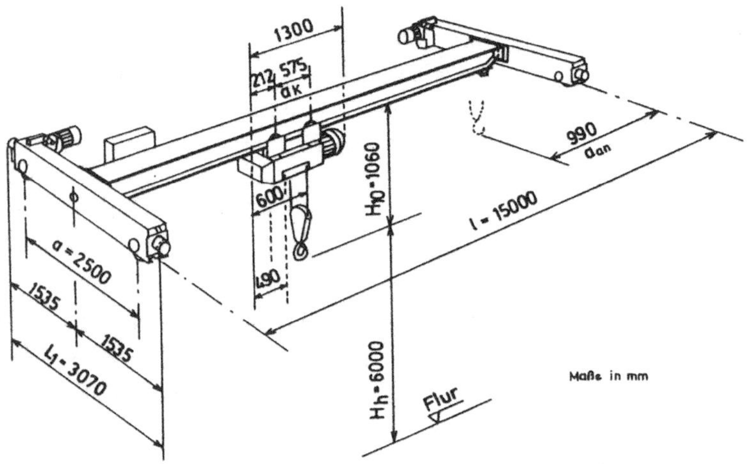

Bild 9.3 Einzubauende Krananlage zum Beispiel 9.1

Die mittlere Spielzeit eines Krans ermittelt sich aus 2 Arbeitsspielen:

Arbeitsspiel 1: Der Kran hebt eine Last bis zur 1/3-Hakenhöhe. Er transportiert die Last bis zum Punkt (1) (Bild 9.2). Dort wird die Last abgesetzt. Der leere Haken wird wieder bis zum Drittel der Hakenhöhe angehoben. Dann erfolgt die Kranfahrt wieder zurück bis zur Mitte. Der Haken wird wieder um 1/3 der Hakenhöhe abgesenkt. Die Hakenhöhe ist der Abstand zwischen Flur und oberste Stellung des Hakens.

Arbeitsspiel 2: Der gleiche Vorgang wiederholt sich wie beim Arbeitsspiel 1, jedoch wird die Last von der Mitte bis zum Punkt (2) transportiert (siehe Bild 9.2).

Arbeitsspiel 1

$$s_1 = \frac{2}{3} \cdot \frac{28,00}{2} = 9,33 \text{ m} \rightarrow t_1 = \frac{s}{v} = \frac{9,33 \text{ m}}{63 \text{ m/min}} = 0,15 \text{ min}$$

$$s_2 = \frac{1}{3} \cdot \frac{14,40}{2} = 2,40 \text{ m} \rightarrow t_2 = \frac{2,40 \text{ m}}{16 \text{ m/min}} = 0,15 \text{ min}$$

$$s_3 = s_2 = 2,40 \text{ m} \rightarrow t_3 = \quad = 0,15 \text{ min}$$

$$s_4 = s_1 = 9,33 \text{ m} \rightarrow t_4 = \quad = 0,15 \text{ min}$$

Heben und Senken:

$$s_9 = 4 \left(\frac{1}{3} \cdot 6 \text{ m}\right) = 8,00 \text{ m} \rightarrow t_5 = \frac{8 \text{ m}}{10 \text{ m/min}} = 0,8 \text{ min}$$

$$\Sigma t_{A1} = 1,4 \text{ min}$$

Arbeitsspiel 2

$$s_5 = \frac{1}{3} \cdot \frac{28,00}{2} = 4,67 \text{ m} \rightarrow t_5 = \frac{s}{v} = \frac{4,67 \text{ m}}{63 \text{ m/min}} = 0,08 \text{ min}$$

$$s_6 = \frac{2}{3} \cdot \frac{14,40}{2} = 4,80 \text{ m} \rightarrow t_6 = \frac{4,80 \text{ m}}{16 \text{ m/min}} = 0,30 \text{ min}$$

$$s_7 = s_6 = 4,80 \text{ m} \rightarrow t_7 = 0,30 \text{ min}$$

$$s_8 = s_5 = 4,67 \text{ m} \rightarrow t_8 = 0,08 \text{ min}$$

Heben und Senken:

$$s_{10} = s_9 = 8,00 \text{ m} \rightarrow t_{10} = 0,80 \text{ min}$$

$$\Sigma\, t_{A2} = 1,56 \text{ min}$$

Dies sind theoretische Arbeitsgänge. Unberücksichtigt bleiben die Zeiten für das Anschlagen und das Abnehmen der Last, sowie das gleichzeitige Verfahren von Katze und Kran.

Mittlere Spielzeit: $$t = \frac{t_{A1} + t_{A2}}{2} \qquad (9.1)$$

$$= \frac{1,40 + 1,56}{2} = 1,48 \text{ min}$$

Wenn der Kran in einem einschichtigen Dauerbetrieb eingesetzt wäre, würden über die gesamte Lebensdauer der Anlage folgende Arbeitsspiele erzielt werden:

$$N = \frac{n \cdot d \cdot h}{t} \qquad (9.2)$$

$$N = 20 \text{ J.} \times 240 \text{ Arb.tg.} \times 8 \text{ h} \times \frac{60 \text{ min/h}}{1,48 \frac{\text{min}}{\text{Spiel}}} = 1.556.757 \approx 1,56\ 10^6 \text{ Sp.}$$

N = Arbeitsspiele; n = Lebensdauer des Krans in Jahre; d = Arbeitstage pro Jahr; h = Arbeitsstd. pro Arbeitstag; t = mittlere Spielzeit

Diese Spielzahl würde den Kran in den Spannungsspielbereich N3 der Tabelle 9.1 einreihen.

Tabelle 9.1 Beanspruchungsgruppen nach Spannungsspielbereichen und Spannungskollektiven

Spannungsspielbereich	N1	N2	N3	N4
Gesamte Anzahl der vorgesehenen Spannungsspiele N	über $2 \cdot 10^4$ bis $2 \cdot 10^5$	über $2 \cdot 10^5$ bis $6 \cdot 10^5$	über $6 \cdot 10^5$ bis $2 \cdot 10^6$	über $2 \cdot 10^6$
	Gelegentliche nicht regelmäßige Benutzung mit langen Ruhezeiten	Regelmäßige Benutzung bei unterbrochenem Betrieb	Regelmäßige Benutzung im Dauerbetrieb	Regelmäßige Benutzung im angestrengten Dauerbetrieb
Spannungskollektiv	Beanspruchungsgruppe			
S_0 sehr leicht	B1	B2	B3	B4
S_1 leicht	B2	B3	B4	B5
S_2 mittel	B3	B4	B5	B6
S_3 schwer	B4	B5	B6	B6

Aus Erfahrung wird der Kran im Durchschnitt pro Arbeitstag nur etwa 1/2 Std. im Einsatz sein. Somit würden sich die Arbeitsspiele und die Spannungsspiele reduzieren auf:

$$N = 20\ \text{J.} \times 240\ \text{Arb.tg.} \times 0{,}5\ \text{h} \times \frac{60\ \text{min/h}}{1{,}48 \frac{\text{min}}{\text{Spiel}}} = 97.297 \approx 10^5\ \text{Spiele}$$

Eingeordnet in die Tabelle 9.1 wäre dies der Spannungsspielbereich N1, also: gelegentliche nicht regelmäßige Benutzung mit langen Ruhezeiten.

9.1.2 Ermittlung der Beanspruchung und des Spannungskollektivs

Die Beanspruchung wird in 4 Klassen S_0 bis S_3 eingeteilt.

S_0 für sehr leichte Beanspruchung

S_1 für leichte Beanspruchung

S_2 für mittlere Beanspruchung

S_3 für schwere Beanspruchung.

Unterschiede werden gemacht zwischen Kranen, die bei jedem Arbeitsspiel mit ihrer Nenntragfähigkeit belastet werden und Kranen, die z.B. nie oder selten mit der vollen Tragfähigkeit betrieben werden. Dies drückt sich im Völligkeitsgrad der folgenden Kurven aus (s. Bild 9.4):

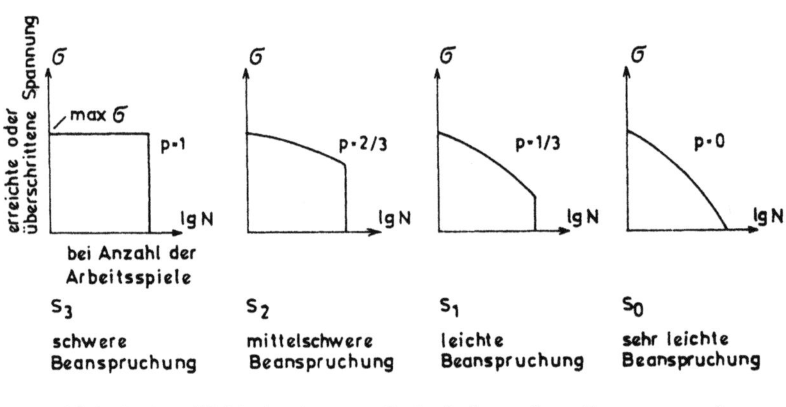

Bild 9.4 Völligkeitsgrad infolge der Beanspruchung

Dieser Völligkeitsgrad wird als Spannungskollektiv p definiert. Er gibt an, mit welcher Häufigkeit während der Verwendungsdauer eine Spannung wahrscheinlich erreicht oder überschritten wird.

Im Nachfolgenden wird zum besseren Verständnis gezeigt, wie die Kurven S_0 bis S_3 in der DIN 15018 - siehe Bilder 9.5 und 9.6 - angewendet werden können.

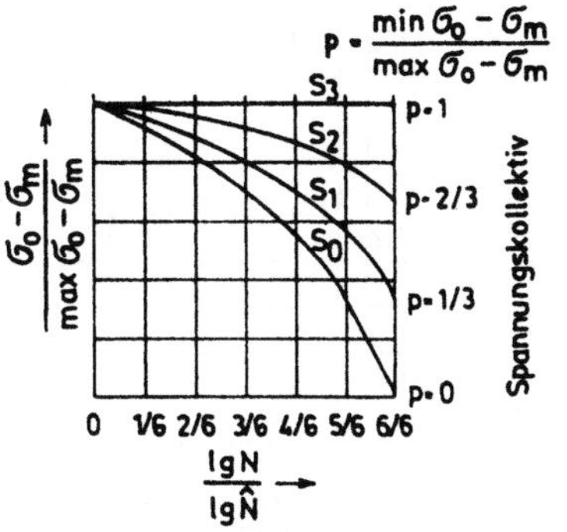

Bild 9.5 Idealisierte Spannungskollektive

	$\frac{\lg N}{\lg \hat{N}}$	0	0,166 1/6	0,333 2/6	0,500 3/6	0,666 4/6	0,833 5/6	1,000 6/6
Spannungs-kollektiv	S_3	1	1	1	1	1	1	1
	S_2	1	0,975	0,944	0,906	0,856	0,787	0,666
	S_1	1	0,952	0,890	0,814	0,716	0,579	0,333
	S_0	1	0,927	0,836	0,723	0,576	0,372	0,000

Bild 9.6 Bezogene Spannungen $\frac{\sigma_0 - \sigma_m}{\max\sigma_0 - \sigma_m}$ der idealisierten Spannungskollektive

Dabei bedeuten:

σ_m = 1/2 (max σ + min σ)
Betrag der konstanten Mittelspannung

σ_0 = Betrag der Oberspannung, die N-mal erreicht oder überschritten wird

$\hat{N}$ = 10^6 Umfang des idealisierten Spannungskollektivs.

max σ_0 = maximale Oberspannung

Angenommen, es wird die Spannung gemessen am Untergurt einer Kranbrücke. Dies ergibt eine Kurve, wo über der Zeit die jeweilige Spannung aufgetragen wird mit der dazugehörigen Häufigkeitsverteilung.

Während den 6 Arbeitsspielen (s. Bild 9.7) werden bestimmte Spannungen in einer bestimmten Häufigkeit erreicht oder überschritten. Nach vielen Messungen bei Kranen hat sich ergeben, daß die obere Begrenzung des Spannungskollektivs annähernd durch eine Gauß'sche Normalverteilung gegeben ist. Die Form des Spannungskollektivs p kann durch einen Parameter gekennzeichnet werden, z.B. durch 0, 1/3, 2/3 oder 3/3 (s. Bild 9.8).

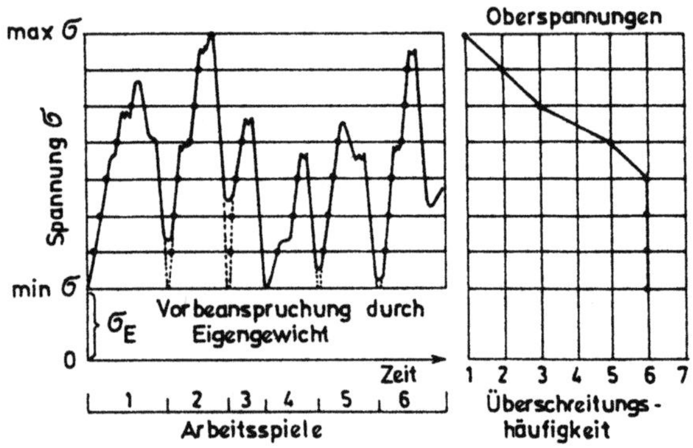

Zeitlicher Ablauf der Spannungen im Untergurt eines Kranträgers

Häufigkeits-verteilung der Spannungen

Bild 9.7 Schematische Ergebnisse von Betriebsmessungen nach O. Svenson

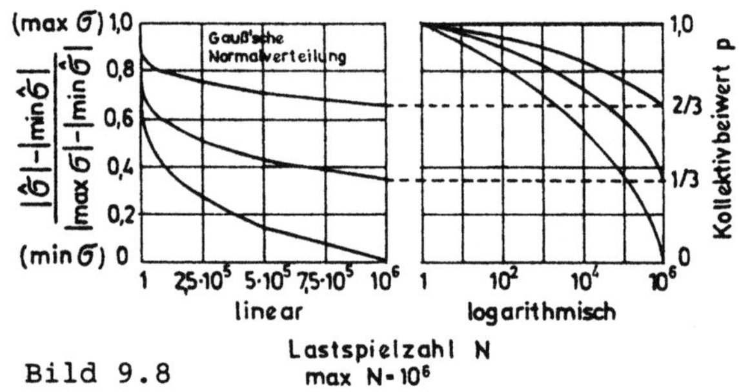

Bild 9.8

Dabei bedeuten:

$|\hat{\sigma}|$ = die einer bestimmten Häufigkeit N zugeordnete, dem Betrage nach größte Spannung

$|\min \hat{\sigma}|$ = die der größten Häufigkeit N max zugeordnete, dem Betrage nach größte Spannung

$|\max \sigma|$ = die dem Betrag nach größte Spannung.

Werden die Spannungen und die Lastspiele als Quotienten ausgedrückt, entstehen die Kurven im Bild 9.5, wobei die mittlere Spannung

$$\sigma_m = \frac{1}{2} (\max \sigma + \min \sigma) \tag{9.3}$$

als konstant betrachtet wird.

Das Kollektiv

$$p = \frac{\min \sigma_0 - \sigma_m}{\max \sigma_0 - \sigma_m} = 1 \tag{9.4}$$

entspricht der Beanspruchung im Wöhlerversuch.

Die Art der Beanspruchung S_0 bis S_3 kann entweder nach Erfahrung geschätzt oder sie kann aufgrund von vorliegenden Werten errechnet werden. Meist reicht die Schätzung aus. Es soll nicht vergessen werden, daß die Beanspruchung eines Krans von den momentan vorliegenden Bedürfnissen der Betreiber abhängt. Wenn die zu hebende Last nicht größer ist als die Nenntragfähigkeit, so wird die Last angehoben, auch wenn dadurch die Krananlage nach der Berechnung in eine höhere Beanspruchungsgruppe fallen würde.

Ausgehend vom Beispiel 9.1 wird im Nachfolgenden gezeigt, wie die Beanspruchung und daraus die Beanspruchungsgruppe berechnet wird.
Der Betreiber oder Bauherr kann meist, wenn er gefragt wird, relativ genaue Angaben zu der Häufigkeit der Arbeitsspiele machen, sowie zu der Anzahl der Arbeitsspiele mit der entsprechenden Belastung. Sollte dies nicht der Fall sein, so ist eine Schätzung gemeinsam mit dem Betreiber durchzuführen. Wie zuvor schon ermittelt, beträgt die Anzahl der Arbeitsspiele $N \cong 1 \times 10^5$ bei einer angenommenen Lebensdauer von 20 Jahren und einem 30-Minuten-Einsatz pro Tag. Vom Betreiber des Krans werden folgende Daten z.B. angegeben:

ca. 1 x im Jahr wird die volle Tragfähigkeit benötigt,
ca. 10 x im Monat wird 75 % der Tragfähigkeit benötigt,
ca. 100 x im Monat wird 50 % der Tragfähigkeit benötigt,

hochgerechnet auf die gesamte Lebensdauer des Krans bedeutet dies:

1 x 1 Monat x 20 J. = 20 x wird der Kran mit 100 % belastet
10 x 12 Monate x 20 J. = 1200 x wird d. Kran mit 75 % belastet
100 x 12 Monate x 20 J. = 24.000 x wird d. Kran mit 50 % belastet.

Alles weitere wird sich unterhalb der 50 %-Marke bewegen.

Für den Eingang in die Kurvenschar S_0 bis S_3 (s. Bild 9.8) können folgende Werte vorermittelt werden:
Die idealisierten Spannungskollektive gehen von einem Wert aus von $\hat{N} = 10^6$ Spannungsspiele. Da nur $N = 1 \times 10^5$ Arbeitsspiele und somit Spannungsspiele für die gesamte Lebensdauer zu erwarten sind, müssen die Werte auf 10^6 Arbeitsspiele weitergerechnet werden.

$$N_{100\,\%} = 20 \cdot \frac{10^6}{1 \cdot 10^5} = 200 \rightarrow \frac{\lg 200}{\lg 10^6} = \frac{2{,}30}{6}$$

$$N_{75\,\%} = (20 + 1200) \cdot \frac{10^6}{1 \cdot 10^5} = 12200 \rightarrow \frac{\lg 12200}{\lg 10^6} = \frac{4{,}09}{6}$$

$$N_{50\,\%} = (20+1200+24000) \cdot \frac{10^6}{1 \cdot 10^5} = 252200 \rightarrow \frac{\lg 252200}{\lg 10^6} = \frac{5{,}4}{6}$$

Diese Vorgehensweise ist zulässig, da die Anzahl der Arbeitsspiele bereits in den Spannungsspielbereichen N1 bis N4 berücksichtigt wurden.

Nun müssen die sog. bezogenen Spannungen ermittelt werden. Hierzu wird ein Spannungsverlauf gezeigt, um zu zeigen, welche Spannungen verwendet werden (s. Bild 9.9).

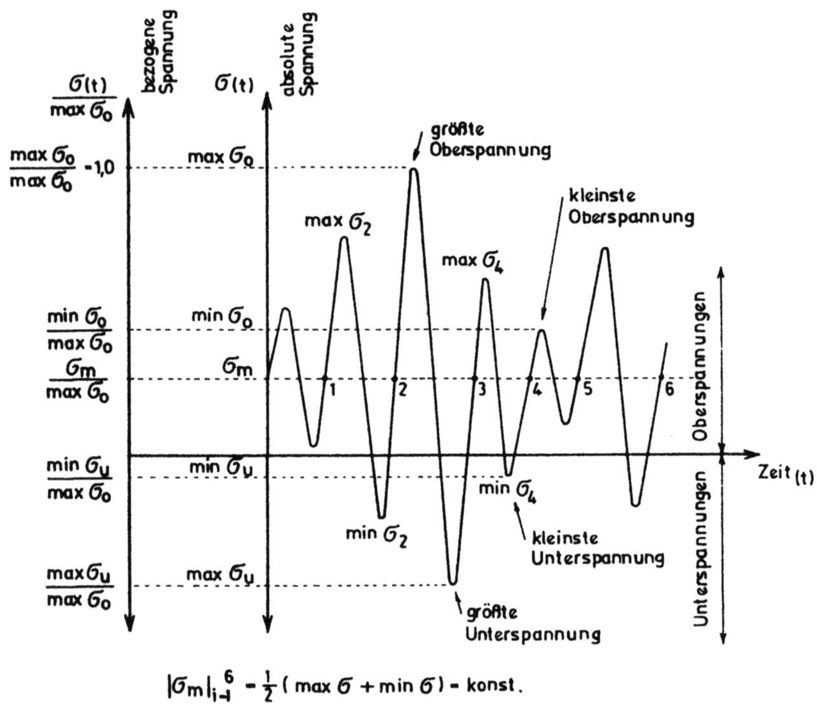

Bild 9.9 Ausschnitt aus einem auf die größte Oberspannung bezogenen Beanspruchungszeitverlauf mit N = 6 Spannungsspielen

Für diese Betrachtung sind lediglich die Oberspannungen σ_0 sowie die Mittelspannung σ_m von Bedeutung, wobei die Mittelspannung σ_m als Konstante betrachtet werden sollte. Dies ist z.B. bei der Untersuchung einer Kranbrücke mit hohem Eigengewicht und ständig veränderter Last nicht möglich. Als Annäherung darf hier:

$$\sigma_m' = \frac{1}{2} (\max \sigma_m + \min \sigma_m) \tag{9.5}$$

in Ansatz gebracht werden (s. Bild 9.10).

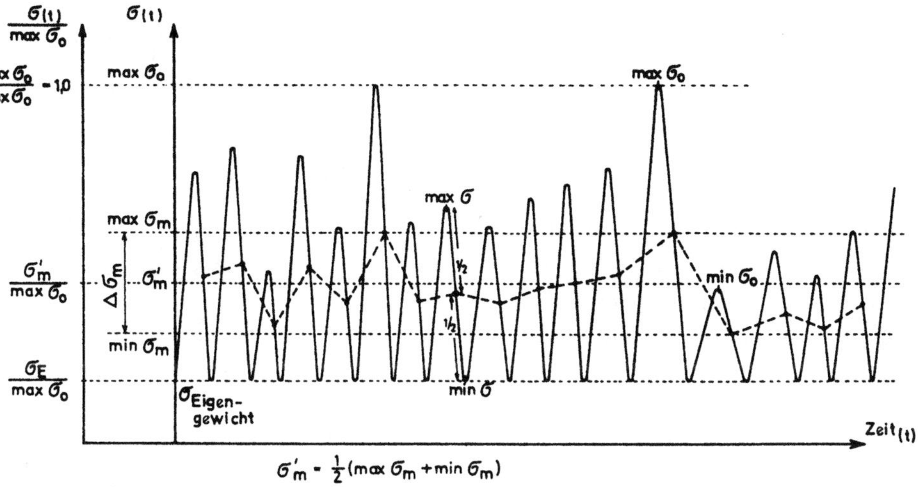

Bild 9.10

Infolge des angenommenen Verhältnises von Eigengewicht G zur Gesamtlast (G + P) von 0,25 beträgt die Spannung aufgrund des Eigengewichts an der Brückenunterseite

$$\max \sigma = 1 = \sigma_G + \sigma_{P\ voll}\ ;\ \sigma_G \simeq \frac{1}{4} \max \sigma = \frac{1}{4} \cdot 1 = 0{,}25 = \min \sigma$$

$$\sigma_{P_{100\,\%}} = 1 - \frac{1}{4} = 0{,}75;\ \sigma_{P\ 50\%} = 50\% \cdot 75 = 0{,}375$$

$$\max \sigma_m = \frac{1}{2}(1 + 0{,}25) = 0{,}62;\ \text{bei}\ \max \sigma = 0{,}75 + 0{,}25 = 1{,}0$$

$$\min \sigma_m = \frac{1}{2}(0{,}62 + 0{,}25) = 0{,}44;\ \text{bei}\ \min \sigma = 0{,}375 + 0{,}25 \cong 0{,}62$$

$$\sigma'_m = \frac{1}{2}(0{,}62 + 0{,}44) = 0{,}53$$

somit errechnen sich die bezogenen Spannungen:

bei Belastung 100 %: $\dfrac{\sigma_0 - \sigma_m}{\max\sigma_0 - \sigma_m} = \dfrac{1 - 0{,}53}{1 - 0{,}53} = 1$

bei Belastung 75 %: $\sigma_0 = 0{,}25 + 75\,\% \cdot 0{,}75 = 0{,}812$

$$\frac{\sigma_0 - \sigma_m}{\max\sigma_0 - \sigma_m} = \frac{0{,}812 - 0{,}53}{1 - 0{,}53} = 0{,}60$$

bei Belastung 50 %: $\sigma_0 = 0{,}25 + 50\,\% \cdot 0{,}75 = 0{,}625$

$$\frac{\sigma_0 - \sigma_m}{\max\sigma_0 - \sigma_m} = \frac{0{,}625 - 0{,}53}{1 - 0{,}53} = 0{,}20$$

Beim Eintragen dieser Werte im Bild 9.11 wird deutlich, daß die neue Kurve der Kurve S_1 zugeordnet werden kann. Das bedeutet, der Kran wird im Vergleich mit dem idealisierten Spannungskollektiv als "leicht beansprucht" (S_1) eingestuft.

Mit den so gewonnenen Werten:

Spannungsspielbereich N1

Beanspruchung S_1

wird aus der Tabelle 9.1 die Beanspruchungsgruppe B2 abgelesen.

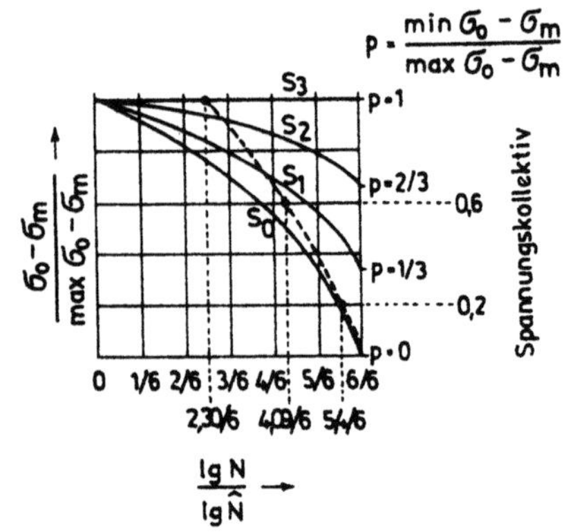

Bild 9.11

Das Kapitel Beanspruchungsgruppen wurde deshalb so ausführlich behandelt, weil hiermit der Ingenieur in der Lage ist, Betriebsfestigkeitsuntersuchungen (s. Kap. 16) für wechselnde oder schwellende Beanspruchung durchzuführen.

Der Vollständigkeit halber soll hier noch aufgeführt werden, daß der Kran in die Tabelle 8.1 unter der Nr. 5 eingegliedert werden kann, d.h. der Kran ist entweder der Hubklasse H2, besser H3 zuzuordnen. Aus der rechten Spalte ist erkennbar, daß die Betriebsfestigkeitsgruppe B3 oder B4 hierfür angemessen ist. Die genauere Berechnung läßt erkennen, daß die Beanspruchungsgruppe B2 ausreichend ist.

Zusammenfassung

Es gibt drei Möglichkeiten eine Krananlage in eine entsprechende Beanspruchungsgruppe einzugliedern:

a) man gliedert den Kran in die Tabelle 8.1 (Hubklassen) ein und liest in der entsprechenden Spalte die Hubklasse und die Beanspruchungsgruppe ab;
b) man ermittelt die Anzahl der auf die Lebensdauer der Krananlagen zu erwartenden Arbeitsspiele oder Spannungsspiele und ermittelt außerdem das Spannungskollektiv, d.h. ob der Kran entweder sehr leicht, leicht, mittel oder schwer beansprucht ist. Mit diesen zwei Parametern wird in der Tabelle 9.1 die Beanspruchungsgruppe bestimmt;
c) man ermittelt die Beanspruchungsgruppe über vom Betreiber erhaltene bzw. geschätzte Werte, wie im Vorherigen gezeigt.

Das Festlegen der Beanspruchungsgruppe ist deshalb so ausführlich, weil hiermit dem Ingenieur die Möglichkeit gegeben ist, Betriebsfestigkeitsnachweise für Bauteile mit nicht vorwiegend ruhender Beanspruchung durchzuführen.

10. Werkstoffe für Bauteile und ihre zulässigen Spannungen

Folgende Stahlsorten dürfen entsprechend Tab. 10.1 für das Herstellen von Kranen und Kranbahnen verwendet werden:

Tabelle 10.1 Kennwerte der Stahlsorten für die Berechnung

Stahlsorte		Kennwerte			α_T
		Streck-grenze β_S	Elastizitäts-modul (Zug, Druck) E	Schub-modul G	$\frac{mm}{mm \cdot K}$
Kurzname	nach	N/mm²	N/mm²	N/mm²	
Baustahl St 37 *)	DIN 17 100	240	210 000	81 000	$12 \cdot 10^{-6}$
Rohrstahl St 35 *)	DIN 1629				$12 \cdot 10^{-6}$
Baustahl St 52-3	DIN 17 100	360			
Schienenstahl von mind. 600 N/mm² Zugfestigkeit					

*) Alle Gütegruppen, Erschmelzungs- und Vergießungsarten.

Auswahl von Gütegruppen, Erschmelzungs- und Vergießungsarten der Stähle nach DIN 15 018 Blatt 2.

Die Stahlsorten sind in den Fertigungsunterlagen anzugeben.

Mit folgenden Spannungen nach Tab. 10.2 darf gerechnet werden:

Tabelle 10.2 Zulässige Spannungen in Bauteilen beim Allgemeinen Spannungsnachweis und Stabilitätsnachweis

Stahlsorte der Bauteile Kurzname	nach	Lastfall	zulässige Vergleichsspannung / zulässige Zugspannung zul σ_Z N/mm²	zulässige Druckspannung zul σ_d N/mm²	zulässige Schubspannung zul τ N/mm²
St 37 *)	DIN 17 100	H	160	140	92
		HZ	180	160	104
St 52-3	DIN 17 100	H	240	210	138
		HZ	270	240	156

*) Alle Gütegruppen, Erschmelzungs- und Vergießungsarten.

In den Nachweisen nach DIN 4114 sind für "zul σ" immer nur die Werte der Spalte "zul σ_d" einzusetzen.

Die Gütegruppen der Stähle für geschweißte Bauteile sind mit der DASt-Richtlinie 009 zu bestimmen. Siehe auch /1/.

Andere Stahlsorten dürfen nur dann verwendet werden, wenn der Hersteller des Werkstoffes

- die mechanischen Eigenschaften
- die chemische Zusammensetzung

- ggf. die Schweißeignung gewährleistet; diese Gewährleistung ist z.B. dann gegeben, wenn der Stahl nach einer DIN-Norm hergestellt wurde.

Die zulässigen Spannungen für den Allgemeinen Spannungsnachweis und den Betriebsfestigkeitsnachweis dürfen nach demselben Verhältnis

$$\frac{\text{zulässige Spannung}}{\text{kritischer Grenzzustand}}$$

ermittelt werden, wie die Stähle der Tab. 10.1 und 10.2.

Für Kranbahnen wird weitgehendst St 37 verwendet.

Beispiel 10.1 Gesucht sind die zulässigen Spannungen im Lastfall H für den Allgemeinen Spannungsnachweis für den Stahl (R) St 60-1 mit der Werkstoffnummer 1.0540 nach DIN 17007. Die chemischen und mechanischen Eigenschaften können /16/ entnommen werden:

(R)St 60-1: $\beta_Z = 600$ bis $720\ N/mm^2$; $\beta_S = 340\ N/mm^2$

$\delta_5 = 15\ \%$

Verglichen wird dieser Stahl mit dem (RR) St 52-3 der Tabelle 10.1 und 10.2.

(RR)St 52-3: $\beta_Z = 520$ bis $620\ N/mm^2$; $\beta_S = 360\ N/mm^2$

$\delta_5 = 22\ \%$

Der 1. kritische Grenzzustand ist die Streckgrenze β_S:

a) Ermittlung der zulässigen Zugspannung und der zulässigen Vergleichsspannung

$$zul\ \sigma_{Z,St\ 60} = \beta_S\ St\ 60 \cdot \frac{zul\ \sigma\ _{Z,St\ 52}}{\beta_S\ _{,St\ 52}}$$

$$= 340 \cdot \frac{240}{360} = 226{,}6\ N/mm^2 \approx 220\ N/mm^2 = 22\ kN/cm^2$$

b) Ermittlung der zulässigen Druckspannung

$$zul\ \sigma_{D,St\ 60} = 340 \cdot \frac{210}{360} = 198\ N/mm^2 \approx 195\ N/mm^2 = 19{,}5\ kN/cm^2$$

c) Ermittlung der zulässigen Schubspannung

$$zul\ \tau_{St\ 60} = 340 \cdot \frac{138}{360} = 130\ N/mm^2 = 13\ kN/cm^2$$

Der 2. kritische Grenzzustand ist die Bruchgrenze (Zugfestigkeit) β_Z:

$$zul\ \sigma_{Z,St\ 60} = \beta_{Z,St\ 60}\ \frac{zul\ \sigma_{Z,St\ 52}}{\beta_{Z,St\ 52}} = 600\ \frac{240}{520} = 276\ N/mm^2$$

$$> 226{,}6\ N/mm^2$$

Diese Spannung ist größer als die zulässige Spannung, ermittelt aus dem 1. kritischen Grenzzustand. Damit sind alle zulässigen Spannungen maßgebend, die aus dem 1. kritischen Grenzzustand ermittelt wurden.
Die erlaubten Überschreitungen der zulässigen Spannungen sind in der Tab. 24.1 aufgeführt.

Außer der Berechnung dürfen auch ausreichend praxisbezogene Versuche für die Ermittlung der zulässigen Werte herangezogen werden. Dies ist in erster Linie bei Verbindungen (Schweißen, Schrauben) mit veränderlicher Beanspruchung anzuwenden.

Es wird nochmals darauf hingewiesen, daß die Schweißeignung des Stahles gesondert betrachtet werden muß. Der Stahl (R) St 60-1 besitzt einen relativ hohen Kohlenstoffanteil, so daß er nur mit sorgfältiger Wärmevorbehandlung und besonderer Wärmenachbehandlung geschweißt werden darf. Es besteht sonst die Gefahr des "Aufhärtens" in der Wärmeübergangszone zwischen Schweißgut und Grundwerkstoff.

11. Verbindungsmittel

Als Verbindungsmittel werden heute in der Fertigungstechnik Schrauben und Schweißverbindungen verwendet. Genietete Verbindungen sind aus Kostengründen selten geworden. Verbindungen sind für den Kran- und Kranbahnbau zulässig entsprechend Tabelle 11.1.
Folgende Verbindungen sind möglich

SL-Verbindung = Scher-Lochleibungsverbindung
SLP-Verbindung = Scher-Lochleibungsverbindung mit Passung
GV-Verbindung = Gleitfeste vorgespannte Verbindung
GVP-Verbindung = Gleitfeste vorgespannte Verbindung mit Passung

11.1 Nieten, Paßschrauben nach DIN 7968, Sechskantschrauben (rohe Schrauben) nach DIN 7990

Beim allgemeinen Spannungsnachweis dürfen für Verbindungsmittel die in der Tabelle 11.2 aufgeführten Spannungen nicht überschritten werden.
Als rohe Schrauben werden Schrauben ohne Passung und mit einer niedrigen Festigkeitsklasse (4.6 oder 5.6) bezeichnet. Die Bezeichnung der Festigkeitsklassen werden in DIN ISO 898 Teil 1 festgelegt. Im Kran- und Kranbahnbau haben diese Verbindungsmittel nur eine untergeordnete Bedeutung.

Tabelle 11.1 Zulässige Schrauben- und Nietverbindungen im Kran- und Kranbahnbau bei nicht vorwiegend ruhender Beanspruchung

1	2	3	4
Verbindungs-mittel	nach DIN	zulässige Verbindungsarten nicht ruhende Beanspr.	zulässige Zugkraft in Achsrichtung des Verbindungsmittels
Niete	DIN 124 Halbrundkopf DIN 302 Senkkopf	SLP B	((Z))
rohe Schraube ohne Passung	DIN 7990	((SL)) B	—
Paßschraube	DIN 7968	SLP B	((Z))
hochfeste Schraube	DIN 6914	((SL)) ohne Vorspannung ((SL)) mit teilw. Vorspannung GV volle Vorspannung	— ((Z)) Z
hochfeste Paßschraube	DIN 7999	SLP ohne Vorspannung SLP mit teilw. Vorspannung GVP volle Vorspannung	— ((Z)) Z

Z = Zug in Achse zulässig
B = Betriebsfestigkeitsnachweis für Verbindungsmittel erforderlich
(( )) = stark eingeschränkt zulässig
— = nicht erlaubt

11.1.1 Zulässige Spannungen für die Verbindungsmittel, Nieten, Paßschrauben nach DIN 7968 und Sechskantschrauben (rohe Schrauben) nach DIN 7990

Die Abmessungen der Nieten und Schrauben sind in /1/ wiedergegeben.

Die vorhandenen Spannungen werden

für die Leibung:
$$\sigma_L = \frac{N}{\min \Sigma t \cdot d} \qquad (11.1)$$

für die Scherspannung:
$$\tau_a = \frac{N}{d^2 \cdot \frac{\pi}{4} \cdot m} \qquad (11.2)$$

für die Zugspannung in der Schraube:
$$\sigma_Z = \frac{Z}{d^2 \cdot \frac{\pi}{4}} \qquad (11.3)$$

ermittelt und mit den zulässigen Spannungen der Tab. 11.2 verglichen. Es bedeuten

σ_L = Lochleibungsspannung
N = zu übertragende Scherkraft je Schraube oder Niete
d = maßgebender Durchmesser nach Tab. 11.2
$\min \Sigma t$ = kleinste Summe der Blechdicken mit in gleicher Richtung wirkenden Lochleibungsdruck
Z = zu übertragende Zugkraft je Schraube
τ_a = Scherspannung
σ_Z = Zugspannung
m = Anzahl der Schnitte

Tabelle 11.2 Zulässige Spannungen für Verbindungsmittel beim Allgemeinen Spannungsnachweis

Verbindungs-mittel	Verbindungs-art	Stahlsorte oder Bezeichnung der Festigkeitsklassen	nach	Lastfall	zulässige Scherspannung zul τ_a N/mm²		zulässige Leibungsspannung zul σ_L N/mm²		zulässige Zugspannung zul σ_Z N/mm²
Niete DIN 124 und DIN 302	ein-schnittig	USt 36-1	DIN 17 111	H	0,6 · zul σ_d	84	1,5 · zul σ_d	210	(30)
				HZ		196		240	
		RSt 44-2	DIN 17 111	H		126		315	(45)
				HZ		144		360	
	mehr-schnittig	USt 36-1	DIN 17 111	H	0,8 · zul σ_d	113	2 · zul σ_d	280	(30)
				HZ		128		320	
		RSt 44-2	DIN 17 111	H		168		420	(45)
				HZ		192		480	
Paß-schrau-ben DIN 7968	ein-schnittig	4.6	DIN 267 Bl. 3	H	0,6 · zul σ_d	84	1,5 · zul σ_d	210	100
				HZ		96		240	110
		5,6	DIN 267 Bl. 3	H		126		315	140
				HZ		144		360	154
	mehr-schnittig	4,6	DIN 267 Bl. 3	H	0,8 · zul σ_d	112	2 · zul σ_d	280	100
				HZ		128		320	110
		5.6	DIN 267 Bl. 3	H		168		420	140
				HZ		192		480	154
rohe Schrau-ben ohne Passung DIN7990	ein- und mehr-schnittig	4.6	DIN 267 Bl. 3	H	-	70	-	160	100
				HZ		80		180	110
		5.6	DIN 267 Bl. 3	H		70		160	140
				HZ		80		180	154
Maßgebender Durchmesser für		Niete			Lochdurchmesser				
		Schrauben			Schaftdurchmesser				Gewindekern-durchmesser

Eingeklammerte Werte für Zugspannung von Nieten sind nur in Ausnahmefällen zulässig.

Bei zweiachsigen Spannungszuständen (Zug und Abscheren) innerhalb einer Schraube muß zusätzlich ein Vergleichsspannungsnachweis σ_V geführt werden.

$$\sigma_V = \sqrt{\sigma_Z^2 + 3\,\tau_a^2} \leq \sigma_{Zug\ zul} \text{ (nach Tab. 11.2)} \qquad (11.4)$$

Außerdem muß nicht nur für das anzuschließende Bauteil, sondern auch für das Verbindungsmittel ein Betriebsfestigkeitsnachweis geführt werden, sofern die Verbindung schwellend oder wechselnd beansprucht wird. Bei Zug in der Schraubenachse sollten eigentlich nur planmäßig vorgespannte Schrauben verwendet werden.

11.1.2 Anwendungsbereich

Nieten und Paßschrauben dürfen verwendet werden. Rohe Schrauben nach DIN 7990 dürfen nur bei ruhender Beanspruchung oder bei untergeordneten Bauteilen zur Anwendung kommen; außerdem bei Bauteilen, für die der Betriebsfestigkeitsnachweis entfällt, z.B. bei Kranen und Kranbahnen, bei denen die Einstufung unter die Beanspruchungsgruppe B1 (weniger als 20.000 Spannungsspiele oder unterhalb des Spannungskollektives S_0) fällt oder bei Aufhängungen von Kranbahnen oder bei Unterstützungen von Kranbahnen.

11.1.3 Bauliche Durchbildung, allgemein - Nieten, Paßschrauben, rohe Schrauben

Es sollen mindestens 2 Schrauben oder Nieten für die Aufnahme von Kräften angeordnet werden (s. Bild 11.1), d.h. bei Stößen mindestens 4 Schrauben (s. Bild 11.2).

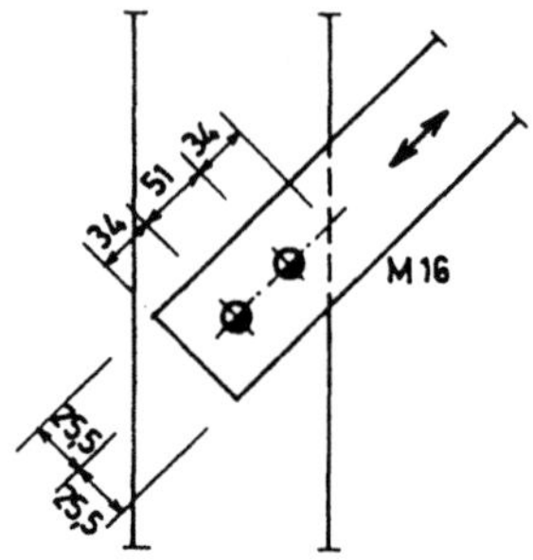

Bild 11.1
mindestens 2 Schrauben
(Mindestabstände in mm)

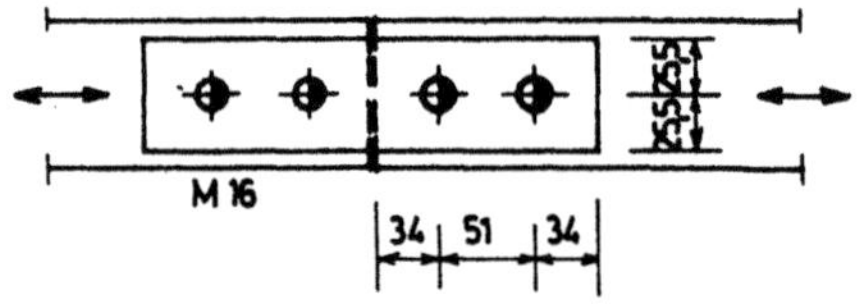

Bild 11.2 mindestens 2 Schrauben pro Stoßseite (Mindestabstände in mm)

Bei gleichzeitig wirkenden Nieten oder Schrauben dürfen nicht mehr als 5 Verbindungsmittel in einer Reihe hintereinander angeordnet werden.

Die Verbindungsmittel sollen so eng wie möglich in der Stabachse angeordnet werden, s. Bild 11.3.
Die Lochabstände sind der Tabelle 11.3 zu entnehmen.

Löcher für Schrauben oder Nieten sind zu bohren. Werden Löcher gestanzt, so müssen diese Löcher wegen der Kaltverfestigung im Stanzbereich nachträglich noch um mindestens 2 mm aufgerieben werden. Mit dem Schweißbrenner gebrannte Löcher sind grundsätzlich nicht erlaubt.

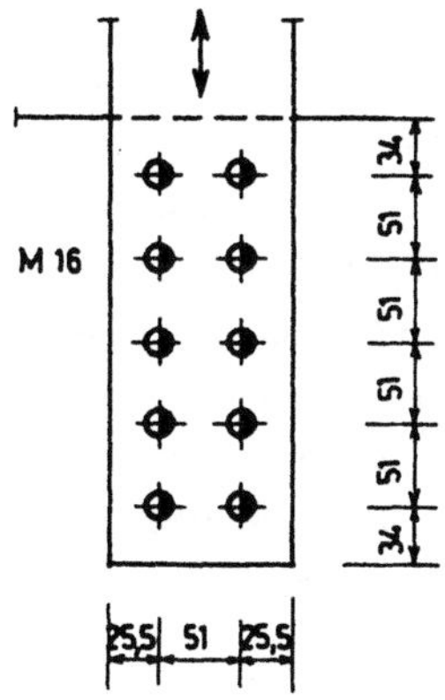

Bild 11.3 maximal 5 Verbindungsmittel hintereinander (Mindestabstände in mm)

Tabelle 11.3 Lochabstände

<table>
<tr><th rowspan="2">Lfd. Nr.</th><th rowspan="2" colspan="2">Art der Mittenabstände von Niet- oder Schraubenlöchern 1)</th><th colspan="3">Mittenabstand</th></tr>
<tr><th colspan="2">max. 1)</th><th>min.</th></tr>
<tr><td>1</td><td colspan="2">Endabstand in Kraftrichtung</td><td>4d</td><td>8t</td><td>2d</td></tr>
<tr><td>2</td><td colspan="2">Randabstand senkrecht zur Kraftrichtung</td><td>4d</td><td>8t 2)</td><td>1,5d</td></tr>
<tr><td>3</td><td colspan="2">Abstand in tragenden Bauteilen und wesentlichen Verbindungen</td><td>6d</td><td>12t</td><td rowspan="5">3d</td></tr>
<tr><td>4</td><td>Abstand in tragenden Bauteilen mit Druckspannungen</td><td rowspan="2">Spannungen in Nieten und Schrauben unter 50 % der zulässigen Werte</td><td>7d</td><td>14t</td></tr>
<tr><td>5</td><td>Abstand in tragenden Bauteile mit Zugspannungen</td><td>8d</td><td>16t</td></tr>
<tr><td>6</td><td rowspan="2">Abstand in untergeordneten Bauteilen</td><td>von Kranen im Freien</td><td>10d</td><td>$50\sqrt{t}$</td></tr>
<tr><td>7</td><td>von Kranen in geschlossenen Hallen</td><td>15d</td><td>$75\sqrt{t}$</td></tr>
</table>

d Lochdurchmesser
t kleinere Dicke der außenliegenden Teile
1) Der kleinere Wert ist maßgebend.
2) Bei Stab-und Formstählen darf am versteiften Rand der Randabstand 10t betragen.

Schrauben- oder Nietdurchmesser müssen auf die kleinste Blechdicke abgestimmt sein. Es wird empfohlen, die Durchmesser entsprechend dem Diagramm Bild 11.4 zu verwenden.

Schrauben und Muttern sind gegen unbeabsichtigtes Lösen zu sichern. Dies kann z.B. durch selbstsichernde Muttern oder durch Palmuttern erfolgen. Untersuchungen hierzu sind in /92/ und /93/ veröffentlicht.

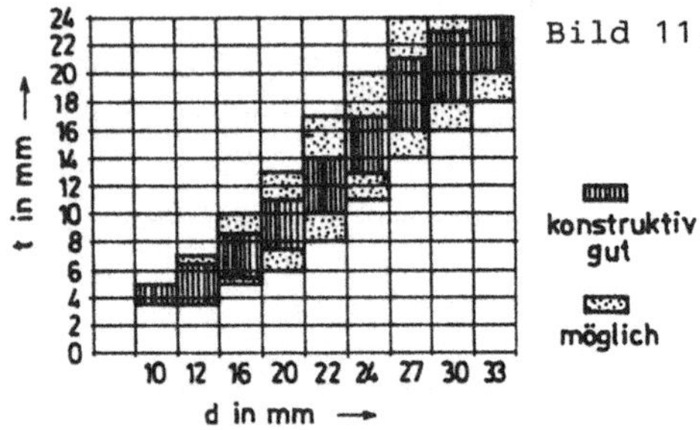

Bild 11.4

d = Niet- bzw. Schraubenschaftdurchmesser
t = kleinste zu verbindende Materialdicke

Der kleinste zugelassene Schraubendurchmesser ist M 6 gem. Tab. 11.4. Es wird dringend empfohlen, Schrauben nicht unter M 10 zu wählen, unabhängig davon, ob eine Korrosionsgefährdung vorliegt oder nicht.

Tabelle 11.4 Mindestmaße

Nr.	Korrosions-gefährdung	Mindestdicken tragender Bauteile: Bleche, Flachstähle, Breitflachstähle, Stabstähle und Stege von Formstählen in allseitig der Korrosion ausgesetzten Bauteilen	Mindestdicken tragender Bauteile: Wände von geschlossenen Bauteilen und Rohren	Lochdurchmesser min.	Gewinde min.
1	gering	3	2	6,4	M6
2	mittel	5	4	8,5	M8
3	groß	7	6	11	M10

Querschnittswerte für gelochte Bauteile sind der DIN 18800 Teil 1 Abschn. 3.4 zu entnehmen. Miteinander zu verbindende Flächen werden vor dem Zusammenbau mit einem Farbanstrich gegen Korrosion geschützt.

11.1.3.1 Bauliche Durchbildung, speziell für Nieten

Bei Nietverbindungen ist darauf zu achten, daß die Klemmlängen s den Wert

$$s_{max} = 0,2 \cdot d^2 \qquad (11.5)$$

nicht überschreiten. Die maximalen Klemmlängen sind in Tab. 11.5 aufgeführt.

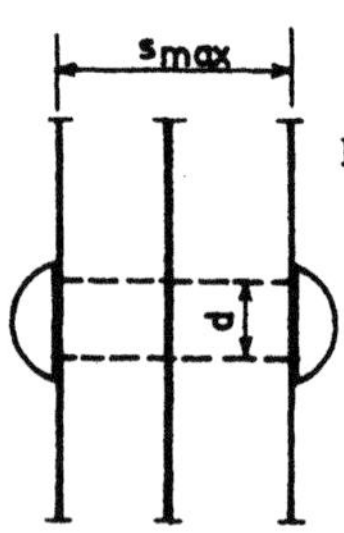

Bild 11.5

Tabelle 11.5 Max. Klemmlänge bei Nieten

Nietdurchmesser d in mm	10	12	16	20	24	30
max. Klemmlänge s_{max} in mm	20	28,8	51,2	80	115,2	180

11.1.3.2 Bauliche Durchbildung, speziell für Paßschrauben

Paßschrauben nach DIN 7968 müssen so eingesetzt werden, daß das Gewinde nicht in die zu verbindenden Teile hineinreicht. Das Lochspiel muß kleiner oder gleich 0,3 mm betragen (Passung H11, h11).

11.2 Hochfeste Schrauben

Mit den hochfesten Schrauben (Sechskantschrauben nach DIN 6914 und Sechskant-Paßschrauben nach DIN 7999) können vorgespannte Schraubenverbindungen (GV- und GVP-Verbindungen) und nicht vorgespannte Verbindungen (SL- und SLP-Verbindungen) hergestellt werden. Abmessungen dieser Schrauben siehe /1/.

Als vorgespannte Verbindung bezeichnet man die HV-Verbindungen (hochfeste, vorgespannte Schraubenverbindungen). Die Wirkungsweise dieser Verbindungen ist in /91/ erläutert. Bei HV-Verbindungen sind kopf- und mutterseitig Unterlagsscheiben vorzusehen.

SL- und SLP-Verbindungen können entweder ohne Vorspannung oder mit teilweiser Vorspannung (nicht planmäßiger Vorspannung) ausgeführt werden (siehe Kap. 11.2.2). Dabei wird eine SL- oder SLP-Verbindung auch mit teilweiser Vorspannung immer noch als Scher-Lochleibungsverbindung wirksam. Die zulässigen Lochleibungsspannungen sind dabei höher.

Als hochfeste Schrauben gelten Schrauben der Festigkeitsklasse 8.8, 10.9, 12.9 nach DIN 267 Blatt 3 (vgl. DIN 1079 und Entwurf DIN 18800 T 1 Abs. 5.2.2).

Im Kran- und Kranbahnbau sollten hochfeste Schrauben der Festigkeitsklasse 10.9 mit planmäßiger Vorspannung verwendet werden.

Mit vorgespannten Schrauben haben Schraubenverbindungen ein günstiges Betriebsfestigkeitsverhalten.

11.2.1 Verbindungsarten mit hochfesten Schrauben

Man unterscheidet bei Schraubenverbindungen mit hochfesten Schrauben nach der Art der Kraftübertragung vom Bauteil zum anzuschließenden Bauteil. Es gibt folgende Verbindungen:

- SL - Scher-Lochleibungsverbindung
- SLP - Scher-Lochleibungsverbindung mit Passung
- GV - Gleitfeste vorgespannte Verbindung
- GVP - Gleitfeste vorgespannte Verbindung mit Passung.

Für ruhende Beanspruchungen können SL-, SLP-, GV-, GVP-Verbindung verwendet werden (zulässige Beanspruchung siehe /1/ und /18/).
Für nicht vorwiegend ruhende Beanspruchungen (bei Kranen und Kranbahnen) werden SLP-, GV- und GVP-Verbindungen eingesetzt (zulässige Beanspruchung siehe folgende Abschnitte und /19/).

Bei den Scher-Lochleibungsverbindungen, SL- und SLP-Verbindungen, erfolgt die Übertragung der Kräfte senkrecht zur Schraubenachse über Lochleibungsspannungen und Scherspannungen, s. Bild 11.6.

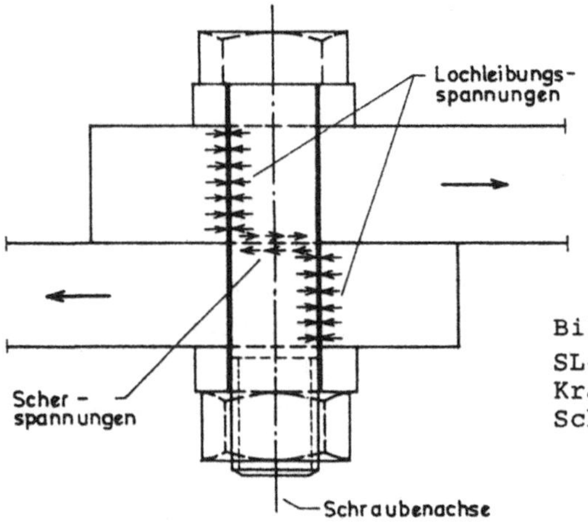

Bild 11.6
SL- und SLP-Verbindung
Kraft senkrecht zur Schraubenachse

Bei den gleitfesten Verbindungen wird die Kraft senkrecht zur Schraubenachse durch Reibung in der Anpreßfläche und durch Lochleibungspressung übertragen, s. Bild 11.7.

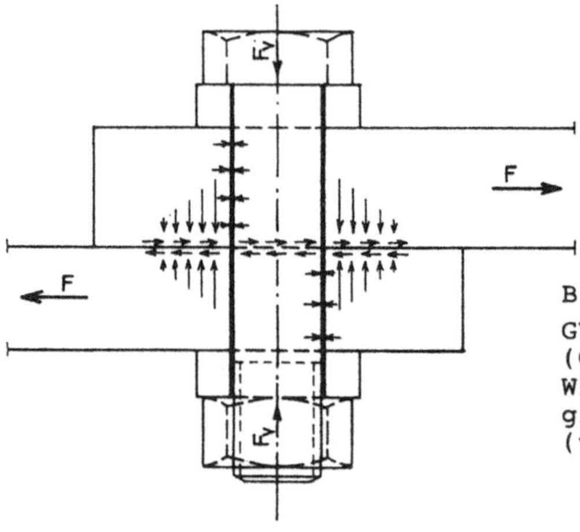

Bild 11.7
GV-Verbindung M 16 (Güte 10.9)
Wirkungsweise einer gleitfesten Verbindung (vorgespannt)

11.2.2 SL- und SLP-Verbindungen hochfester Schrauben

11.2.2.1 SL-Verbindungen hochfester Schrauben

SL-Verbindungen dürfen nur für vorwiegend ruhende Beanspruchung bzw. für untergeordnete Bauteile bei nicht vorwiegend ruhender Beanspruchung eingesetzt werden. SL-Verbindungen können ohne Vorspannung oder mit teilweiser Vorspannung verwendet werden. Diese teilweise Vorspannung wird als "nicht planmäßige Vorspannung" bezeichnet. Dabei muß sichergestellt sein, daß die Vorspannkraft $\geq$ 0,5 $\cdot$ F_V ist. F_V ist die Vorspannkraft der planmäßigen Vorspannung (s. Kap. 11.2.4 Tab. 11.18). Das Lochspiel darf maximal 2 mm betragen.

11.2.2.2 SLP-Verbindungen hochfester Schrauben

SLP-Verbindungen dürfen auch für nicht vorwiegend ruhende Beanspruchung herangezogen werden. Es kann wie bei SL-Verbindungen ohne oder mit nicht planmäßiger Vorspannung gearbeitet werden. Das Lochspiel beträgt max. 0,3 mm. Bei nicht vorwiegend ruhender Beanspruchung (Krane und Kranbahnen) ist ein Betriebsfestigkeitsnachweis für die Schraube und für das Bauteil zu führen.

11.2.2.3 Zulässige übertragbare Kräfte hochfester Schrauben in SL- und SLP-Verbindungen

11.2.2.3.1 Kraft senkrecht zur Schraubenachse bei hochfesten Schrauben

Siehe Tabellen 11.6 und 11.7.

Die Spannungen werden wie im Kap. 11.1.1 ermittelt. Es wird darauf hingewiesen, daß die zulässigen Scherspannungen in der Schraube oder in der Paßschraube ohne Vorspannung die gleichen Werte haben, wie bei nicht planmäßiger teilweiser Vorspannung.

11.2.2.3.2 Kraft in der Schraubenachse bei hochfesten Schrauben

In SL- und SLP-Verbindungen dürfen Schrauben ohne Vorspannung bei nicht vorwiegend ruhender Zugbeanspruchung nicht verwendet werden.

Schraubenverbindungen mit hochfesten Schrauben mit teilweiser Vorspannung (nicht planmäßiger Vorspannung) dürfen bei nicht vorwiegend ruhender Beanspruchung eingesetzt werden, sofern eine der folgenden Bedingungen eingehalten ist:

1. $N \leq 10^4$ Anzahl der Spiele

Tabelle 11.6 Zulässige übertragbare Kräfte zul N_{SL} und zul N_{SLP} je Schraube und je Scherfläche senkrecht zur Schraubenachse

	1	2	3	4	5	6	7
	Schraubendurchmesser	Hochfeste Schrauben: zul N_{SL}			Hochfeste Paßschrauben: zul N_{SLP}		
		Scherfläche $F_a = \frac{\pi \cdot d^2}{4}$	Lastfall H $\tau_a = 240 \frac{N}{mm^2}$	Lastfall HZ $\tau_a = 270 \frac{N}{mm^2}$	Scherfläche $F_a = \frac{\pi \cdot d^2}{4}$	Lastfall H $\tau_a = 280 \frac{N}{mm^2}$	Lastfall HZ $\tau_a = 320 \frac{N}{mm^2}$
		cm^2	kN	kN	cm^2	kN	kN
1	M 12	1,13	27,00	30,50	1,33	37,00	42,50
2	M 16	2,01	48,50	54,50	2,27	63,50	72,50
3	M 20	3,14	75,50	85,00	3,46	97,00	111,00
4	M 22	3,80	91,00	102,50	4,15	116,50	133,00
5	M 24	4,52	108,50	122,00	4,91	137,50	157,00
6	M 27	5,73	137,50	154,50	6,16	172,50	197,00
7	M 30	7,07	169,50	191,00	7,55	211,50	241,50

Tabelle 11.7 Zulässige rechnerische Lochleibungsspannung σ_L in N/mm^2 für Scher/Lochleibungsverbindungen in Bauteilen aus St 37 und St 52

	1		2	3	4	5
	Verbindungsart		Werkstoff des zu verbindenden Bauteils			
			St 37		St 52	
	Art, Lochspiel	Vorspannung	Lastfall			
			H	HZ	H	HZ
1	SL-Verbindung	0	280	320	420	470
2	Lochspiel ≤ 2 mm	≥ 0,5 F_v 1)	380	430	570	640
3	SLP-Verbindung	0	320	360	480	540
4	Lochspiel ≤ 0,3 mm	≥ 0,5 F_v 1)	420	470	630	710

1) F_v nach Tabelle 11.18Spalte 5 ohne Überprüfung der Vorspannung

2. $N \leq 10^5$, jedoch dürfen Spannungen, die größer als 40 % der im Lastfall H nach Tab. 11.8 Spalte 3 zulässigen Werte sind, nicht mit einer größeren Spannungsspielzahl als $N = 10^4$ auftreten.
3. N beliebig oft, jedoch darf der Spannungsanteil der nicht ständigen Last 20 % der im Lastfall H nach Tab. 11.8 Spalte 3 zulässigen Wert nicht überschreiten.

Wird eine dieser drei Bedingungen erfüllt, darf die zulässige übertragbare Kraft einer Schraube in Richtung der Schraubenachse den Betrag haben von

$$\text{zul } Z = \text{zul } \sigma_Z \cdot A_s \tag{11.6}$$

darin bedeutet:

$\text{zul } \sigma_Z = 360 \text{ N/mm}^2$ = Lastfall H
$\text{zul } \sigma_Z = 410 \text{ N/mm}^2$ = Lastfall HZ

$$A_s = \frac{\pi}{4} \cdot \left(\frac{d_2 + d_3}{2} \right)^2 \tag{11.7}$$

d_2 = Nennflankendurchmesser
d_3 = Nennkerndurchmesser

Spannungsquerschnitt A_s nach DIN 267 Blatt 3, Tab.5, Ausg. 1967.
A_s ist in der Tab.11.8 angegeben.

Tabelle 11.8 Zulässige übertragbare Zugkraft zul Z in Richtung der Schraubenachse je hochfeste Schraube bzw. Paßschraube bei nicht vorwiegend ruhender Beanspruchung

	1	2	3	4
	Schraubendurchmesser	Spannungsquerschnitt A_s	Lastfall H zul σ_Z=360 $\frac{N}{mm^2}$	Lastfall HZ zul σ_Z=410 $\frac{N}{mm^2}$
		cm^2	kN	kN
1	M 12	0,843	30,5	34,5
2	M 16	1,57	56,5	64,5
3	M 20	2,45	88,0	100,5
4	M 22	3,03	109,0	124,0
5	M 24	3,53	127,0	144,5
6	M 27	4,59	165,0	188,0
7	M 30	5,61	202,0	230,0

11.2.2.3.3 Gleichzeitige Übertragung von Kräften senkrecht und achsial zur Schraubenachse hochfester Schrauben

Bei gleichzeitiger Beanspruchung der hochfesten Schrauben bzw. hochfesten Paßschrauben auf Abscheren und Zug sind die Einzelnachweise je für sich durchzuführen. Dabei dürfen die zulässigen Werte für die einzelnen Beanspruchungsgruppen ohne Nachweis der Vergleichsspannung voll ausgenutzt werden. Für die Lochleibungsspannung σ_L sind die zulässigen Werte der Tab. 11.7 für Vorspannung $F_V = 0$ zu verwenden.

11.2.3 GV- und GVP-Verbindungen hochfester Schrauben

Bei gleitfesten GV- und GVP-Verbindungen mit und ohne Passung müssen die hochfesten Schrauben der Festigkeitsklasse 10.9 vorgespannt werden. Die Vorspannung wird über das Anziehmoment der Schraube erzeugt. Diese beiden gleitfesten Verbindungen dürfen auch bei nicht vorwiegend ruhender Beanspruchung (z.B. Krane und Kranbahnen) eingesetzt werden. Ist die Vorspannung entsprechend Kap. 11.2.4 vorhanden, so ist kein Betriebsfestigkeitsnachweis zu führen. Bei gleitfesten Verbindungen ist außerdem die Steifigkeit des Schraubenstoßes größer als bei SL- und SLP-Verbindungen. Das Lochspiel beträgt max. 2 mm bei GV-Verbindungen und max. 0,3 mm bei GVP-Verbindungen (Passung H11, h11).

11.2.3.1 Zulässige übertragbare Kräfte hochfester Schrauben in GV- und GVP-Verbindungen

11.2.3.1.1 GV-Verbindungen - Kraft senkrecht zur Schraubenachse bei hochfesten Schrauben

Bei gleitfesten Verbindungen mit hochfesten Schrauben beträgt die zulässige übertragbare Kraft zul N_{GV} einer Schraube je Reibfläche, senkrecht zur Schraubenachse:

$$\text{zul } N_{GV} = \frac{\mu}{\nu} \cdot F_V \tag{11.8}$$

darin bedeutet:

F_V = Vorspannkraft der Schraube nach Tab. 11.18
μ = Reibbeiwert der Berührungsfläche nach Tab. 11.9
ν = Sicherheitszahl gegen Gleiten nach Tab. 11.10.

Tabelle 11.9 Reibbeiwerte μ der Berührungsflächen

	1	2	3
	Reibflächenvorbereitung	Stahlsorte	
		St 37	St 52
1	Stahlgußkiesstrahlen	0,50	0,55
2	2 x Flammstrahlen	0,50	0,55
3	Sandstrahlen	0,50	0,55
4	gleitfeste Anstriche mit Zulassung	0,50	0,50

Tabelle 11.10 Sicherheitszahlen ν gegen Gleiten

	1	2	3
	Belastungsart	Lastfall H	Lastfall HZ
1	Vorwiegend ruhend, z.B. allgemeiner Stahlhochbau	1,25	1,10
2	Nicht vorwiegend ruhend, z.B. Brücken, Krane, Kranbahnen	1,40	1,25

Die Werte für zul N_{GV} sind in der Tabelle 11.11 zusammengefaßt.

Tabelle 11.11 Zulässige übertragbare Kraft zul N_{GV} je hochfeste Schraube und je Reibfläche senkrecht zur Schraubenachse

	1	2	3	4	5	6
	Schrauben-durchmesser	Vorspannkraft F_V s.Tab. 11.18 Spalte 2	Nicht vorwiegend ruhende Beanspruchung z.B. Brücken, Krane u. Kranbahnen			
			Stahlsorte St 37, St 52 1)		St 52 2)	
			Lastfall in kN			
		kN	H	HZ	H	HZ
1	M 12	50,00	18,00	20,00	19,50	22,00
2	M 16	100,00	35,50	40,00	39,50	44,00
3	M 20	160,00	57,00	64,00	63,00	70,50
4	M 22	190,00	68,00	76,00	74,50	83,50
5	M 24	220,00	78,50	88,00	86,50	97,00
6	M 27	290,00	103,50	116,00	114,00	127,50
7	M 30	350,00	125,00	140,00	137,50	154,00

1) Für Reibflächenvorbereitung nach Tabelle 11.9 Zeile 4
2) Für Reibflächenvorbereitung nach Tabelle 11.9 Zeile 1-3

Die Lochleibungsspannung σ_L im Bauteil ist rechnerisch nach der Formel:

$$\sigma_L = \frac{N}{\min \Sigma\, t \cdot d \cdot n} \qquad (11.9)$$

σ_L = Lochleibungsspannung
N = Kraft in der Schraubenverbindung
$\min \Sigma\, t$ = kleinste Summe der Blechdicken mit in gleicher Richtung wirkenden Lochleibungsdruck
d = maßgebender Durchmesser
n = Anzahl der Schrauben

zu ermitteln, dabei ist der Einfluß von Reibflächen unberücksichtigt zu lassen. Die Werte für zul σ_L sind der Tabelle 11.12 zu entnehmen.

Ein Nachweis der Scherspannung τ_a ist nicht erforderlich.

Tabelle 11.12 Zulässige rechnerische Lochleibungsspannung σ_L in N/mm^2 für gleitfeste Verbindungen in Bauteilen aus St 37, St 52 beim allgemeinen Spannungsnachweis

	1	2	3	4	5
	Verbindungsart	Werkstoff der zu verbindenden Bauteile			
		St 37		St 52	
		Lastfall			
		H	HZ	H	HZ
1	GV-Verbindung, Lochspiel 1 mm, GVP-Verbindung, Lochspiel 0,3 mm Vorspannung F_V nach Tab.11.18 Spalte 2	480	540	720	810

Für Bauteile mit Zugbeanspruchung darf beim allgemeinen Spannungsnachweis und beim Betriebsfestigkeitsnachweis angenommen werden, daß 40 % von zul N_{GV} derjenigen hochfesten Schrauben, die im betrachteten Nettoquerschnitt (Querschnitt mit Lochabzug) liegen, vor Beginn der Lochschwächung durch Reibungsverlust angeschlossen sind. Jedoch darf dies nicht mehr als 20 % der anzuschließenden Gesamtkraft betragen. Außerdem ist der Vollquerschnitt mit der Gesamtkraft nachzuweisen.

Bei Druckbeanspruchung ist ein Nachweis für den Nettoquerschnitt nicht erforderlich.
Der Betriebsfestigkeitsnachweis muß lediglich für das Bauteil geführt werden.

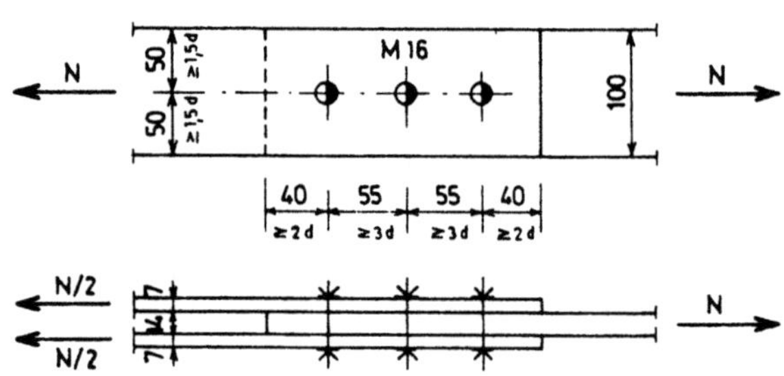

Bild 11.8 zu Beispiel 11.1
d = Lochdurchmesser

Beispiel 11.1 Berechnung eines Laschenstoßes als GV-Verbindung.
Laschenstoß: 2⌀ 100 · 7, 1⌀ 100 · 14, St 37 (s. Bild 11.8);

gegeben: Normalkraft N = 210 kN; Lastfall HZ; nicht vorwiegend ruhende Belastung; Stahlgüte St 37; Schnittigkeit m=2;

gesucht: ist die erforderliche Anzahl n der Schrauben.

a) Schraubenwahl
gewählt M 16, Abmessung s. /1/; Festigkeitsklasse 10.9 (DIN 6914).

b) Berechnung
Vorwerte: DASt-Richtlinie 010/Juni 1976 (s. Tab. 11.10)
Sicherheitszahl gegen Gleiten $\nu = 1{,}25$
DIN 18 800 Teil 1 Abschn. 7.2.2.2 (s. Tab. 11.9)
Reibbeiwert $\mu = 0{,}5$
DIN 18 800 Teil 1 Tab. 9 (s. Tab. 11.18)
Vorspannkraft $F_V = 100$ kN

Ermittlung der Schraubenanzahl n:

$$\text{zul } N_{GV} = m \cdot \frac{\mu}{\nu} \cdot F_V = 2 \cdot \frac{0{,}5}{1{,}25} \cdot 100 = 80 \text{ kN}$$

oder aus Tab. 11.11 $\text{zul } N_{GV} = 2 \cdot 40 = 80$ kN

$$\text{erf } n = \frac{N}{\text{zul } N_{GV}} = \frac{210}{80} = 2{,}6$$

gewählt: 3 M 16 - 55; 10.9; DIN 6914

Lochleibungsdruck:

$$\sigma_L = \frac{N}{\min \Sigma\, t \cdot d \cdot n} = \frac{210}{1{,}4 \cdot 1{,}6 \cdot 3} = 31{,}25 \text{ kN/cm}^2$$

$$\leq \text{zul } \sigma_L = 54 \text{ kN/cm}^2$$

(zul σ_L aus Tab. 11.12)

c) Spannungsnachweis der Laschenquerschnitte
Lasche ⌀ 100·14

$A = 10{,}0 \cdot 1{,}4 = 14{,}00 \text{ cm}^2$

$A_{netto} = 1{,}4\ (10 - 1{,}8) = 11{,}48 \text{ cm}^2$

- des Vollquerschnitts mit N

$$\sigma_Z = \frac{210}{14{,}0} = 15{,}0 \text{ kN/cm}^2$$

$$\leq \text{zul } \sigma = 18{,}0 \text{ kN/cm}^2$$

- des Nettoquerschnitts mit $N - 0{,}4 \cdot \text{zul } N_{GV}$

$$\sigma_Z = \frac{210 - 0{,}4 \cdot 80}{11{,}48} = 15{,}5 \text{ kN/cm}^2$$

$$\leq \text{zul } \sigma = 18{,}0 \text{ kN/cm}^2$$

(s. Tab. 10.2)

d) Schraubenlänge
Klemmlänge t = 7 + 14 + 7 = 28 mm
aus Tab. 24.2 ergibt sich eine Schraubenlänge $\ell = 55$ mm
die Bezeichnung der 3 Schrauben wäre dann:

3 M 16 - 55 DIN 6914.

11.2.3.1.2 GVP-Verbindungen - Kraft senkrecht zur Schraubenachse bei hochfesten Schrauben

In gleitfesten Verbindungen mit hochfesten Paßschrauben beträgt die zulässige übertragbare Kraft zul N_{GVP} einer Schraube je Reib- bzw. Scherfläche senkrecht zur Schraubenachse:

$$\text{zul } N_{GVP} = \frac{1}{2} \cdot \text{zul } N_{SLP} + \text{zul } N_{GV} \qquad (11.10)$$

dabei ist zul N_{SLP} gem. Tab. 11.6 und zul N_{GV} gem. Tab. 11.11 einzusetzen. Die Werte für zul N_{GVP} sind in der Tabelle 11.13 zusammengefaßt.

Tabelle 11.13 Zulässige übertragbare Kraft zul N_{GVP} je hochfeste Paßschraube und je Reibfläche (Scherfläche) senkrecht zur Schraubenachse in kN

	1	2	3	4	5	6
	Schraubendurchmesser	Vorspannkraft F_V s. Tab. 11.18 Spalte 2	Nicht vorwiegend ruhende Beanspruchung z.B. Brücken, Krane u. Kranbahnen			
			Stahlsorte St 37 St 52 1)		St 52 2)	
			Lastfall in kN			
		kN	H	HZ	H	HZ
1	M 12	50,00	36,50	41,00	38,00	43,00
2	M 16	100,00	67,50	76,50	71,50	80,50
3	M 20	160,00	105,50	119,50	111,50	126,00
4	M 22	190,00	126,00	142,50	132,50	150,00
5	M 24	220,00	147,00	166,50	155,00	175,50
6	M 27	290,00	189,50	214,50	200,00	226,00
7	M 30	350,00	230,50	261,00	243,00	275,00

1) Für Reibflächenvorbereitung nach Tabelle 11.9 Zeile 4
2) Für Reibflächenvorbereitung nach Tabelle 11.9 Zeile 1-3

Die Lochleibungsspannung σ_L ist entsprechend der Formel 11.9 nachzuweisen. Dabei ist der Einfluß von Reibungskräften unberücksichtigt zu lassen. Die Werte für zul σ sind der Tabelle 11.12 zu entnehmen.

Ein Nachweis der Scherspannung τ_a in der Schraube ist nicht erforderlich.

Für Bauteile mit Zugbeanspruchung darf beim allgemeinen Spannungsnachweis und beim Betriebsfestigkeitsnachweis angenommen werden, daß 40 % von zul N_{GV} derjenigen hochfesten Paßschrauben, die im betrachteten Nettoquerschnitt (Querschnitt mit Lochabzug) liegen, vor Beginn der Lochschwächung durch Reibungsschluß angeschlossen sind, jedoch nicht mehr als 10 % der anzuschließenden Gesamtkraft.

Bei Wechselbeanspruchung, anstelle der o.g. Zugbeanspruchung, darf eine GVP-Verbindung nur wie eine GV-Verbindung (siehe Kap. 11.2.3.1.1) beansprucht werden.

11.2.3.1.3 GV- und GVP-Verbindungen - Kraft in Richtung der Schraubenachse bei hochfesten Schrauben

Planmäßig vorgespannte Verbindungen dürfen auch bei nicht vorwiegend ruhender Beanspruchung in Richtung der Schraubenachse auf Zug zusätzlich oder ausschließlich beansprucht werden - siehe Tab. 11.14 und Tab. 11.15.

Tabelle 11.14 Zulässige zusätzliche übertragbare Zugkraft zul Z in Richtung der Schraubenachse je vorgespannte hochfeste Schraube bzw. Paßschraube

1	2
Nicht vorwiegend ruhende Beanspruchung, z.B. Brücken, Krane und Kranbahnen	
Lastfall	
H	HZ
$0{,}6\ F_V$	$0{,}7\ F_V$

F_V nach Tabelle 11.18 Spalte 2

Tabelle 11.15 Zulässige zusätzliche übertragbare Zugkraft zul Z in Richtung der Schraubenachse für nicht vorwiegend ruhende Beanspruchung in kN

Schrauben-durchmesser	GV / GVP	
	Lastfall	
	H $(0{,}6 \cdot F_V)$	HZ $(0{,}7 \cdot F_V)$
M 12	30	35
M 16	60	70
M 20	96	112
M 22	114	133
M 24	132	154
M 27	174	203
M 30	210	245

Außerdem ist nachzuweisen, daß die vorhandene Zugkraft nicht größer ist als die zulässige Zugkraft Z_1 oder Z_2, welche über den Verspannungsfaktor ermittelt wird - siehe Kap. 11.2.3.1.3.2.

11.2.3.1.3.1 GV-Verbindungen - zusätzliche Zugbeanspruchung in Richtung der Schraubenachse bei hochfesten Schrauben

Bei zusätzlicher Zugbeanspruchung einer GV-Verbindung aus äußerer Belastung ist die zulässige übertragbare Kraft zul N_{GV} senkrecht zur Schraubenachse abzumindern. Die Abminderung beträgt bei voller Ausnutzung der Zugkräfte nach Tab. 11.15 für eine Schraube je Reibfläche senkrecht zur Schraubenachse

$$\text{zul } \overline{N_{GV}} = 0{,}2 \cdot \text{zul } N_{GV} \qquad (11.11)$$

für zul N_{GV} sind die Werte nach Tab. 11.11 einzusetzen.

Bei geringerer Zugbeanspruchung kann zwischen dem Wert 0,2 und 1,0 geradlinig interpoliert werden (siehe Tab. 11.16).

$$\text{zul } \overline{N_{GV}} = \text{zul } N_{GV} \left(1 - 0{,}8 \frac{Z}{\text{zul } Z}\right) \qquad (11.12)$$

hierin bedeutet

zul $\overline{N_{GV}}$	= abgeminderte zulässige Beanspruchung senkrecht zur Schraubenachse infolge zusätzlicher Zugbeanspruchung in der Schraube
zul Z	= zulässige Zugkraft entspr. Tab. 11.14 und 11.15
Z	= vorhandene Zugspannung
zul N_{GV}	= Werte der Tab. 11.11

Außerdem ist die Lochleibungsspannung nachzuweisen mit den zulässigen Werten der Tab. 11.7 Zeile 2.

Ferner ist nachzuweisen, daß die zulässige Zugkraft Z_1 oder Z_2, ermittelt über den Verspannungsfaktor, nicht überschritten wird, siehe Kap. 11.2.3.1.3.2.

Ein Betriebsfestigkeitsnachweis für die Schraube ist nicht erforderlich.

Tabelle 11.16 Zulässige übertragbare Kraft $\overline{N_{GV}}$ senkrecht zur Schraubenachse in kN pro Reibfläche für nicht vorwiegend ruhende Beanspruchung

$\frac{Z}{\text{zul } Z}$	Schraubendurchmesser													
	M 12		M 16		M 20		M 22		M 24		M 27		M 30	
	H	HZ	H	HZ	H	HZ	H	HZ	H	HZ	H	HZ	H	HZ
0	18,0	20,0	35,5	40,0	57,0	64,0	68,0	76,0	78,5	88,0	103,5	116,0	125,0	140,0
0,1	16,5	18,4	32,7	36,8	52,4	59,0	62,6	69,9	72,2	81,0	95,2	106,7	115,0	128,8
0,2	15,1	16,8	29,8	33,6	47,9	53,8	57,1	63,8	65,9	73,9	86,9	97,4	105,0	117,6
0,3	13,7	15,2	27,0	30,4	43,3	48,6	51,7	57,8	59,7	66,9	78,7	88,2	95,0	106,4
0,4	12,2	13,6	24,1	27,2	38,8	43,5	46,2	51,7	53,4	59,8	70,4	78,9	85,0	95,2
0,5	10,8	12,0	21,3	24,0	34,2	38,4	40,8	45,6	47,1	52,8	62,1	69,6	75,0	84,0
0,6	9,4	10,4	18,4	20,8	29,6	33,3	35,4	39,5	40,8	45,8	53,8	60,3	65,0	72,8
0,7	7,9	8,8	15,6	17,6	25,1	28,2	29,9	33,4	34,5	38,7	45,5	51,0	55,0	61,6
0,8	6,5	7,2	12,8	14,4	20,5	23,0	24,5	27,4	28,3	31,7	37,3	41,8	45,0	50,4
0,9	5,0	5,6	9,9	11,2	16,0	17,9	19,0	21,3	22,0	24,6	29,0	32,5	35,0	39,2
1,0	3,6	4,0	7,1	8,0	11,4	12,8	13,6	15,2	15,7	17,6	20,7	23,2	25,0	28,0

Beispiel 11.2 Berechnung eines Anschlußes als GV-Verbindung mit Zugkraft in der Schraubenachse.

gegeben: F = 200 kN, Lastfall HZ; nicht vorwiegend ruhende Beansprauchung; Stahlgüte St 37; Schnittigkeit m = 1;

gesucht: ist die erforderliche Anzahl n der Schrauben.

a) Schraubenwahl
gewählt M 16, Abmessung s. /1/, Festigkeitsklasse 10.9 (DIN 6914).

b) Berechnung
Von den Schrauben müssen folgende Kräfte aufgenommen werden:
in Richtung der Schraubenachsen Z:

$$\sin \alpha \cdot F = 0{,}5 \cdot 200 = 100 \text{ kN}$$

senkrecht zur Schraubenachse N:

$$\cos \alpha \cdot F = 0{,}866 \cdot 200 = 173{,}2 \text{ kN}$$

Vorwerte: Tab. 11.15 → zul Z = 70 kN

$$\text{gewählt: } \frac{Z}{\text{zul } Z} = 0{,}30$$

$$\rightarrow Z_1 = 0{,}3 \cdot 70 = 21 \text{ kN}$$

$$\text{Tab. 11.16} \rightarrow \text{zul } \overline{N_{GV}} = 30{,}4 \text{ kN}$$

$$\text{erf } n = \frac{N}{\text{zul } \overline{N_{GV}}} = \frac{173{,}2}{30{,}4} = 5{,}70 \rightarrow n = 6$$

$$\text{erf } n = \frac{Z}{Z_1} = \frac{100}{21} = 4{,}8 \rightarrow n = 6$$

Klemmlänge ℓ_k = 16 + 9 = 25 mm → Schraubenlänge nach Tab. 24.2 ℓ = 55 mm

gewählt 6 M 16-55; 10.9; DIN 6914

c) Nachweis der Lochleibungsspannung

$$\sigma_L = \frac{N}{\min \Sigma\, t \cdot d \cdot n} = \frac{173{,}2}{0{,}9 \cdot 1{,}6 \cdot 6} = 20{,}0 \text{ kN/cm}^2$$

$$\leq \text{zul } \sigma_L = 54{,}0 \text{ kN/cm}^2$$

(aus Tab. 11.12)

d) Nachweis der zulässigen Zugkraft in der Schraube über den Verspannungsfaktor Φ

Klemmlänge ℓ_k = 25 mm

$$\frac{\ell_k}{d} = \frac{25}{16} = 1{,}56$$

aus Bild 11.10 $\Phi = 0{,}41$; aus Tab. 11.17a $S_1 = 11{,}4$ kN
$S_2 = 44{,}45$ kN

$$\text{zul } Z_1 = \frac{11{,}4}{0{,}41} = 27{,}80 \text{ kN maßgebend} > \frac{100}{6} = 16{,}6 \text{ kN}$$

$$\text{zul } Z_2 = \frac{44{,}45}{1 - 0{,}41} = 75{,}34 \text{ kN} > 27{,}80 \text{ kN}$$

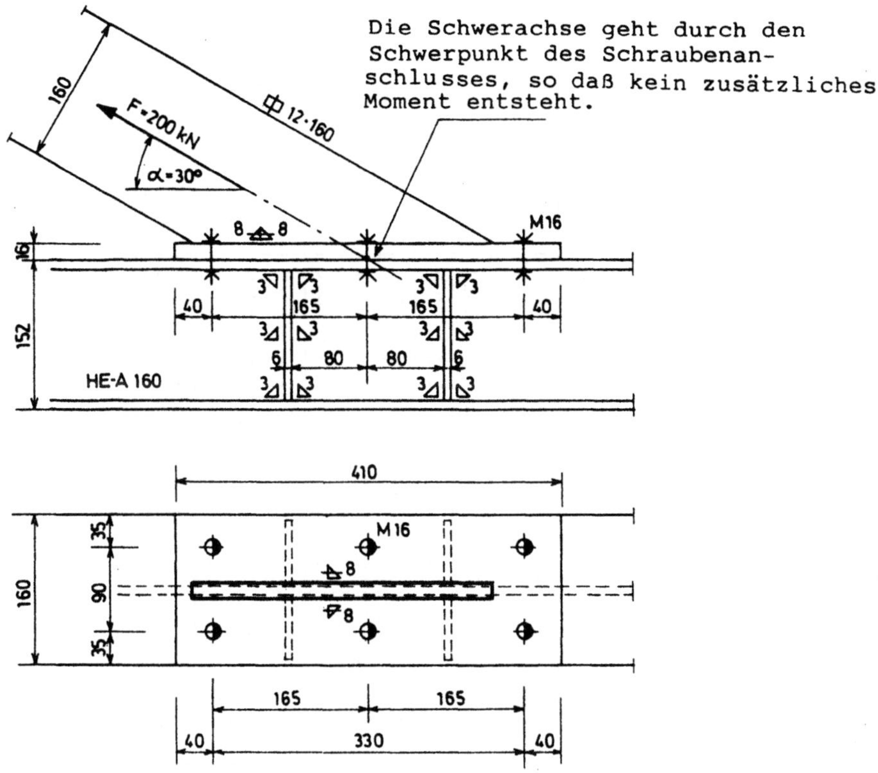

Bild 11.9 zu Beispiel 11.2

11.2.3.1.3.2 GVP-Verbindungen - zusätzliche Zugbeanspruchung in Richtung der Schraubenachse bei hochfesten Schrauben

Bei zusätzlicher Zugbeanspruchung einer GVP-Verbindung aus äußerer Belastung ist die zulässige übertragbare Kraft zul N_{GVP} senkrecht zur Schraubenachse abzumindern. Die Abminderung beträgt bei voller Ausnutzung der Zugkräfte nach Tab. 11.15 für eine Schraube je Reibfläche senkrecht zur Schraubenachse

$$\text{zul } \overline{N_{GVP}} = \frac{1}{2} \cdot \text{zul } N_{SLP} + 0{,}2 \cdot \text{zul } N_{GV} \qquad (11.13)$$

Für zul N_{SLP} sind die Werte der Tab. 11.6 und für
zul N_{GV} sind die Werte der Tab. 11.11 einzusetzen.
zul $\overline{N_{GVP}}$ = abgeminderte zul. Beanspruchung senkrecht zur Schraubenachse infolge zusätzlicher Zugbeanspruchung in der Schraube.

Bei geringerer Zugbeanspruchung kann im 2. Glied der o.g. Formel zwischen dem

Tabelle 11.17 Zulässige übertragbare Kraft $\overline{N_{GVP}}$ senkrecht zur Schraubenachse in kN pro Reibfläche für nicht vorwiegend ruhende Beanspruchung

$\frac{Z}{zul\,Z}$	Schraubendurchmesser													
	M 12		M 16		M 20		M 22		M 24		M 27		M 30	
	H	HZ	H	HZ	H	HZ	H	HZ	H	HZ	H	HZ	H	HZ
0	36,5	41,2	67,2	76,2	105,5	119,5	126,2	142,5	147,2	166,5	189,7	214,5	230,7	260,7
0,1	35,1	39,6	64,4	73,0	100,9	114,4	120,8	136,4	141,0	159,5	181,5	205,2	220,7	249,5
0,2	33,6	38,0	61,6	69,9	96,4	109,3	115,4	130,3	134,7	152,4	173,2	195,9	210,7	238,3
0,3	32,2	36,4	58,7	66,6	91,8	104,1	109,9	124,3	128,4	145,4	164,9	186,7	200,7	227,1
0,4	30,7	34,8	55,9	63,4	87,3	99,0	104,5	118,2	122,1	138,3	156,6	177,4	190,7	215,9
0,5	29,3	33,2	53,0	60,2	82,7	93,9	99,0	112,1	115,8	131,3	148,4	168,1	180,7	204,7
0,6	27,9	31,6	50,2	57,0	78,1	88,8	93,6	106,0	109,6	124,3	140,1	158,8	170,7	193,5
0,7	26,4	30,0	47,4	53,8	73,6	83,7	88,2	99,9	103,3	117,2	131,8	149,5	160,7	182,3
0,8	25,0	28,4	44,5	50,6	69,0	78,5	82,7	93,9	97,0	110,2	123,5	140,3	150,7	171,1
0,9	23,5	26,8	41,7	47,4	64,5	73,4	77,3	87,8	90,7	103,1	115,2	131,0	140,7	159,9
1,0	22,1	25,2	38,8	44,2	59,9	68,3	71,8	81,7	84,4	96,1	106,9	121,7	130,7	148,7

Wert 0,2 und 1,0 geradlinig interpoliert werden. Dabei ergibt sich folgende zulässige übertragbare Kraft (s. Tab. 11.17):

$$\text{zul } \overline{N_{GVP}} = 0{,}5 \cdot \text{zul } N_{SLP} + \left(1 - 0{,}8 \frac{Z}{\text{zul } Z}\right) \cdot \text{zul } N_{GV} \quad (11.14)$$

darin bedeutet:

zul $\overline{N_{GVP}}$	= abgeminderte zul. Beanspruchung senkrecht zur Schraubenachse infolge zusätzlicher Zugbeanspruchung in der Schraube
zul Z	= Werte der Tab. 11.14 und 11.15
Z	= vorhandene Zugspannung
zul N_{GV}	= Werte der Tab. 11.11
zul N_{SLP}	= Werte der Tab. 11.6

Außerdem ist die Lochleibungsspannung mit den zulässigen Werten der Tab. 11.7 Zeile 4 nachzuweisen.

Gleichzeitig muß bei vorgespannten Schrauben die zulässige übertragbare Zugkraft über den Verspannungsfaktor Φ ermittelt werden, s. /80/ und /81/.

Die aufzunehmende Zugkraft Z in den Lastfällen H, HZ und HS darf nicht größer sein als die zulässige Zugkraft. Die zulässige Zugkraft ist abhängig vom Schraubendurchmesser und von der Klemmlänge:

$$\text{zul } Z_1 = \frac{S_1}{\Phi} \quad (11.15)$$

oder

$$\text{zul } Z_2 = \frac{S_2}{1 - \Phi} \quad (11.16)$$

Der kleinere Wert ist maßgebend.

Ein Betriebsfestigkeitsnachweis für die Schraube ist bei Einhaltung der Werte nicht erforderlich.

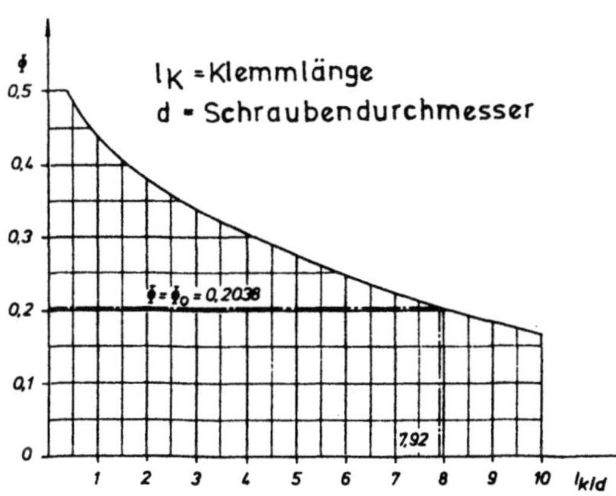

Bild 11.10
Verspannungsfaktor Φ für massive Stahlplatten und Sechskantschrauben nach DIN 6914, Sechskantmuttern nach DIN 6915, Scheiben nach DIN 6916 und Vierkantscheiben nach DIN 6917 und DIN 6918

Tabelle 11.17a Schraubenlängskräfte S_1 und S_2 in kN

Schrauben-durchmesser d	Lastfall H		Lastfall HZ		Lastfall HS	
	S_1	S_2	S_1	S_2	S_1	S_2
M 16	10,000	39,000	11,400	44,450	12,650	49,400
M 20	15,600	60,850	17,750	69,350	19,750	77,050
M 22	19,250	75,250	21,950	85,750	24,400	95,300
M 24	22,450	87,650	25,600	99,950	28,450	111,050
M 27	29,200	114,000	33,250	129,950	36,950	144,350
Sicherheit	1,71		1,50		1,35	

Hierin bedeuten:

S_1 Schraubenlängskraft nach Tab. 11.17a, die den Spannungszustand der nach Tab. 11.18 vorgespannten Schraube bei ν-facher Zugkraft gerade bis zum Erreichen der Mindeststreckgrenze erhöht.

S_2 Schraubenlängskraft nach Tab. 11.17a, die die Flächenpressung der nach Tab. 11.18 vorgespannten Schraube bei ν-facher Zugkraft gerade aufhebt; die Fuge beginnt zu klaffen. Dieser Nachweis wird erst maßgebend für $\Phi < \Phi_0 = 0{,}2038$.

Φ Verspannungsfaktor nach Bild 11.10, der von der Klemmlänge ℓ_k und dem Nenndurchmesser d der Schraube abhängt.

Beispiel 11.3 Berechnung des Anschlusses aus Beisp. 11.2 als GVP-Verbindung

a) Schraubenwahl

M 16; 10.9 wie vor, jedoch DIN 7999

b) Berechnung

Vorwerte: Tab. 11.15 → zul Z = 70 kN

$$\text{gewählt: } \frac{Z}{\text{zul } Z} = \quad = 0{,}4$$

$$\text{Tab. 11.17: zul } \overline{N_{GVP}} = 66{,}6 \text{ kN}$$

$$\text{erf } n = \frac{N}{\text{zul } \overline{N_{GVP}}} = \frac{173{,}2}{63{,}4} = 2{,}73 \rightarrow n = 4$$

$$\text{zul } Z = 4 \cdot 0{,}4 \cdot 70 = 112 \text{ kN} > 100 \text{ kN}$$

gewählt: 4 M 16 - 55; 10.9; DIN 7999

c) Nachweis der Lochleibungsspannung σ_L

$$\sigma_L = \frac{173{,}3}{0{,}9 \cdot 1{,}6 \cdot 4} = 30{,}1 \text{ kN/cm}^2 < 54 \text{ kN/cm}^2 \text{ (Tab. 11.12)}$$

d) Nachweis der zulässigen Zugkraft in der Schraube über den Verspannungsfaktor Φ

Klemmlänge ℓ_k = 25 mm

$$\frac{\ell_k}{d} = \frac{25}{16} = 1{,}56$$

aus Bild 11.10: $\Phi = 0{,}41$

aus Tab. 11.17a: $S_1 = 11{,}4$ kN

$S_2 = 44{,}45$ kN

$$\text{zul } Z_1 = \frac{11{,}4}{0{,}41} = 27{,}80 \text{ kN maßgebend} > \frac{100}{4} = 25 \text{ kN}$$

zul Z_2 nicht maßgebend, da $\Phi > 0{,}2038$

11.2.4 Vorspannen hochfester Schrauben

Wie dargelegt, gibt es die Möglichkeit hochfeste Schrauben ohne, mit teilweiser Vorspannung (nicht planmäßige Vorspannung) und voller Vorspannung einzusetzen. Volle Vorspannungen sind dann gegeben, wenn die Werte der Tab. 11.18 eingehalten werden. Im wesentlichen gibt es drei Verfahren, um die Vorspannkraft zu erzeugen:

- Drehmoment-Verfahren
- Drehimpuls-Verfahren
- Drehwinkel-Verfahren.

Bei diesen drei Verfahren sind unterschiedliche Drehmomente aufzubringen , um die geforderte Vorspannkraft F_V nach Tab. 11.18 Spalte 2 zu erzeugen. Weitere Einzelheiten können /19/ entnommen werden.

Die Wirksamkeit der gleitfesten Verbindungen müssen überprüft werden (s. Tab. 11.19). Ein nicht unwesentlicher Faktor ist die Vorspannkraft. Die Überprüfung dieser Vorspannkraft erstreckt sich auf 5 % aller Schrauben in der Verbindung. Diese Prüfung erfolgt ausschließlich durch Weiteranziehen der Mutter. Dabei ist zu beachten, daß

a) Bei allen mit handbetriebenen Drehmomentenschlüsseln nach dem Drehmoment-Verfahren angezogenen und zu prüfenden Schrauben ist das Drehmoment 10 % höher als nach Tab. 11.18 Spalte 3 bzw. 4 angegeben, einzustellen.

b) Bei allen mit auf F_V geeichten Schlagschraubern angezogenen Schrauben genügt zur Überprüfung das Wiederansetzen und Betätigen eines auf F_V nach Tab. 11.18 Spalte 5, eingestellten Schlagschraubers.

c) Bei allen nach dem Drehwinkel-Verfahren angezogenen, zu prüfenden Schrauben ist je nach dem verwendeten Anziehgerät die Prüfmethode nach a) oder b) anzuwenden, d.h., die Prüfgeräte sind fallweise auf die Werte der Tab. 11.18 Spalten 3 bzw. 4 oder 5, einzustellen.

Tabelle 11.18 Erforderliche Vorspannkräfte, Anziehmomente und Drehwinkel

<table>
<tr><th rowspan="6"></th><th>1</th><th>2</th><th>3</th><th>4</th><th>5</th><th>6</th><th colspan="2">7</th><th>8</th><th>9</th><th rowspan="6"></th></tr>
<tr><th rowspan="5">Schrauben-durch-messer</th><th rowspan="4">erford. Vorspann-kraft F_V in der Schraube</th><th colspan="8">Vorspannen der Schraube nach</th></tr>
<tr><th colspan="2">Drehmomentverfahren</th><th>Drehimpuls-verfahren</th><th colspan="5">Drehwinkelverfahren</th></tr>
<tr><th colspan="2">Aufzubringendes Aufziehmoment M_a</th><th rowspan="2">Aufzubrin-gende Vorspann-kraft F_V 1)</th><th rowspan="2">Aufzubr. Voranzieh-moment M_{av} 1)</th><th colspan="2" rowspan="2">Klemmlänge ℓ_k</th><th rowspan="3">Dreh-winkel
bzw.
ϕ 1)</th><th rowspan="3">Umdreh-ungsmaß
U 1)</th></tr>
<tr><th>Schraube MoS$_2$-geschmiert</th><th>Schraube leicht geölt</th></tr>
<tr><th>kN</th><th>Nm</th><th>Nm</th><th>Nm</th><th>Nm</th><th colspan="2">mm</th></tr>
<tr><td>1</td><td>M 12</td><td>50</td><td>100</td><td>120</td><td>60</td><td>10</td><td rowspan="7">M 12 - M 30</td><td rowspan="2">0-50</td><td rowspan="2">180°</td><td rowspan="2">1/2</td><td rowspan="2">8</td></tr>
<tr><td>2</td><td>M 16</td><td>100</td><td>250</td><td>350</td><td>110</td><td rowspan="2">50</td></tr>
<tr><td>3</td><td>M 20</td><td>160</td><td>450</td><td>600</td><td>175</td><td rowspan="2">51-100</td><td rowspan="2">240°</td><td rowspan="2">4/6</td><td rowspan="2">9</td></tr>
<tr><td>4</td><td>M 22</td><td>190</td><td>650</td><td>900</td><td>210</td><td rowspan="2">100</td></tr>
<tr><td>5</td><td>M 24</td><td>220</td><td>800</td><td>1100</td><td>240</td><td rowspan="3">101-240</td><td rowspan="3">270° 2)</td><td rowspan="3">3/4 2)</td><td rowspan="3">10</td></tr>
<tr><td>6</td><td>M 27</td><td>290</td><td>1250</td><td>1650</td><td>320</td><td rowspan="2">200</td></tr>
<tr><td>7</td><td>M 30</td><td>350</td><td>1650</td><td>2200</td><td>390</td></tr>
</table>

1) Unabhängig von Schmierung des Gewindes und der Auflageflächen von Mutter und Schraube

2) Für Schrauben M 12 - M 22 mit Klemmlängen 171-240 mm ist ein Drehwinkel ϕ = 360° bzw. U = 1 zu verwenden.

Für das Aufbringen einer teilweisen Vorspannung $\geq 0{,}5 \cdot F_V$ genügen jeweils die halben Werte der Spalten 3 - 5 und 8 bzw. 9, sowie der handfeste Sitz nach Spalte 6.

Bemerkung: DIN 15 018 weist in der Tab. 21 geringfügig abweichende Vorspannkräfte F_V aus. Das gleiche gilt für die aufzubringenden Drehmomente. Die in der obigen Tabelle angegebenen Werte können aber trotzdem verwendet werden.

Tabelle 11.19 Überprüfen der Vorspannung

	1		2
1	Weiterdrehwinkel der Schraube (bzw. Mutter) bis zum Erreichen des nach a) bis c) eingestellten Prüfwertes	< 30°	Schraube ist in Ordnung
2		30-60°	Schraube ist in Ordnung zusätzlich 2 weitere Schrauben im gleichen Stoß prüfen
3		> 60°	Schraube auswechseln, zusätzlich 2 weitere Schrauben im gleichen Stoß prüfen

Die Überprüfung von Schrauben mit teilweiser Vorspannung ($\geq 0{,}5 \cdot F_V$) ist nicht erforderlich.

11.2.5 Bauliche Durchbildung mit hochfesten Schrauben

Das Lochspiel für Gleitverbindungen und Lochleibungsverbindungen darf bis zu 2 mm betragen. Bei Paßschrauben darf das Lochspiel maximal 0,3 mm sein Passung H11, h11).

Die Lochabstände sind wie in Kap. 11.1.3 zu wählen.
Bei Stirnplatten-Verbindungen sind kleinere Abstände zulässig.

Schraubensicherungen sind bei planmäßiger Vorspannung nicht erforderlich, sofern die Klemmdicke mindestens das 4-fache des Schaftdurchmessers der Schraube beträgt. In allen anderen Verbindungen müssen gegen unbeabsichtigtes Lösen Schraubensicherungen angebracht werden (siehe hierzu auch /92 und /93/).

Beim Zusammenwirken verschiedener Verbindungsmittel muß bei nicht vorwiegend ruhender Beanspruchung auf Verträglichkeit der Formänderung geachtet werden. Gemeinsame Kraftübertragung darf z.B. bei GV-, bzw. GVP-Verbindungen und Stumpfnähten angenommen werden. Die zulässige übertragbare Gesamtkraft ergibt sich durch Addition der zulässigen übertragbaren Kräfte der einzelnen Verbindungsmittel. Ansonsten wird auf DIN 18800 verwiesen. In /97/ sind für unterschiedliche Schraubenverbindungen Last-Verschiebungs-Diagramme angegeben.

11.3 Schweißverbindungen

11.3.1 Allgemeines

Schweißarbeiten an Kranen und Kranbahnen dürfen nur von Firmen ausgeführt werden, die im Besitz des "Großen Eignungsnachweises nach DIN 18800" sind. Dieser Eignungsnachweis muß erweitert sein für Schweißarbeiten an Kranen nach DIN 15018 und Kranbahnen nach DIN 4132.
Der große Eignungsnachweis nach DIN 18800 wird von den jeweiligen Innenministerien der Länder bzw. von Instituten erteilt, die vom Innenministerium beauftragt wurden. Dies können z.B. die amtlichen Forschungs- und Materialprüfungsanstalten, sowie die Schweißtechnischen Lehr- und Versuchsanstalten sein.

An die Betriebe, die einen großen Eignungsnachweis nach DIN 18800 beantragen oder beantragt haben, werden bestimmte Anforderungen gestellt. So müssen entsprechende Betriebseinrichtungen vorhanden sein, die eine qualitativ einwandfreie Schweißnaht gewährleisten. Außerdem muß qualifiziertes Personal anwesend sein, wie z.B. geprüfte Schweißer und Schweißaufsichtspersonen, wie Schweißfachingenieure.

Bei den betrieblichen Einrichtungen wird überprüft, ob die für das beantragte Schweißverfahren (meist Metall-Aktivverfahren und Lichtbogenhandverfahren, sowie Unterpulververfahren) die entsprechenden Schweißaggregate vorhanden sind. Außerdem müssen Geräte für die Schweißnahtvorbereitung, Wärmevor- und -nachbehandlung, Elektroden-Trockenschränke und Meßwerkzeuge vorhanden sein. Um die Bauteile in eine günstige Schweißposition bringen zu können, müssen Krane oder Wendeeinrichtungen vorhanden sein.

Die Schweißer müssen eine gültige Schweißerprüfung für die Prüfgruppe BII m gem. DIN 8560 besitzen.

Die Schweißaufsichtsperson muß ein Schweißfachingenieur sein. Er muß sich in den Normen DIN 4132, DIN 15018 und DIN 18800 auskennen. Dem Schweißfachingenieur obliegt die Aufgabe, die Schweißer entsprechend ihrer Qualifikation einzusetzen, die Gütegruppen der zusammenzufügenden Materialien festzulegen, die Schweißwerkstoffe zu bestimmen, evtl. Wärmevor- und -nachbehandlungen festzulegen und die Schweißer jährlich einmal zu überprüfen, sofern die entsprechenden Prüfeinrichtungen vorhanden sind. In den meisten Fällen werden allerdings die Schweißer durch externe Institutionen wie z.B. den Schweißtechnischen Lehr- und Versuchsanstalten oder Technische Überwachungsvereine überprüft. Der große Eignungsnachweis nach DIN 18800 wird in der Regel für 3 Jahre erteilt. Danach muß er wieder erneut beantragt werden.

11.3.2 Maße der Schweißnähte

Eine Schweißnaht wird in ihrer Dimension durch die Schweißnahtdicke a und die Schweißnahtlänge ℓ gekennzeichnet.

11.3.2.1 Schweißnahtdicke a

Die Schweißnahtdicke a (s. Bild 11.15) darf ein bestimmtes Maß nicht unter- und überschreiten. Dabei gilt

$$\min a \geq 2 \text{ mm} \quad (11.17)$$

$$\min a \geq \sqrt{\max t} - 0{,}5 \quad (11.18)$$

$$\max a \leq 0{,}7 \cdot \min t \quad (11.19)$$

(a in mm, Blechdicke t in mm)

Dies sind empfohlene Grenzwerte. Besonders nach oben kann max a = min t ausgenützt werden. Dabei sind die Schweißnahtdicken entsprechend den Nahtarten gem. DIN 18800 Teil 1 Tab. 6 /1/ zu messen und festzulegen.

11.3.2.2 Schweißnahtlänge ℓ

Die Schweißnahtlänge ℓ ist gleich der Gesamtlänge einer Naht, wobei die Endkrater zu vermeiden sind. Sofern Endkrater vorhanden sind, müssen sie bei der rechnerischen Schweißnahtlänge abgezogen werden. Es empfiehlt sich ein Abzug von der rechnerischen Schweißnahtlänge ℓ (s. Bilder 11.11, 11.12 und 11.13) für jeden Endkrater von 2 x a.

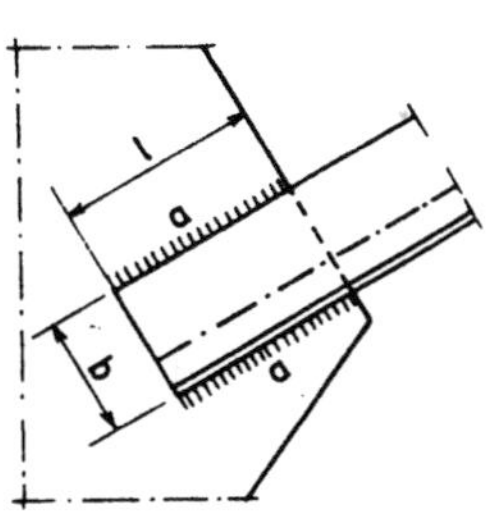

$100\,a \geq \ell \geq 15\,a$

rechn $\Sigma\ell = 2\ell$

Bild 11.11 Anschluß mit Flankenkehlnähten

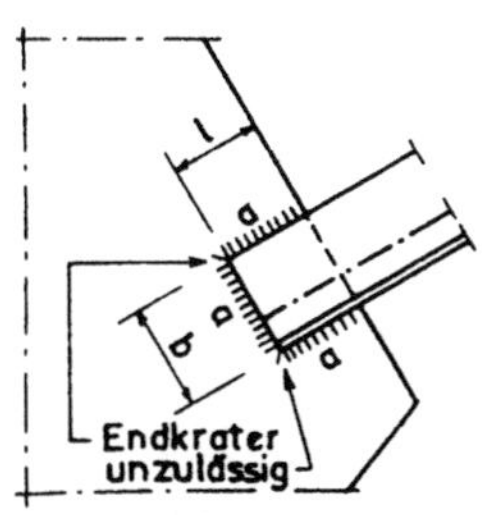

$100\,a \geq \ell \geq 10\,a$

rechn $\Sigma\ell = b + 2\ell$

Bild 11.12 Anschluß mit Stirn- und Flankenkehlnähten

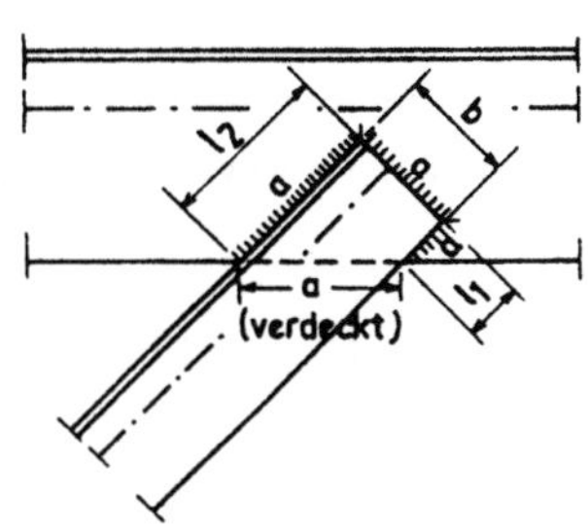

$\ell_1 \geq 10\,a$

rechn $\Sigma\ell = (\ell_1 + \ell_2 + 2b)$

Bild 11.13 Anschluß mit ringsumlaufender Kehlnaht

11.3.3 Querschnittswerte einer Schweißnaht (Nahtfläche, Nahtträgheitsmoment)

Die rechnerische Schweißnahtfläche A_w ist im allgemeinen angegeben durch

$$A_w = \Sigma \, (a \cdot \ell) \qquad (11.20)$$

Der Ausdruck $\Sigma \, (a \cdot \ell)$ umfaßt bei Übertragung von

- Längskraft alle Nähte der Schweißverbindungen, gleichmäßige Steifigkeit der Anschlußebene vorausgesetzt,
- Querkraft nur diejenigen Anschlußnähte, die aufgrund ihrer Lage vorzugsweise imstande sind, Querkräfte zu übertragen, z.B. bei I- und [-Profilen und ähnlichen Querschnitten nur die Stegnähte.

Bei der Berechnung der Nahtträgheitsmomente J_w wird davon ausgegangen, daß die Schwerachse der Anschlußfläche identisch ist mit der Schwerachse des anzuschließenden Querschnittes (s. Bild 11.14). Zur Ermittlung von J_w nach dem "Steinerschen Satz" dürfen die Hebelarme von der Schwerachse bis zur Wurzellinie der Kehlnähte angesetzt werden.

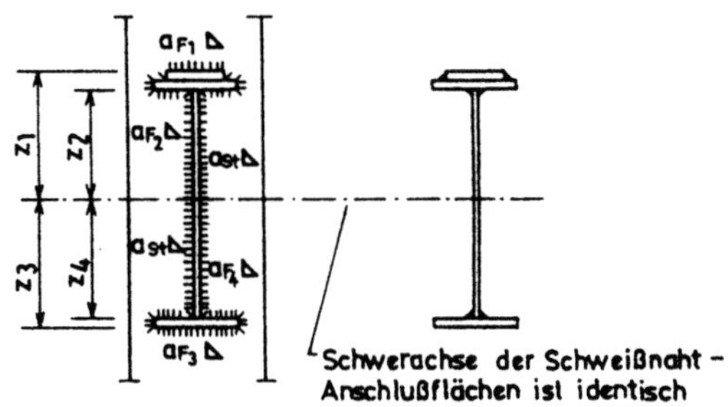

Bild 11.14

$$J_w = \Sigma \, Jo_w + \Sigma \, A_w \cdot z^2 \qquad (11.21)$$

11.3.4 Nachweise

Die in einer Schweißverbindung auftretenden Kräfte müssen von den Schweißnähten aufgenommen werden. Dabei sind bei Kehlnähten folgende Beanspruchungen möglich:

Bild 11.15 Mögliche Spannungsrichtungen in der Kehlnaht

$\sigma_\perp$ Normalspannung quer zur Nahtrichtung
$\tau_\perp$ Schubspannung quer zur Nahtrichtung
$\sigma_\parallel$ Normalspannung in Nahtrichtung
$\tau_\parallel$ Schubspannung in Nahtrichtung

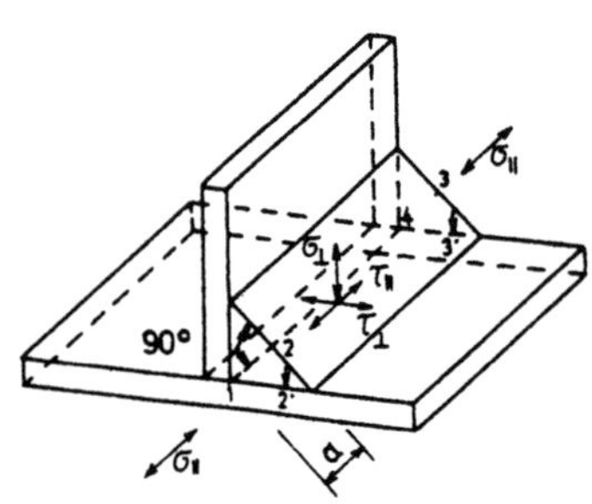

Diese Möglichkeiten der Beanspruchung können selbstverständlich auch in Vollstoßnähten oder Schweißnähten mit einer Schweißnahtvorbereitung auftreten (HV-Naht, K-Naht, X-Naht, usw.).

Für eine durch Längskraft N oder Querkraft Q je für sich allein beanspruchte Schweißverbindung ist die Normal- und Schubspannung:

$$\left.\begin{matrix}\sigma_\perp \\ \tau_\perp \\ \tau_\parallel\end{matrix}\right\} = \frac{F}{A_w} = \frac{F}{\Sigma\,(a \cdot \ell)} \qquad (11.22)$$

Für eine durch ein Biegemoment M beanspruchte Schweißverbindung ist die Normalspannung:

$$\sigma_\perp = \frac{M}{J_w} \cdot z \qquad (11.23)$$

In den Flanschen darf das Biegemoment M ausschließlich den Nähten zum Anschluß der Flansche zugewiesen werden.

Für eine Längsnaht des durch eine Querkraft Q beanspruchten Biegeträgers ist die Schubspannung:

$$\tau_\parallel = \frac{Q \cdot S}{\ell \cdot \Sigma\, a} \qquad (11.24)$$

und bei unterbrochenen Längsnähten:

$$\tau_\parallel = \frac{Q \cdot S}{\ell \cdot \Sigma\, a} \cdot \frac{e + \ell}{\ell} \qquad (11.25)$$

hierbei gilt:

- A_w = rechnerische Schweißnahtfläche (gem. Formel 11.20)
- F = zu übertragende Schnittgröße (Längskraft N, Querkraft Q)
- J = Flächenmoment 2. Grades (Trägheitsmoment) des Gesamtquerschnitts
- J_w = Flächenmoment 2. Grades (Trägheitsmoment) des Schweißnahtquerschnitts
- S = Flächenmoment 1. Grades (Statisches Moment) der angeschlossenen Querschnittsflächen
- $z_{1...4}$ = Abstände der Nähte von der Schwerachse der Anschlußflächen
- a = Nahtdicke
- $\Sigma\, a$ = Summe der jeweils anzusetzenden Schweißnahtdicken für die angeschlossenen Querschnittsflächen
- e = Nahtfreie Länge bei unterbrochenen Nähten
- ℓ = Nahtlänge
- Jo_w = Eigenträgheitsmoment der Schweißnaht (Flächenmoment 2. Grades)

Für eine durch ein Torsionsmoment M_T beanspruchte Schweißverbindung sind die daraus resultierenden Schubspannungen und, falls erforderlich, auch die Wölbspannungen zu berücksichtigen.

11.3.5 Zulässige Spannungen in der Schweißnaht

Die zulässigen Spannungen für Schweißnähte sind für Krane der DIN 15018 Tabelle 11 und für Kranbahnen der DIN 18800 Teil 1 Tab. 11 zu entnehmen.

11.3.6 Zusammengesetzte Spannungen

Bei zusammengesetzten ebenen Spannungszuständen muß unter Beachtung der Vorzeichen die Vergleichsspannung nachgewiesen werden. Dabei gilt für Krane

$$\sigma_V = \sqrt{(\sigma_y)^2 + (\sigma_z)^2 - \sigma_y \cdot \sigma_z + 2 \cdot \tau^2} \leq \sigma_z \qquad (11.26)$$

wobei σ_z der DIN 15018 Tab. 11 zu entnehmen ist.

Bei zusammengesetzten Beanspruchungen und Spannungen bei Kranbahnen muß ebenfalls die Vergleichsspannung σ_V nachgewiesen werden. Hierbei gilt

$$\sigma_V = \sqrt{(\sigma_\perp)^2 + (\tau_\perp)^2 + (\tau_\parallel)^2} \qquad (11.27)$$

Die Normalspannung $\sigma_\parallel$ bleibt hierbei unberücksichtigt.

Der Wert ist zu vergleichen mit der zulässigen Spannung der DIN 18800 Teil 1 Tabelle 11 Zeile 7.

11.3.7 Zusammenwirken von verschiedenen Verbindungsmitteln

Bei Kranen und Kranbahnen ist das Zusammenwirken von verschiedenen Verbindungsmittel nicht zulässig.

11.3.8 Bauliche Durchbildung

Unter Schweißkonstrukteuren gibt es einen Spruch, der lautet: "die beste Schweißkonstruktion ist die, die nicht geschweißt werden muß". Dies ist sicher übertrieben. Allerdings gilt, daß eine Anhäufung von Schweißnähten auf alle Fälle vermieden werden soll; insbesondere sollen Kreuznähte an den Stellen vermieden werden, wo mehrachsige Spannungszustände auftreten.

Bei allen Schweißkonstruktionen ist darauf zu achten, daß ein kontinuierlicher Kraftfluß möglich ist, d.h. es sind Nähte mit Nahtvorbereitungen den einfachen Kehlnähten vorzuziehen. Die Kerbwirkung (siehe auch Kap. 16) wird dadurch geringer.

Um eine geringe Abkühlgeschwindigkeit zu erhalten, sollte bei dickeren Bauteilen (ab 30 mm Blechdicke) eine Wärmevorbehandlung durchgeführt werden. Das zusammenzufügende Material wird zuvor erwärmt, denn bei hohen Abkühlgeschwindigkeiten ist ein gewisser Aufhärtungsprozess festzustellen, der die Schweißnaht bzw. die Bereiche der Wärmeeinflußzonen verspröden läßt.

Die Schweißkonstruktionen sind so anzuordnen, daß keine Schrumpfbehinderung stattfindet. Dadurch werden Schrumpfspannungen vermieden.
Bei schwierigen Schweißkonstruktionen und bei Schweißkonstruktionen, die großen Beanspruchungen standhalten müssen, kann eine sog. Wärmenachbehandlung durchgeführt werden, dabei werden die Schweißspannungen abgebaut.
Ein Lichtbogen darf nur in der Nahtfuge gezündet werden, um Kerbwirkungen zu vermeiden.
Da bei Schweißkonstruktionen an Kranen und Kranbahnen mit schwellender oder wechselnder Beanspruchung gerechnet werden muß, darf in kaltverformten Bereichen nur unter ganz bestimmten Voraussetzungen geschweißt werden.
Wird nachträglich Wärme bei kaltverformten Stählen eingebracht - in diesem Fall durch das Schweißen - besteht die Gefahr eines sog. Alterungssprödbruches. Diese Gefahr ist umso größer, je geringer die Stahlgüte und je stärker die Kaltverformung war. Wurde das Bauteil nach dem Verformen "normal" (über 1034 K = 761°C) geglüht, ist keine Gefahr des Alterungsspödbruches mehr vorhanden. Das Bauteil kann dann wie ein warmgewalztes Profil verwendet werden.

Folgende Beschränkungen sollten eingehalten werden:

- Bauteil mind. in Stahlgütegruppe 2
- Bauteildicke $\leq$ 8 mm
- Biegeradius r der Innenrundung durch Bauteildicke t $\geq$ 1,5
- Schweißnaht sollte $\geq 5 \cdot t$ vom Rundungsende entfernt sein.

Grundsätzlich ist darauf zu achten, daß das Bauteil in einer günstigen Schweißposition verschweißt wird. Die beste Schweißposition ist die Wannenlage.

Sofern unterschiedlich starke Bleche zusammengeschweißt werden müssen, empfiehlt es sich, einen Übergang herzustellen mit einer Neigung von 1:3 (s. Bild 11.16).

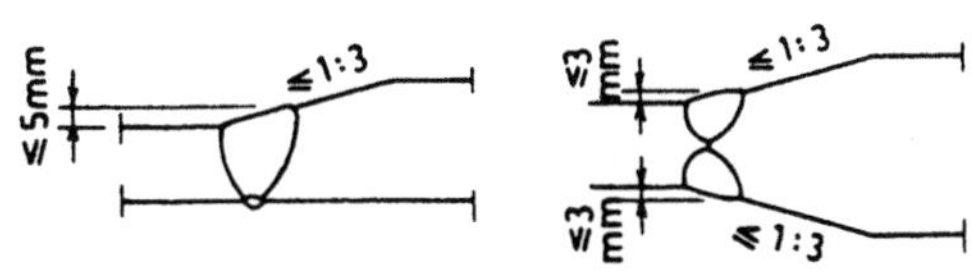

Bild 11.16

Bei stark auf Stoß beanspruchten Schweißnähten sollte mit vorgetrockneten basischen Elektroden geschweißt werden. Die Schweißnaht sollte spannungsarm geglüht, und es soll die Stahlgütegruppe 3 verwendet werden.

Es ist darauf zu achten, daß die Schweißnähte keine Einbrandkerben besitzen. Endkrater sollten unbedingt vermieden werden.
Aus Korrosionsschutzgründen sollten Schweißnähte im Außenbereich nicht unterbrochen geschweißt werden.

12. Lastannahmen

12.1 Allgemeines

Die Lasten auf Krane und Kranbahnen sowie die Reaktionskräfte aus der Kranbahn in das Gebäude sind gem. DIN 1055 als "nicht vorwiegend ruhende" Beanspruchung einzustufen. Ausgenommen sind Tragwerke, bei denen weniger als 20.000 Lastspiele über die gesamte Lebensdauer zu erwarten sind. Diese Lasten dürfen dann als "vorwiegend ruhend" beansprucht eingestuft werden. Häufig ändert sich allerdings die Nutzungsart eines Krans im Laufe seiner Lebensdauer und somit auch die zu erwartenden Lastspiele. D.h. ein Kran, welcher z.B. ursprünglich als wenig benutzter Reparaturkran vorgesehen war, wird durch betriebliche Umstellung als stark benutzter Werkstattkran eingesetzt. Deshalb ist es ratsam, grundsätzlich alle Krane und Kranbahnen als nicht vorwiegend ruhend beansprucht zu berechnen, auch wenn nach dem derzeitigen Stand der Dinge dies nicht erforderlich wäre. Dies hat Einfluß z.B. auf die Art der Befestigung der Kranbahnen an der Tragkonstruktion des Gebäudes. So dürfen z.B. bei nicht vorwiegend ruhender Beanspruchung keine Dübelverbindungen (Spreiz- , Hinterschneid- , Verbundanker o.ä.) verwendet werden. Das gleiche gilt eingeschränkt auch für die Befestigung der Kranbahn mit Ankerschienen an der Tragkonstruktion des Gebäudes. Die Zulassung erstreckt sich nur für vorwiegend ruhende Beanspruchung.
Ferner sollte nach Möglichkeit für die Stahlbetonkonstruktion des Gebäudes nur Bewehrungsstahl 500 S verwendet werden, da beim Bewehrungsstahl 500 M bei nicht vorwiegend ruhender Beanspruchung Schwingbreitennachweise durchzuführen sind. Im Nachhinein kann manchmal dieser Schwingbreitennachweis bei der Mattenbewehrung nicht mehr eingehalten werden. Dies bedeutet auch, daß wie im Kap. 11 bereits aufgeführt, nur hochfeste Schrauben eingesetzt werden und diese Schrauben nur geringer beansprucht werden können als bei vorwiegend ruhender Beanspruchung.

Die Lasten werden eingestuft nach Hauptlasten, Zusatzlasten und Sonderlasten, siehe Tab. 12.1.

Tabelle 12.1 Übersicht der Lasten und Einstufung als Haupt-Zusatz- u. Sonderlasten

	Krane			Kranbahnen		
	Kapitel	Bezeichnung der Last	Wirkungsweise	Kapitel	Bezeichnung der Last	Wirkungsweise
Hauptlasten	12.2.1	Eigenlasten mit Eigenlastbeiwert Φ_E	vertikal	12.3.1	Eigenlasten, ständige Lasten ohne Beiwert	vertikal
	12.2.2	Hublasten mit Hublastbeiwert Ψ_H	vertikal	12.3.2	Verkehrslasten von Kranlaufrädern mit Schwingbeiwert Φ_S	vertikal
	12.2.3	Massenkräfte aus Antrieb H_M	horizontal			
Zusatzlasten	12.4.1	Windlasten	horizontal	12.5.1	Horizontallasten quer zur Kranbahn aus: - Massenkräfte der Antriebe H_M - Kräfte aus Schräglauf $S + H_S$	horizontal
	12.4.2	Kräfte aus Schräglauf $S + H_S$	horizontal			
	12.4.3	Schneelasten	vertikal			
	12.4.4	Eigen- + Verkehrslasten auf Laufstegen, Treppen und Podeste auf Geländer	vertikal horizontal	12.5.2	Waagerechte Lasten L längs der Kranbahn aus Anfahren und Bremsen von Kranen	horizontal
				12.5.3	Zusatzlasten aus mehreren Kranen	vertikal + horizontal
	12.4.5	Wärmewirkung	meist horizontal	12.5.4	Verkehrlasten auf Laufstegen, Treppen und Podeste auf Geländer	vertikal horizontal
				12.5.5	Windlasten	horizontal
				12.5.6	Wärmewirkung	meist horizontal
Sonderlasten	12.6.1	Pufferkräfte Φ_p	horizontal	12.7.1	Pufferkräfte Φ_p	horizontal
	12.6.2	Prüflasten	vertikal			

12.2 Hauptlasten Krane

Zu den Hauptlasten zählen bei Kranen: Eigenlasten, Hublasten und Massenkräfte aus Antrieb.

12.2.1 Hauptlasten Krane - Eigenlasten

Eigenlasten sind Lasten aus Gewichtskräften aller festen und beweglichen Kranteile mit Ausnahme der Eigenlasten der Teile zur Aufnahme der Nutzlast. Die Eigenlasten werden, um die Wirkung der lotrecht wirkenden Massenkräfte zu berücksichtigen, mit dem Eigenlastbeiwert ϕ_E multipliziert (s. Kap. 8.2.1).

12.2.2 Hauptlasten Krane - Hublasten

Die Hublasten bestehen aus der Nutzlast und aus dem Eigengewicht der Teile zur Aufnahme der Nutzlast, z.B. Unterflasche, Traverse, Greifer, Lasthebemagnet. Um die lotrecht wirkenden Massenkräfte zu berücksichtigen, werden die Hublasten mit dem Hublastbeiwert ψ_H multipliziert (s. Kap. 8.2.2).

Spezielle Betriebsbedingungen wie plötzliches Fallenlassen der Lasten z.B. durch Magnetlastaufnahmemittel oder Greifer, müssen besonders berücksichtigt werden - siehe DIN 15018 Teil 1 Abs. 4.1.4.3.

12.2.3 Hauptlasten Krane - Massenkräfte aus Antrieb

Kräfte aus der Beschleunigung und der Verzögerung von Kranbewegungen wirken als Massenkräfte auf das Tragwerk ein. Dabei sind die größten auftretenden Kräfte des Antriebes zu ermitteln. Die dynamische Wirkung darf hierbei durch einen konstanten Schwingbeiwert in der Größe $\phi_M = 1{,}5$ berücksichtigt werden. Die so um den Schwingbeiwert vergrößerten Kräfte dürfen als "quasi statische Kräfte" betrachtet werden. Die Massenkräfte aus Antrieb wirken in der Regel horizontal.

Sind die größten Kräfte des Antriebes durch reibungsschlüssige Kraftübertragung begrenzt, so dürfen die Antriebskräfte aus dem Kraftschluß zwischen den angetriebenen Laufrädern und Schienen mit $f = 0{,}2$ ermittelt werden. Dieser Kraftschlußbeiwert ist vergleichbar mit der Reibungszahl μ zwischen Stahl und Stahl. Als reibungsschlüssige Kraftübertragung werden planebene oder ballig-gedrehte Räder auf normalen Schienen angesehen, also z.B. nicht Zahnstangenantriebe, Reibradantriebe oder ähnliches. Für Reibradantriebe kann mit einem höheren Kraftschlußbeiwert f gerechnet werden.

Bei der Errechnung der Massenkräfte (Beschleunigung und Verzögerung) ist von der kleinsten Radlastsumme der angetriebenen Laufräder auszugehen, d.h. die Radlasten werden ohne Nutzlast und ohne Schwing- und Eigenlastbeiwerte ermittelt. Die Antriebe müssen so ausgelegt sein, daß sie auch ohne angehängte Nutzlast die Antriebsräder weder "durchdrehen" (beim Beschleunigen) noch "schleifen" (beim Bremsen) lassen. Ist die Hublast angehängt, werden aus Beschleunigungsgründen die Masssenkräfte gleich oder geringer, obwohl die Radlasten zunehmen.

Allgemein gilt für die Kraft am Antriebsrad für Beschleunigung und Verzögerung:

$$Ka = \phi_M \cdot f \cdot \min R \quad (12.1)$$

Es bedeutet

ϕ_M = 1,5 Beiwert zur Berücksichtigung der dynamischen Wirkung der Massenkräfte

f = 0,2 Kraftschlußbeiwert (Reibung Stahl-Stahl)

min R = kleinste Antriebsradlast ohne Schwing- und Eigenlastbeiwerte

Dabei sind die Antriebskräfte stets entsprechend dem Antriebssystem auf die angetriebenen Laufräder zu verteilen.

Anhand eines Beispiels soll die Errechnung und Verteilung der Massenkräfte aus dem Kraftschluß erläutert werden.

Beispiel 12.1 Zweiträger-Brückenkran

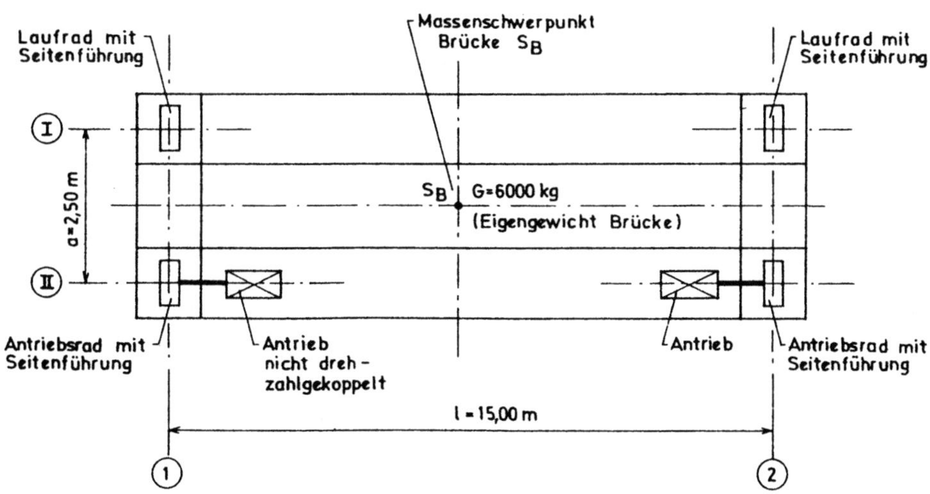

Bild 12.1 Maße und Gewichte Kranbrücke

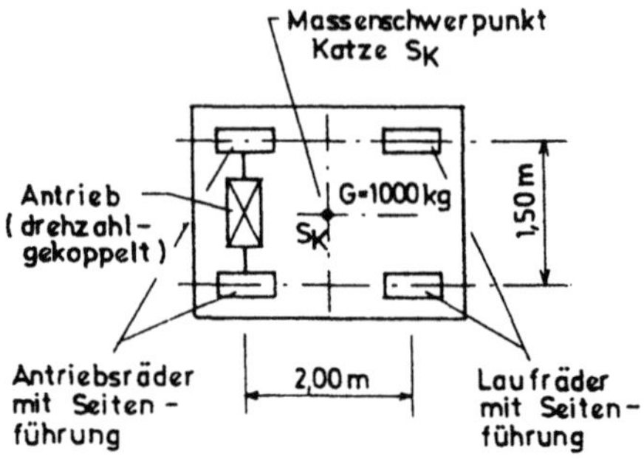

Bild 12.2 Maße und Gewichte Katze

Nutzlast des Krans: 10000 kg. Dies bleibt bei der Berechnung der Massenkräfte außer Ansatz.

a) Ermittlung der Massenkräfte beim Anfahren und Bremsen von Laufkatzen mit Mittelantrieb:

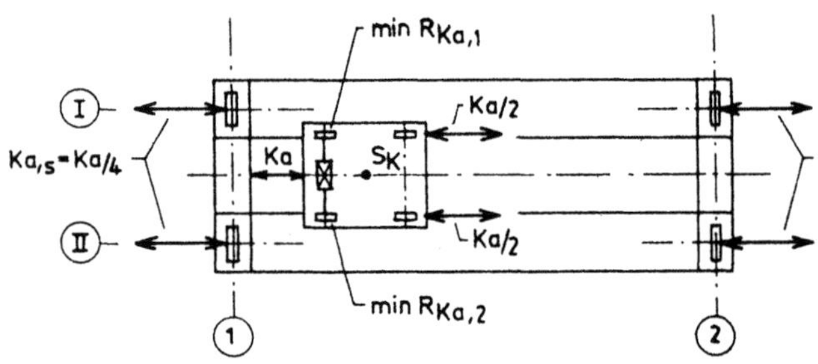

Bild 12. 3 Massenkräfte beim Anfahren und Bremsen von Laufkatzen mit Mittenantrieb

min $R_{Ka,1}$ = min. Radlast der Laufkatze am Antriebsrad 1

Ka = Massenkraft infolge Anfahren und Bremsen der Laufkatze

Ka,s = Massenkraft an der Seitenführung der Brücke infolge Anfahren und Bremsen der Lautkatze

Die Kräfte für das Anfahren und die Kräfte für das Bremsen sind gleich groß. Die Wirkung muß immer in die ungünstigste Richtung angenommen werden. Minimale Radlasten der Katze infolge Eigengewicht:

$$\min R_{Ka} = \frac{G \cdot g}{4} = \frac{1000\ kg \cdot 10\ m/sec^2}{4} = 2500\ kg\ m/sec^2$$

$$= 2500\ N = 2{,}5\ kN$$

(Nutzlast bleibt außer Ansatz)

$$\min R_{Ka,1} = \min R_{Ka,2}$$

$$\max Ka = \phi_M \cdot f\ (\min R_{Ka,1} + \min R_{Ka,2}) \qquad (12.2)$$

$$\max Ka = 1{,}5 \cdot 0{,}2\ (2{,}5\ kN + 2{,}5\ kN) = 1{,}5\ kN$$

$$\frac{Ka}{2} = \frac{1{,}5}{2} = 0{,}75\ kN$$

Da die Kraft Ka durch den Masseschwerpunkt führt, werden keine Momente erzeugt. Somit sind die an die beiden Kranbrücken abgegebenen Kräfte gleich groß und zwar Ka/2. Dabei darf davon ausgegangen werden, daß die Kräfte gleichmäßig von den Führungselementen aufgenommen werden. D.h. bei 4 spurkranzgeführten Laufrädern, wobei 2 gleichzeitig Antriebsräder sind, wird an jedem Spurkranz die Spurkranzkraft wirken:

$$Ka_s = \frac{Ka}{4} \qquad (12.3)$$

$$Ka_s = \frac{1{,}5}{4} = 0{,}375\ kN < f \cdot \min R = 0{,}2 \cdot 2{,}5 = 0{,}5\ kN$$

Es wird empfohlen, die so errechneten Kräfte bis zu jedem Führungselement (hier Spurkränze) rechnerisch zu verfolgen.

b) Ermittlung der Massenkräfte beim Anfahren und Bremsen des Krans mit zwei Einzelantrieben, siehe Bild 12.4.

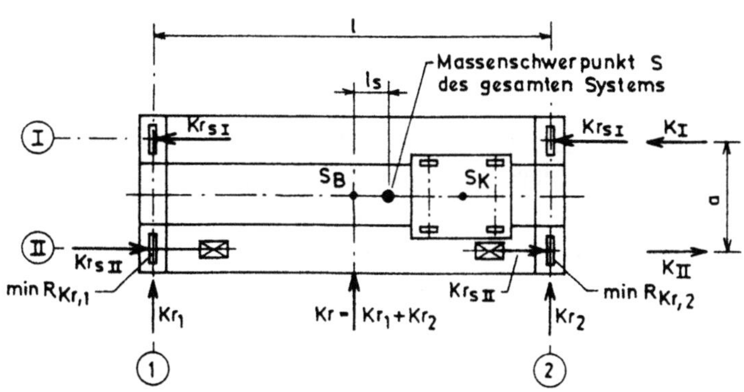

Bild 12.4 Massenkräfte beim Anfahren und Bremsen von Kranen mit zwei Einzelantrieben ($Kr_1 = Kr_2$)

ℓ_S = Abstand zwischen dem Massenschwerpunkt S des gesamten Systems und der Resultierenden Kr der Kräfte Kr_1 und Kr_2.

$minR_{Kr,1}$ = min. Radlast des Krans am Antriebsrad 1

Kr = Massenkraft infolge Anfahren und Bremsen des Krans

Kr_1 = Massenkraft am Antrieb Achse 1 infolge Anfahren und Bremsen des Krans

Kr_{SI} = Massenkraft an der Seitenführung der Brücke infolge Anfahren und Bremsen des Krans

K_I = Summe der Massenkräfte an den Seitenführungen der Brücke in der Achse I infolge Anfahren und Bremsen des Krans

Der Massenschwerpunkt S wird errechnet aus der Geometrie der einzelnen Massenschwerpunkte der

Kranbrücke	S_B	mit dem Gewicht G_B
Katze	S_K	mit dem Gewicht G_K
Hublast	S_H	mit dem Gewicht Hublast.

Zunächst ist dem Leser unverständlich, warum hier die Hublast mit eine Rolle spielt, obwohl sie bei der Berechnung der Kräfte $Kr = Kr_1 + Kr_2$ unberücksichtigt blieb. Der Grund ist: bei der Berechnung der max. Massenkräfte (Aktionskräfte) aus den Antrieben wird keine Hublast berücksichtigt (Antriebsräder dürfen auch bei minimaler Radlast nicht "durchdrehen"). Bei der Ermittlung der Führungskräfte (Reaktionskräfte) an den Führungselementen (Spurkränze) spielt die Verteilung der Massen eine Rolle.

In diesem Beispiel wird davon ausgegangen, daß der Schwerpunkt der Hublast S_H und der Schwerpunkt der Katze zusammenfällt.

<u>Geometrie für die Bestimmung des max. Abstands l_S</u>

Stellung der Katze ganz links oder ganz rechts (s. Bild 12.5).

S = Schwerpunkt des Gesamtsystems

S_B = Schwerpunkt der Brücke

S_K = Schwerpunkt der Katze

S_H = Schwerpunkt der Hublast

min Radlast der Kranbrücke einschl. der Katze infolge Eigengewicht:

$$\min R_{Kr_1} = \frac{\text{Gewichtskraft Brücke}}{4} + \frac{\text{Gewichtskraft Katze} \cdot c}{\ell \cdot 2} \quad (12.4)$$

$$= \frac{6000 \text{ kg} \cdot 10 \text{ m/sec}^2}{4} + \frac{1000 \text{ kg} \cdot 10 \text{ m/sec}^2 \cdot 1{,}5 \text{ m}}{15 \text{ m} \cdot 2}$$

$$= 15500 \text{ kg m/sec}^2 \quad = 15500 \text{ N} \quad = \quad 15{,}5 \text{ kN}$$

$$\max R_{Kr_1} = \frac{\text{Gewichtskraft Brücke}}{4} + \frac{\text{Gewichtkraft Katze} \cdot (\ell - c)}{\ell \cdot 2} \quad (12.5)$$

$$= \frac{6000 \text{ kg} \cdot 10 \text{ m/sec}^2}{4} + \frac{1000 \text{ kg} \cdot 10 \text{ m/sec}^2 \cdot (15\text{m} - 1{,}5\text{m})}{15 \text{ m} \cdot 2}$$

$$= 15000 \text{ kg m/sec}^2 + 4500 \text{ kg m/sec}^2 = 19500 \text{ N}$$

$$= 19{,}5 \text{ kN}$$

Da die Katze genausogut an der linken Seite der Brücke stehen kann gilt:

$$\min R_{Kr_1} = \min R_{Kr_2} \quad (12.6)$$

$$Kr_1 = \phi_M \cdot f \cdot \min R_{Kr_1} \quad (12.7)$$

$$Kr_2 = \phi_M \cdot f \cdot \min R_{Kr_2} \quad (12.8)$$

$$Kr = Kr_1 + Kr_2 \quad (12.9)$$

$$Kr = \phi_M \cdot f(\min R_{Kr_1} + \min R_{Kr_2}) \quad (12.10)$$

$$= 1{,}5 \cdot 0{,}2 \; (15{,}5 + 15{,}5) = 9{,}3 \text{ kN}$$

$$Kr_1 = Kr_2 = \frac{9{,}3}{2} = 4{,}65 \text{ kN}$$

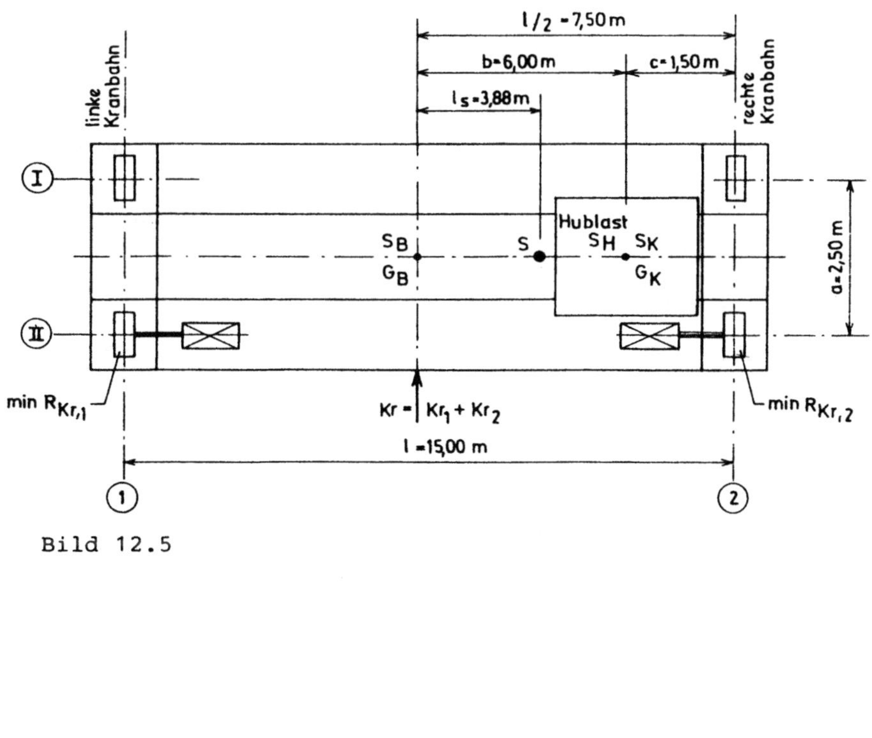

Bild 12.5

Bestimmung von ℓ_S:

Momentengleichgewicht um die Wirkungslinie von Kr:

$$\Sigma G = G_{Brücke} + G_{Katze} + \text{Hublast} \qquad (12.11)$$

$$= 6000 \text{ kg} + 1000 \text{ kg} + 10000 \text{ kg} = 17000 \text{ kg}$$

$$\ell_s \cdot \Sigma G = b \cdot G_{Katze} + b \cdot \text{Hublast} \qquad (12.12)$$

$$\ell_s = \frac{6 \text{ m} \cdot 1000 \text{ kg} + 6 \text{ m} \cdot 10000 \text{ kg}}{17000 \text{ kg}} = 3{,}88 \text{ m}$$

Die Kraft Kr erzeugt ein Moment um den gemeinsamen Massenschwerpunkt S des Gesamtsystems.

Wegen der Exzentrizität ℓ_S zwischen der Wirkungslinie von Kr und dem gemeinsamen Massenschwerpunkt S treten aus Gleichgewichtsgründen die Kräfte K_I und K_{II} auf. Es gilt:

$$K_I = K_{II} = \frac{Kr \cdot \ell_s}{a} \qquad (12.13)$$

$$K_I = K_{II} = \frac{9{,}3 \text{ kN} \cdot 3{,}88 \text{ m}}{2{,}5 \text{ m}} = 14{,}43 \text{ kN}$$

Auch diese Kräfte werden jeweils gleichmäßig von den Führungselementen (Spurkränze) aufgenommen:

$$Kr_{SI} = \frac{K_I}{2} \qquad (12.14)$$

$$Kr_{SI} = \frac{14{,}43}{2} = 7{,}21 \text{ kN}$$

$$Kr_{SII} = \frac{K_{II}}{2} \qquad (12.15)$$

$$Kr_{SII} = \frac{14{,}43}{2} = 7{,}21 \text{ kN}$$

Sowohl durch Bremsen oder Beschleunigen, als auch durch Verfahren der Katze auf die linke Seite der Brücken, können die Kräfte sich in ihrer Wirkungsrichtung umdrehen.

Die Kräfte auf die Führungselemente aus Katzfahren und Kranfahren können gleichzeitig auftreten, somit wird

$$K_{SI} = Ka_S + Kr_{SI} = 0{,}37 + 7{,}21 = \overleftarrow{7{,}58} \text{ kN} \qquad (12.16)$$

$$K_{SII} = Kr_{SII} - Ka_S = 7{,}21 - 0{,}37 = \overrightarrow{6{,}84} \text{ kN} \qquad (12.17)$$

Über Kraftschluß (Reibung) könnte lediglich zwischen Laufrad und Führungsschiene aufgenommen werden:

min Radlast: $K = f \cdot \min R = 0{,}2 \cdot 15{,}5 \text{ kN} = 3{,}1 \text{ kN}$ (12.18)

max Radlast: $K = f \cdot \max R = 0{,}2 \cdot 19{,}5 \text{ kN} = 3{,}9 \text{ kN}$ (12.19)

Für Hänge- oder Deckenkrane kann diese Berechnung der Massenkräfte entsprechend angewendet werden.

Sind mehr als 2 Räder pro Kran auf einer Kranschiene: siehe DIN 15018 Teil 1 Abschn. 4.15.

Bemerkenswert ist die Einstufung der Lasten bei Kranen in die Hauptlasten.
Bei Kranbahnen gehören die Lasten aus Massenkräfte durch Antriebe zu den Zusatzlasten - mit der einen Ausnahme: treten diese Massenkräfte regelmäßig in einem bestimmten Kranbahnbereich auf, dann zählen sie zu den Hauptlasten.

12.3 Hauptlasten Kranbahnen

Zu den Hauptlasten zählen bei Kranbahnen: ständige Lasten aus Eigengewicht, Verkehrslasten von Kranlaufrädern.

12.3.1 Hauptlasten Kranbahnen - ständige Lasten, Eigenlasten

Hierzu gehören besonders die Kräfte aus Eigengewichten. Sie bleiben bei der Berechnung ohne die Multiplikation mit einem Beiwert.

12.3.2 Hauptlasten Kranbahnen - Verkehrslasten von Kranlaufrädern

Die Kranlaufräder sind in ungünstigster Stellung anzuordnen. Diese Lasten sind mit dem Schwingbeiwert ϕ_S zu multiplizieren - siehe hierzu Kap. 8.2.3.

Bei Kranbahnen der Beanspruchungsgruppe B1 bis B3 darf die Lage der Wirkungslinie der Radlast R in der Mitte der Führungsschiene angenommen werden (s. Bild 12.6). Bei höheren Beanspruchungsgruppen, B4 bis B6, ist bei der Betriebsfestigkeitsuntersuchung ein ausmittiger Lastangriff von ± 1/4 der Schienenkopfbreite b anzunehmen (s. Bild 12.6).

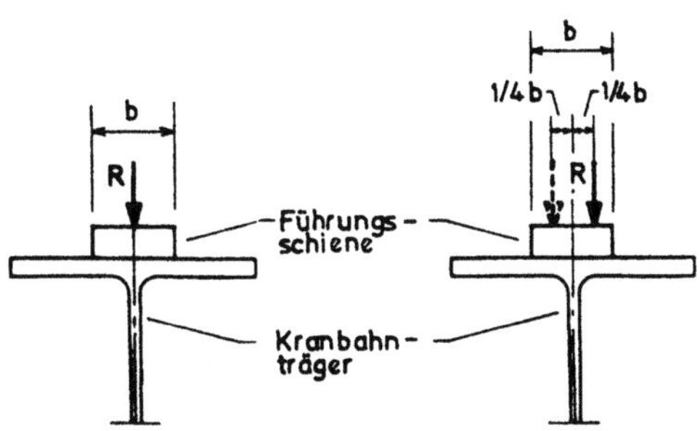

Bild 12.6 Wirkungslinie der Radlasten bei den Beanspruchungsgruppen B1 bis B3 und B4 bis B6

Bei der Berechnung von Spannungen aus dem gleichzeitigen Wirken mehrerer Krane ist für den Kran mit dem größten Wert $\phi_S \cdot R$ mit dessen Schwingbeiwert und für die übrigen mit dem Schwingbeiwert ϕ_S der Hubklasse H1 zu rechnen.

Wichtig: Ohne Schwingbeiwerte ϕ_S sind stets zu berechnen:
Fundamente, Bodenpressungen, Formänderungen und Standsicherheiten.

12.4 Zusatzlasten Krane

Zu den Zusatzlasten zählen bei Kranen: Windlasten, Kräfte aus Schräglauf, Schneelasten, Lasten auf Laufstegen, Treppen, Podesten, Geländer und Wärmewirkung.

12.4.1 Zusatzlasten Krane - Windlasten

Bei Krananlagen, die dem Wind ausgesetzt sind, müssen Windlasten nach DIN 1055 Blatt 4 angenommen werden. Es wird unterschieden zwischen "Kran außer Betrieb" und "Kran in Betrieb". Die Staudrücke für "Kran außer Betrieb" können der o.g. DIN entnommen werden. Bei der Berechnung "Kran in Betrieb" kann mit reduzierten Staudrücken gearbeitet werden. Man geht davon aus, daß der Kran nicht bei orkanartigen Winden eingesetzt wird. Es darf deshalb mit einem Staudruck von $q = 0{,}25\ kN/m^2$ gerechnet werden. Die Windlast auf die angehängte Nutzlast ist mit 3 % der Nutzlast als horizontale Windlast einzusetzen, mindestens jedoch mit 0,5 kN.

12.4.2 Zusatzlasten Krane - Kräfte aus Schräglauf

Anders wie bei Kranbahnen müssen bei den Kranen Horizontalkräfte aus Massenkräften der Antriebe (Lastfall H) und der Kräfte für Schräglauf (Lastfall HZ) gleichzeitig ermittelt und angesetzt werden.

Bei Kranen (Laufkrane und Hängekrane) entsteht durch Schräglauf an den in der Fahrtrichtung befindlichen Führungselementen (Spurkränze oder Führungsrollen) jeweils eine Kraft. Diese Kraft ist abhängig von

- Schräglaufwinkel α
- Kransystem
- von den Abmessungen des Krans
- von der Lage des Gesamtschwerpunktes aus Eigenlast,
  Hublast und den Raddrücken.

12.4.2.1 Zusatzlasten Krane - Bestimmung des Schräglaufwinkels α

Der Schräglaufwinkel α setzt sich aus drei Einzelwinkel zusammen.
Der größte mögliche Winkel beträgt 15 ‰ = 1,5 %.

Es gilt

$$\alpha = \alpha_f + \alpha_v + \alpha_0 \leq 15 ‰ \tag{12.20}$$

Da die Winkel klein sind, darf gesetzt werden: tan α = α

Dabei bedeutet

- α = Schräglaufwinkel aus der Summe aller auf den Abstand a der formschlüssigen Führungsmittel bezogenen, bei Schrägstellung des Krans möglichen Verschiebungen quer zur Fahrbahn.
- α_f = Schräglaufwinkel aus 75 % des Spurspieles zwischen gerader Schiene und formschlüssigen Führungsmittel, jedoch mindestens aus 5 mm bei Führungsrungsrollen und mindestens 10 mm bei Spurkränzen.
- α_v = Schräglaufwinkel aus Verschleiß mind. 3 % der Schienenkopfbreite bei Führungsrollen und mind. 10 % der Schienenkopfbreite bei Spurkränzen.
- α_0 = 1 ‰ Schräglaufwinkel aus Toleranzen des Krans und der Kranbahn.

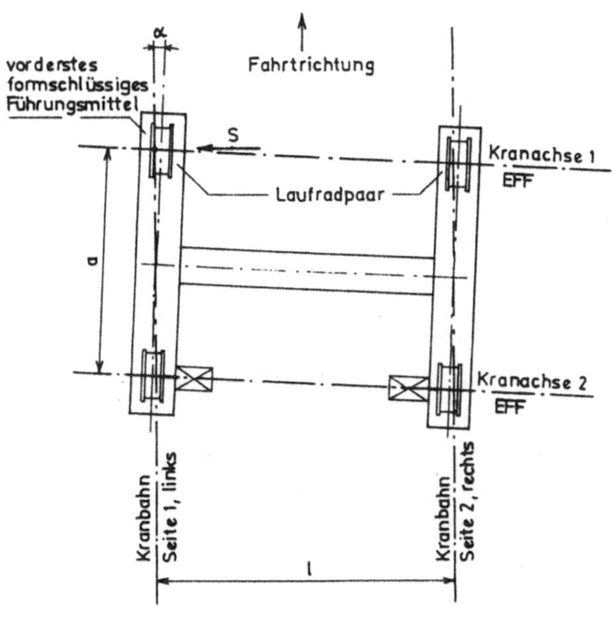

Bild 12.7 Schräglaufwinkel α

S = Kraft, die aus Schräglauf von der Führungsschiene auf das Führungselement (Spurkranz) und somit auf den Kran wirkt

α = Schräglaufwinkel

a = Radabstand

Beispiel. 12.2 Bestimme den Schräglaufwinkel α bei folgenden Krandaten: Radstand a = 2500 mm; spurkranzgeführter Kran; Schienenkopfbreite 50 mm; Abstand zwischen den Spurkränzen 60 mm - siehe Bild 12.8.

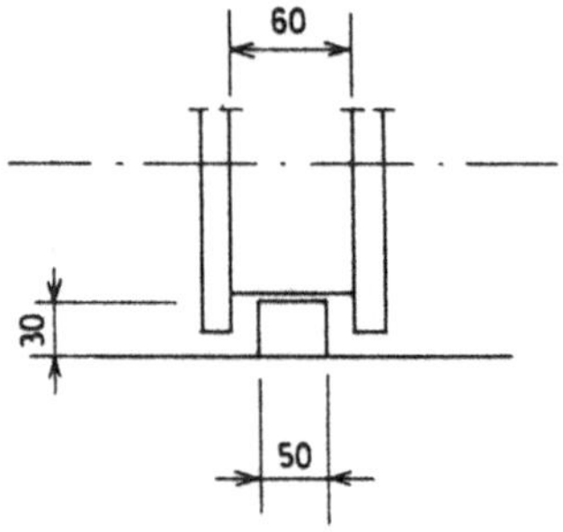

Bild 12.8 zu Beispiel 12.2

Größtmaß - Kleinstmaß = Spurspiel (12.21)

60 mm - 50 mm = 2 x 5 mm

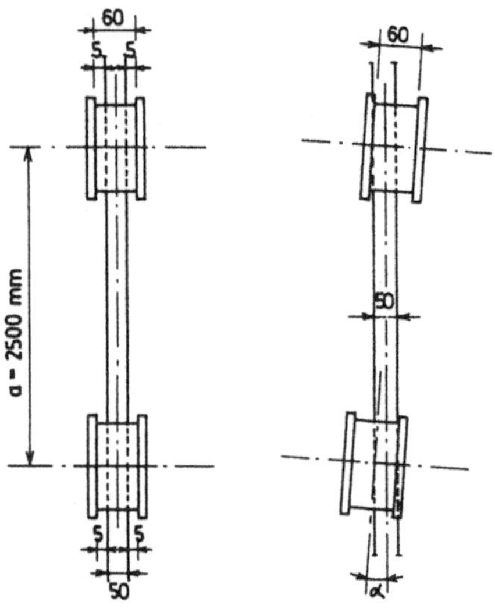

Bild 12.9 Spurspiel zwischen Führung (hier Spurkränze) und Spurschiene

Somit errechnet sich der Schräglaufwinkel aus dem Spurspiel:

$$\alpha_f = 75\ \% \cdot \frac{10\ \text{mm}}{2500\ \text{mm}} \cdot 1000 = 3\ ‰$$

Der Schräglaufwinkel infolge Verschleiß errechnet sich bei Spurkränzen aus dem Maß, das 10 % der Schienenkopfbreite entspricht.

Spiel infolge Verschleiß

$$10\ \% \cdot 50\ \text{mm} = 5\ \text{mm}$$

$$\alpha_v = \frac{5\ \text{mm}}{2500\ \text{mm}} \cdot 1000 = 2\ ‰$$

Tabelle 12.2 Kraftschlußbeiwert f in Abhängigkeit vom Schräglaufwinkel α

α ‰	1,5	2,0	2,5	3,0	3,5	4,0	4,5	5,0	6,0	7,0	8,0	9,0	10,0	12,5	15,0	>15,0
f	0,094	0,118	0,139	0,158	0,175	0,190	0,203	0,214	0,233	0,248	0,259	0,268	0,275	0,287	0,293	0,300

Der Schräglaufwinkel infolge Toleranz des Krans und der Kranbahn beträgt

$$\alpha_0 = 1 ‰$$

$$\alpha = \alpha_f + \alpha_v + \alpha_0$$

$$= 3 ‰ + 2 ‰ + 1 ‰ = 6 ‰$$

12.4.2.2 Zusatzlasten Krane - Bestimmung des Kraftschlußbeiwertes f

Der Kraftschlußbeiwert f zwischen Schiene und Aufstandsfläche der Räder ist abhängig vom Schräglaufwinkel α, es gilt

$$f = 0{,}30\,(1 - e^{-0{,}25 \cdot \alpha}) \qquad (12.22)$$

hierin bedeutet

e = Basis der natürlichen Logarithmen = 2,71828

α = Schräglaufwinkel in ‰

Im Beispiel 12.2 beträgt der Kraftschlußbeiwert

$$f = 0{,}30\,(1 - e^{-0{,}25 \cdot 6}) = 0{,}23306 \sim 0{,}233$$

In der Tab. 12.2 sind die Kraftschlußbeiwerte der infrage kommenden Winkel bereits errechnet; Zwischenwerte können interpoliert werden.

Wenn nichts näheres bekannt ist, kann gesetzt werden

Krane mit Rollenführung $f \cong 0{,}21$

Krane mit Spurkranzführung $f \cong 0{,}25$

12.4.2.3 Zusatzlasten Krane - Kransystem

Entsprechend den Antrieben und der seitlichen Verschiebbarkeit der Laufräder unterscheidet man verschiedene Kransysteme.

Hierbei werden folgende Kurzzeichen verwendet:

W = Laufradpaar, das durch eine mechanische oder elektrische Welle drehzahlgekoppelt ist

E = Laufradpaar, einzeln gelagert oder einzeln angetrieben

F = Festlager von Laufrad und Tragwerk in bezug auf die seitliche Verschiebbarkeit

L = Loslager von Laufrad oder Tragwerk in bezug auf die seitliche Verschiebbarkeit.

In jeder Kranachse sind folgende Systeme möglich:

WFF, EFF, WFL, EFL.

Das am häufigsten (über 99 %) eingesetzte System ist das System EFF und dabei meistens mit Spurkranzführung - siehe Bild 12.10 a). Das bedeutet, daß das hintere Laufradpaar und das vordere Laufradpaar einzeln gelagert sind. Die Laufradpaare sind nicht drehzahlgekoppelt, z.B. durch eine Welle. Ein Laufradpaar besitzt zwei Einzelantriebe. Die Laufräder sind in bezug auf die seitliche Verschiebbarkeit als Festlager anzusehen. Als Festlager im Sinne der DIN 15018 gilt das Laufrad eines Krans, das über Kraftschluß (Reibung) Horizontalkräfte übertragen kann. Es muß also nicht an einem Laufrad ein Führungselement vorhanden sein, um als Festlager (Kurzzeichen F) zu funktionieren.

Als ein Laufradpaar werden zwei Räder bezeichnet, die in einer Kranachse angeordnet sind. Dabei läuft ein Rad auf der linken Kranbahnseite und das andere Rad des Laufradpaares auf der rechten Kranbahnseite.

12.4.2.4 Zusatzlasten Krane - Bestimmung der Kraft S am Führungselement infolge Schräglauf

Die Kraft S wirkt an einem vorderen Führungselement des Krans - in Fahrtrichtung gesehen. Im Falle von Spurkränzen sind zwei Führungselemente vorhanden. Dabei wird die Gesamtkraft S von einem der beiden Führungselemente aufgenommen. Das gleiche gilt für links und rechts angeordnete Doppelführungsrollen. Die Gesamtkraft S am Führungselement errechnet sich aus

$$S = \lambda \cdot f \cdot \Sigma R \qquad (12.23)$$

hierin bedeutet:

f = Kraftschlußbeiwert nach Kap. 12.4.2.2

ΣR = Summe aller Radlasten ohne Eigenlast- und Hublastbeiwert nach Kap. 8.2

λ = Faktor entsprechend dem Kransystem, siehe Tab. 12.3.

Tabelle 12.3 Lage h des Gleitpoles und Faktor λ zur Berechnung der formschlüssigen Kraft S

System	h	λ
FF	$\frac{m \cdot \xi \cdot \xi' \cdot \ell^2 + \Sigma e_i^2}{\Sigma e_i}$	$1 - \frac{\Sigma e_i}{n \cdot h}$
FL	$\frac{m \cdot \xi \cdot \ell^2 + \Sigma e_i^2}{\Sigma e_i}$	$\xi' (1 - \frac{\Sigma e_i}{n \cdot h})$

hierin bedeutet:

e_i = Abstand zwischen vorderem Führungselement und der Kran-Achse i (siehe Bild 12.10)

e_i ist negativ für Räder, die vor dem Führungsmittel liegen;

i = 1 bis n Reihenfolge der insgesamt n Laufradpaare

n = Anzahl der Laufradpaare (meist n = 2), eins in der Kranachse 1 und ein zweites in der Kranachse 2;

h = Gleitpolabstand, siehe Bild 12.10.

$$\xi = 1 - \xi' = \frac{\Sigma \max R}{\Sigma R} \tag{12.24}$$

$$\xi' = \frac{\Sigma \min R}{\Sigma R} \tag{12.25}$$

R = Radlasten ohne Eigenlast- und Hublastbeiwerte nach Kap. 8.2

ℓ = Brückenspannweite

m = Anzahl der drehzahlgekoppelten Laufradpaare beim System W; beim System E ist m = 0; der Gleitpolabstand h wird von der Katzstellung unabhängig;

Σ min R = Summe der Radlasten auf der <u>weniger</u> beanspruchten Seite einschließlich Hublast, aber ohne dynamischen Beiwerte (Eigenlast- und Hublastbeiwert) nach Kap. 8.2

Σ max R = Summe der Radlasten auf der <u>mehr</u> beanspruchten Seite einschließlich Hublast, aber ohne dynamischen Beiwerte (Eigenlast- und Hublastbeiwerte) nach Kap. 8.2

Σ R = Summe aller Radlasten einschließlich der Hublast, aber ohne dynamische Beiwerte (Eigenlast- und Hublastbeiwert) nach Kap. 8.2

Im Bild 12.10a besitzen alle 4 Räder Spurkränze. Die Räder in der Achse 1 sind Laufräder, und in Achse 2 besitzen die Räder Einzelradantriebe.

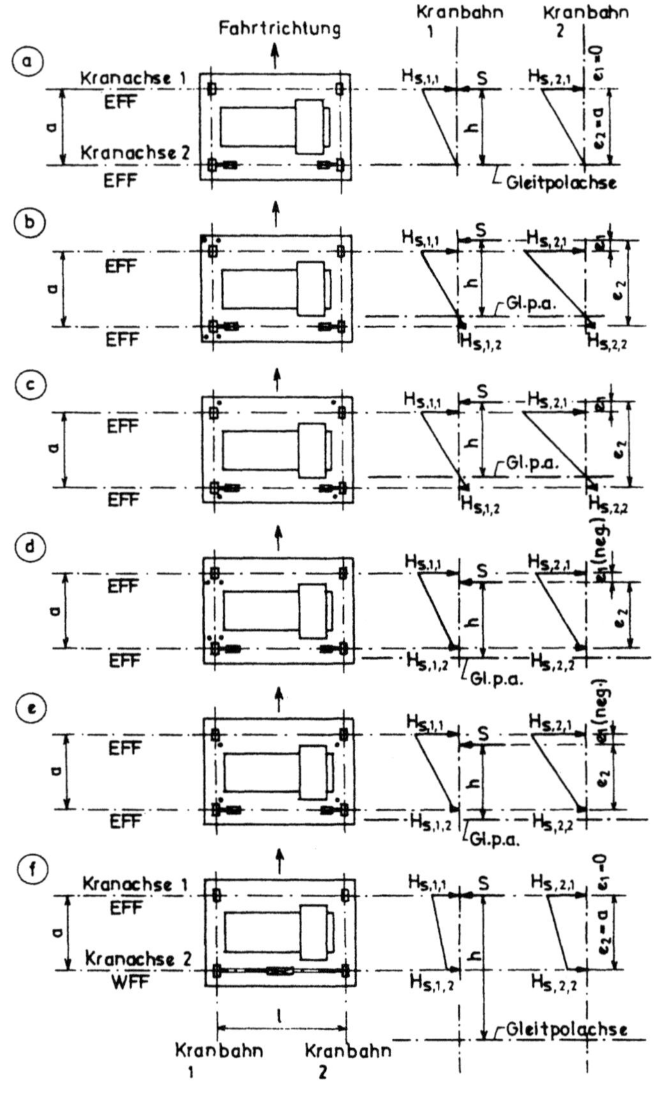

Bild 12.10 Schräglaufkraft S und Horizontallasten H_S

Spurkranzführung bei ⓐ und ⓕ
Führungsrollen bei ⓑ, ⓒ, ⓓ u. ⓔ

Beispiel 12.3 Vierrad-Spurkranzkran, System Kranachse 1 EFF; Kranachse 2 EFF; Weiterführung des Beispiels 12.1 und Beispiel 12.2.
Die wesentlichen Daten werden hier nochmals aufgeführt:

ℓ = 15 m
Nutzlast: 10,0 t
Gewicht der Brücke: 6,0 t
Gewicht der Katze: 1,0 t
Radabstand a = 2,5 m

Aus der Berechnung ergaben sich folgende Werte, die zur Weiterberechnung notwendig sind:

$\min R_1 = \min R_2 = 15{,}5$ kN
Schräglaufwinkel = 6 ‰
Kraftschlußbeiwert f = 0,233

Der Kran entspricht dem System a) auf Bild 12.10.

Ermittlung von R_{max}, ΣR, ΣR_{max} und ΣR_{min}

$$\Sigma R_{min} = 15{,}5 + 15{,}5 = 31 \text{ kN}$$

$$\Sigma R = (10.000 \text{ kg} + 6.000 \text{ kg} + 1.000 \text{ kg}) \frac{10 \text{ m}}{\text{sec}^2}$$

$$= 170.000 \text{ N} = 170 \text{ kN}$$

$$\Sigma R_{max} = \Sigma R - \Sigma R_{min} = 170 \text{ kN} - 31 \text{ kN} = 139 \text{ kN} \qquad (12.26)$$

$$R_{max} = \frac{\Sigma R_{max}}{2} = \frac{139 \text{ kN}}{2} = 69{,}5 \text{ kN} \qquad (12.27)$$

e_1 = 0 (Abstand zwischen Führungselement und Kranachse 1)

$e_2 = a = 2{,}50$ m

$\Sigma e_i = 0 + 2{,}50 \text{ m} = 2{,}50$ m

n = 2 Laufradpaare

m = 0 (keine drehzahlgekoppelten Laufradpaare)

$$\text{Polabstand } h = \frac{m \cdot \xi \cdot \xi' \cdot \ell^2 + \Sigma e_i^2}{\Sigma e_i} = \frac{0 + 2{,}5^2}{2{,}5} = 2{,}50 \text{ m} \qquad (12.28)$$

$$\lambda = 1 - \frac{\Sigma e_i}{n \cdot h} = 1 - \frac{2{,}5}{2 \cdot 2{,}5} = 0{,}50 \qquad (12.29)$$

$$S = 0{,}5 \cdot 0{,}233 \cdot 170 \text{ kN} = 19{,}80 \text{ kN}$$
(nach 12.23)

12.4.2.5 Zusatzlasten Krane - Ermittlung der Horizontalkraft H_S infolge Schräglauf an den Aufstandsflächen der Laufräder

Die im vorigen Abschnitt ermittelte Kraft S wirkt zwischen Führungsschiene und Führungselement des Laufrades. Diese Kraft S kann allerdings nur so groß werden, wie es der Kraftschluß infolge Reibung zwischen Laufräder und Führungsschienen zuläßt. Das bedeutet, daß die Summe aller horizontalen Kräfte H_S genauso groß ist, wie die Kraft S aus Schräglauf. Diese horizontalen Kräfte H_S wirken an der Aufstandsfläche der Laufräder und haben eine quer zur Kranbahn gerichtete

Komponente. Bei drehzahlgekoppelten Laufradpaaren wird ausserdem noch eine Komponente in Kranbahnlängsrichtung wirksam (siehe hierzu auch DIN 15018 und Bild 12.10).

Achtung: Die Kraft S aus Führungsmittel und die Kraft H_S in den Aufstandsflächen der Laufräder wirken miteinander und gleichzeitig!

Die Kräfte H_S werden durch die Schräglaufkraft S erzeugt. Durch die Kraft S am Führungselement wird der Kran in seine Bahn zurückgedrückt.

Für die Kräfte quer zur Kranbahn (in Richtung der Kranachsen) gilt

$$H_{S1,i} = \lambda_{1,i,y} \cdot f \cdot \Sigma R \qquad (12.30)$$

$$H_{S2,i} = \lambda_{2,i,y} \cdot f \cdot \Sigma R \qquad (12.31)$$

ΣR = Summe aller Radlasten einschließlich Hublast ohne Eigenlast- und Hublastbeiwert nach Kap. 8.2

f = Kraftschlußbeiwert nach Kap. 12.4.2.2

λ = Faktor entsprechend Tab. 12.4

i = Kranachse $i = 1$ bis n, siehe Bild 12.10

Dabei wirken positive Lasten H_S entgegen der Richtung von S.

Durch Änderung der Katzstellung (siehe Bild 12.10) ändern sich die Größenordnungen der H_S-Kräfte, ohne daß sich die Größe, Richtung und der Angriffspunkt von der Kraft S ändert. Es kann sich auch die Kraft S verändern, nicht in ihrer Größe, aber in ihrer Wirkungsrichtung und im Angriffspunkt an dem anderen Führungselement. Diese Änderung der Kraft S erfolgt dann, wenn sich der Richtungssinn des Winkels α (Bild 12.7) ändert.

Für die Kräfte längs zur Kranbahn gilt

$$L_{S1,i} = \lambda_{1,i,x} \cdot f \cdot \Sigma R \qquad (12.32)$$

$$L_{S2,i} = \lambda_{2,i,x} \cdot f \cdot \Sigma R \qquad (12.33)$$

Tabelle 12.4 Faktoren $\lambda_{1,i,x}$; $\lambda_{1,i,y}$ und $\lambda_{2,i,x}$; $\lambda_{2,i,y}$ zur Berechnung der kraftschlüssigen Kräfte $H_{S,1,i}$; $L_{S,1,i}$; $H_{S,2,i}$ und $L_{S,2,i}$

System	$\lambda_{1,i,x}$	$\lambda_{1,i,y}$	$\lambda_{2,i,x}$	$\lambda_{2,i,y}$
WFF	$\frac{\xi \cdot \xi'}{n} \cdot \frac{\ell}{h}$	$\frac{\xi'}{n}(1 - \frac{e_i}{h})$	$\frac{\xi \cdot \xi'}{n} \cdot \frac{\ell}{h}$	$\frac{\xi}{n}(1 - \frac{e_i}{h})$
EFF	0	$\frac{\xi'}{n}(1 - \frac{e_i}{h})$	0	$\frac{\xi}{n}(1 - \frac{e_i}{h})$
WFL	$\frac{\xi \cdot \xi'}{n} \cdot \frac{\ell}{h}$	$\frac{\xi'}{n}(1 - \frac{e_i}{h})$	$\frac{\xi \cdot \xi'}{n} \cdot \frac{\ell}{h}$	0
EFL	0	$\frac{\xi'}{n}(1 - \frac{e_i}{h})$	0	0

1. Index gibt die Kranbahnachse an
2. Index gibt die Kranachse an
3. Index zeigt die Wirkungsrichtung der Kraft an

x = längs der Kranbahn, y = quer zur Kranbahn.

Beispiel 12.4

Weiterführung des Beispiels 12.3;

a) Laufkatze steht an der rechten Kranbahn (Kranbahn 2)

$$\xi' = \frac{\Sigma R_{min}}{\Sigma R} = \frac{31\ kN}{170\ kN} = 0{,}182 \qquad (12.34)$$

$$\xi = \frac{\Sigma R_{max}}{\Sigma R} = \frac{139\ kN}{170\ kN} = 0{,}818 \qquad (12.35)$$

im System EFF errechnet sich nach Tab. 12.4:

$$\lambda_{1,1,y} = \frac{0{,}182}{2}\left(1 - \frac{0}{2{,}50}\right) = 0{,}091$$

$$\lambda_{1,2,y} = \frac{0{,}182}{2}\left(1 - \frac{2{,}50}{2{,}50}\right) = 0$$

$$\lambda_{2,1,y} = \frac{0{,}818}{2}\left(1 - \frac{0}{2{,}50}\right) = 0{,}409$$

$$\lambda_{2,2,y} = \frac{0{,}818}{2}\left(1 - \frac{2{,}50}{2{,}50}\right) = 0$$

$$\lambda_{1,1,x} = 0$$

$$\lambda_{1,2,x} = 0$$

$$\lambda_{2,1,x} = 0$$

$$\lambda_{2,2,x} = 0$$

$$H_{S,1,1} = 0{,}091 \cdot 0{,}233 \cdot 170\ kN = 3{,}60\ kN$$

$$H_{S,1,2} = 0 \cdot 0{,}233 \cdot 170\ kN = 0\ kN$$

$$H_{S,2,1} = 0{,}409 \cdot 0{,}233 \cdot 170\ kN = 16{,}2\ kN$$

$$H_{S,2,2} = 0 \cdot 0{,}233 \cdot 170\ kN = 0\ kN$$

In Kranbahnlängsrichtung sind alle Kräfte infolge Schräglauf = 0

Am linken vorderen Laufrad wirken somit auf den Kran ein:

$$H_{S\ links} = S - H_{S,1,1} = 19{,}8 - 3{,}6 = 16{,}2\ kN$$

Diese Kraft wirkt von rechts nach links; am rechten vorderen Laufrad wirken auf den Kran ein:

$$H_{S\ rechts} = H_{S,2,1} = 16{,}2\ kN$$

Diese Kraft wirkt von links nach rechts.

b) Laufkatze steht an der linken Kranbahn (Kranbahn 1)

$$H_{S,1,1} = 16{,}2\ kN$$

$$H_{S,2,1} = 3{,}60\ kN$$

Am linken vorderen Laufrad wirken somit auf den Kran ein:

H_S links = 19,8 - 16,2 = 3,6 kN

H_S rechts = 3,60 kN

Das bedeutet, daß die Beanspruchung günstiger ist, als bei der Katzstellung rechts bei Kranbahn 2. Außerdem wird darauf hingewiesen, daß die horizontalen Kräfte aus Schräglauf etwa doppelt so groß sind, wie die Massenkräfte aus Antrieb. Darauf muß bei den Zusatzlasten bei Kranbahnen (Kap. 12.5) nochmals eingegangen werden, da bei den Kranbahnen diese beiden Kräfte nicht gleichzeitig in voller Höhe anzusetzen sind.

12.4.3 Zusatzlasten Krane - Schneelasten

Falls Schneelast anfällt, können diese Lasten nach DIN 1055 Blatt 5 ermittelt werden.

12.4.4. Zusatzlasten Krane - Lasten auf Laufstegen, Treppen, Podesten und Geländern

Für Laufstege, Treppen und Podeste ist neben den Eigenlasten noch eine Einzellast in ungünstigster Stellung anzusetzen und zwar

P = 3,0 kN beim Begehen mit Traglasten

P = 1,5 kN beim Begehen ohne Traglasten.

Die Aufstandsfläche darf mit 30 cm x 30 cm angenommen werden.
Unter Traglasten sind Werkzeuge und Ersatzteile zu verstehen.

An Geländerholmen ist eine waagerechte, nach außen oder innen wirkende Einzellast in ungünstigster Stellung anzunehmen und zwar

H = 0,30 kN beim Begehen mit Traglasten

H = 0,15 kN beim Begehen ohne Traglasten.

Diese Einzellasten müssen nicht bei allen durch Hublasten beanspruchten Bauteilen berücksichtigt werden. Dies gilt z.B. für Hauptträger, Kopfträger und Kranbahnen.

12.4.5 Zusatzlasten Krane - Wärmewirkung

Spannungen aus Wärmewirkung sind nur in Ausnahmefällen zu berücksichtigen. Konstruktiv sollten allerdings Ausdehnungen infolge Temperatur berücksichtigt werden - dies gilt besonders für lange Kranbahnen. Auch bei Krananlagen innerhalb von Gebäuden muß damit gerechnet werden, daß entweder die Heizungsanlage ausfällt oder die Heizleistung bewußt über bestimmte Zeiträume abgesenkt wird. Kranbahnen sollten ohne Dehnfugen nicht länger als 35 m ausgebildet werden.

Mit einem Längenausdehnungskoeffizient darf gerechnet werden von:

$$\alpha_T = 1{,}2 \cdot 10^{-5} \ \frac{1}{K}$$

Falls notwendig, kann mit folgenden Temperaturen gerechnet werden (s. Tab. 12.5):

Tabelle 12.5 Temperaturangaben in °Celsius und Kelvin

	Aufstellungstemperatur	Temperaturdifferenz
im Freien	10°C (283 K)	± 35 K
unbeheizte Wetterschutzhalle	10°C (283 K)	± 30 K
beheizte Halle	18°C (291 K)	± 12 K

12.5 Zusatzlasten Kranbahnen

Zu den Zusatzlasten zählen bei Kranbahnen

- waagerechte Seitenlasten infolge Massenkräfte aus Antrieben oder Seitenlasten aus den Kräften aus Schräglauf - diese Lasten wirken quer zur Fahrbahn
- waagerechte Lasten längs der Fahrbahn aus Anfahren oder Bremsen von Kranen
- Zusatzlasten aus mehreren Kranen
- Verkehrslasten auf Laufstegen, Treppen, Podesten und Geländern
- Windlasten
- Wärmewirkung.

12.5.1 Zusatzlasten Kranbahnen - Horizontallasten quer zur Kranbahn

Verkehren mehrere Krane auf einer Kranbahn, so sind die Horizontallasten quer zur Kranbahn nur für einen Kran zu berücksichtigen. Bei der Berechnung sind die Lasten anzusetzen, die die größten Schnittkräfte liefern.

12.5.1.1 Zusatzlasten Kranbahnen- Horizontallasten quer zur Kranbahn aus Brücken-Laufkranen

Siehe hierzu auch Kap. 12.4.2.

Die im Kap. 12.2.3 ermittelten Massenkräfte aus Antrieb H_M und die im Kap. 12.4.2 ermittelten Kräfte aus Schräglauf S und H_S wirken auf die Kranbahn ein.

Bei der Berechnung der Kranbahn wurde die Überlagerung der beiden Kräfte H_M und S + H_S vereinfacht dadurch berücksichtigt, indem die Kräfte aus Schräglauf H_S und S nach Kap. 12.4.2 um 10 % erhöht werden. Dadurch sind die Massenkräfte aus Antrieb gleichzeitig mit berücksichtigt. Diese 10 %ige Erhöhung kann sogar entfallen, wenn bei der Ermittlung der Kräfte H_S und S der Kraftschlußbeiwert f = 0,3 angesetzt wurde.

$$H_{ges_{k,i}} = 1{,}1 \cdot H_{S_{k,i}} \qquad (12.36)$$

$$\text{bzw. } S_{ges} = 1{,}1 \cdot S \qquad (12.37)$$

D.h. wird nur die Kranbahn berechnet, ohne daß zuvor der darauf laufende Kran gerechnet wurde, kann auf die Ermittlung der Horizontallasten H_M aus Massenkräfte der Antriebe verzichtet werden. Gerechnetes Beispiel 12.4, siehe Kap. 12.4.2

Beispiel 12.5 In diesem Beispiel wird gezeigt, daß mit den üblichen Krandaten die horizontalen Seitenlasten vom Kran auf die Kranbahn errechnet werden können. Meistens liegen diese Daten bereits bei der Erstellung der statischen Berechnung für das Gebäude vor - wenn nicht - so können diese Daten anhand dieses Buches ermittelt oder festgelegt werden.

Folgende Daten für einen Brücken-Laufkran müssen vom Bauherrn oder dessen Architekten bekannt gegeben sein:

a) Tragfähigkeit: 5 t

b) Brückenspannweite ℓ: 14 m

c) Bauart des Krans: Einträger-Brückenlaufkran

d) Verwendung des Krans: Werkstattkran

Diese Daten sind einem ordnungsgemäß erstellten Baugesuch zu entnehmen.

Gemäß Tab. 8.1 (oder DIN 15018 Teil 1 Tab. 23) kann der Kran etwa in die Hubklasse H2 und in die Beanspruchungsgruppe B3 eingestuft werden.

Aus den Tabellen des Kap. 21 "Konstruktionsmaße" kann entnommen werden:

Radstand a = 2,20 m

max Radlast R_{max} = 36,5 kN einschl. Hublast aber ohne Schwingbeiwert

min Radlast R_{min} = 7,8 kN einschl. Hublast aber ohne Schwingbeiwert

Der Schwingbeiwert infolge der Hubklasse H2 beträgt ϕ_S = 1,2 (s. Kap. 8.2.3).

Der Kran wird ungünstig als spurkranzgeführter Kran mit Einzelradantrieb angenommen. Nach Kap. 12.4.2 darf mit einem Kraftschlußbeiwert von f = 0,25 bei Schräglauf gerechnet werden.

$$\xi' = \frac{\Sigma R_{min}}{\Sigma R} = \frac{2 \cdot 7,80}{2 \cdot (36,5 + 7,80)} = 0,176 \quad (12.38)$$

$$\xi = 1 - \xi' = 1 - 0,176 = 0,824 \quad (12.39)$$

$$\ell_S = (0,5 - \xi') \cdot \ell = (0,5 - 0,176) \cdot 14 = 4,54 \text{ m} \quad (12.40)$$

$$\text{oder: } \ell_S = \frac{\ell}{2} - \xi' \cdot \ell \quad (12.41)$$

Nach Tab. 12.10 im Kap. 12.4.2.4 gelten für spurkranzgeführte Kranen mit Einzelradantrieb folgende Beziehungen:

$$e_1 = 0$$

$$e_2 = a = 2,20 \text{ m}$$

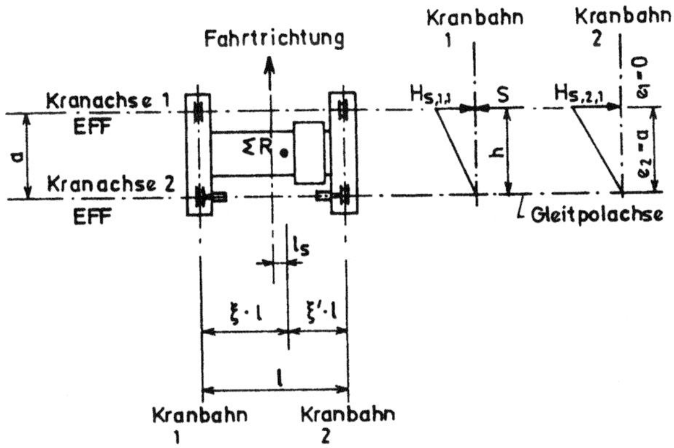

Bild 12.11 Wirkung der Kräfte infolge Schräglauf bei einem Einträger-Brückenlaufkran mit Spurkränzen und Einzelradantrieb

Die hier gezeigten Kräfte (s. Bild 12.11) sind die Kräfte auf den Kran. Die Wirkungsrichtung der Kräfte kehren sich um bei der Belastung der Kranbahn.

$$H_{S,1,1} = f \cdot \Sigma R \frac{\xi'}{n} (1 - \frac{e_1}{h}) \quad (12.42)$$

n = 2 Laufradpaare, eins in Kranachse 1, ein zweites in der Kranachse 2

$$= 0,25 \cdot 2 \cdot (36,5 + 7,8) \frac{0,176}{2} (1 - \frac{0}{2,20}) = 1,94 \text{ kN}$$

$$H_{S,2,1} = f \cdot \Sigma R \frac{\xi}{n} (1 - \frac{e_1}{h}) \quad (12.43)$$

$$= 0,25 \cdot 2 \cdot (36,5 + 7,8) \frac{0,824}{2} (1 - \frac{0}{2,20}) = 9,13 \text{ kN}$$

$$S = H_{S,1,1} + H_{S,2,2} \quad (12.44)$$

$$\text{oder: } S = f \cdot \Sigma R (1 - \frac{\Sigma e_i}{n \cdot h}) \quad (12.45)$$

$$= 0,25 \cdot 2 (36,5 + 7,8) (1 - \frac{2,20}{2 \cdot 2,20}) = 11,07 \text{ kN}$$

Wegen des gleichzeitigen Wirkens dieser Horizontalkräfte ($H_{S,1,1}$; $H_{S,2,1}$ und S) quer zur Kranbahn infolge Schräglauf und der Massenkräfte H_M aus Antrieb, darf vereinfacht wie folgt verfahren werden:

$$H_{ges,1,1} = H_{S,1,1} \cdot 1,1 = 1,94 \text{ kN} \cdot 1,1 = 2,13 \text{ kN} \quad (12.46)$$

$$H_{ges,2,1} = H_{S,2,1} \cdot 1,1 = 9,13 \text{ kN} \cdot 1,1 = 10,04 \text{ kN} \quad (12.47)$$

$$S_{ges} = S \cdot 1,1 = 11,07 \text{ kN} \cdot 1,1 = 12,17 \text{ kN} \quad (12.48)$$

Auf die Erhöhung durch den Faktor 1,1 darf verzichtet werden, wenn gleich mit dem Kraftschlußbeiwert f = 0,3 gerechnet wird. Die Unterschiede der Kräfte sind relativ gering.

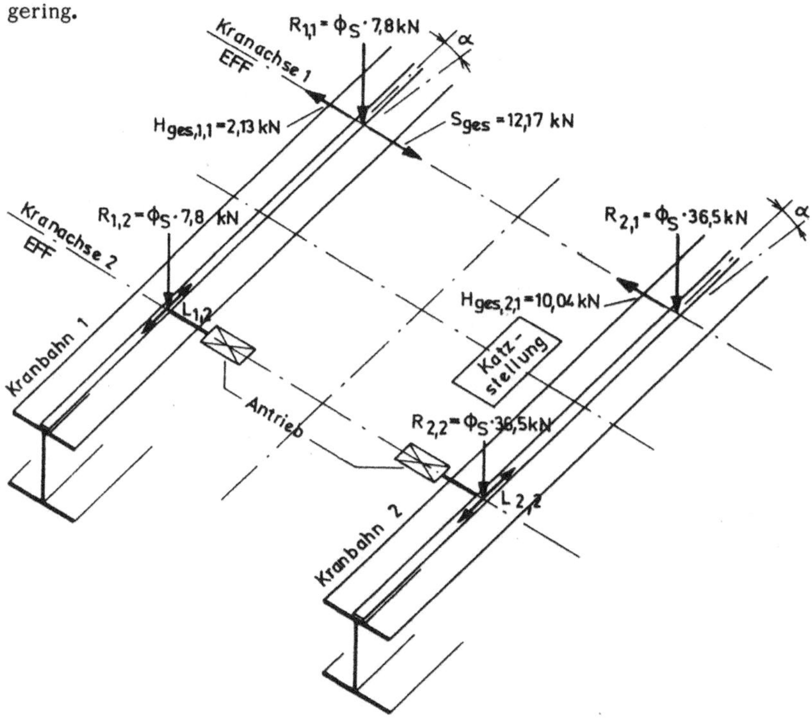

Bild 12.12 Wirkung der Kräfte auf die Kranbahn zum Beispiel 12.5
Einzelradantrieb in der Kranachse 2

Der Leser soll an dieser Stelle ermutigt werden, nicht zu zaghaft und an die Ermittlung dieser Lasten heranzugehen. Durch die Einführung der DIN 4132 wurden z.B. die Horizontalkräfte gegenüber der zurückgezogenen DIN 120 wesentlich erhöht. Diese Erhöhung beruht auf Forschungsarbeiten von K. Hennies und H.-O.

Hannover (/7/, /13/, /52/, /53/, /54/) Eine weitere Veröffentlichung erschien hierzu auch von Pasternak /55/.

Beispiel 12.6 Diesselbe Krananlage wie beim Beispiel 12.5, jedoch ausgerüstet mit einem drehzahlgekoppelten Antrieb in der Kranachse 2.

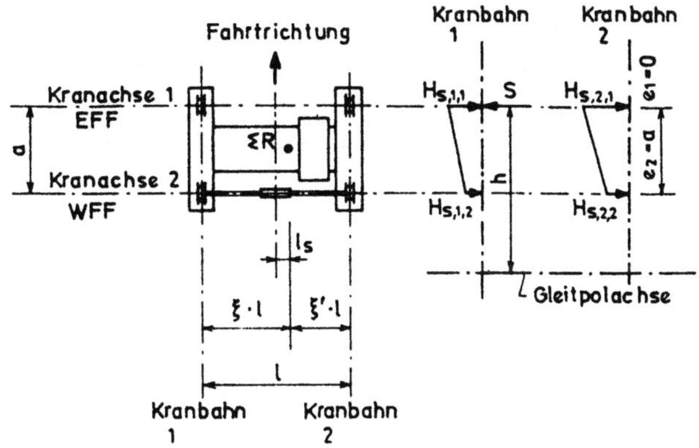

Bild 12.13

Die im Bild 12.13 gezeigten Kräfte sind die Kräfte auf den Kran. Die Wirkungsrichtung der Kräfte ist bei der Belastung der Kranbahn genau umgekehrt.

Es ergeben sich folgende Horizontalkräfte:

$$e_1 = 0 \;;\quad e_2 = a = 2{,}2 \text{ m}$$

$$m = 1 \cdot n = 2$$

$$\text{Gleitpolabstand } h = \frac{m \cdot \xi \cdot \xi' \cdot \ell^2 + \Sigma e_i^2}{\Sigma e_i} = \frac{1 \cdot 0{,}824 \cdot 0{,}176 \cdot 14^2 + 2{,}2^2}{2{,}2} \quad (12.49)$$

$$= 15{,}12 \text{ m}$$

$$\lambda = 1 - \frac{\Sigma e_i}{n \cdot h} = 1 - \frac{2{,}2}{2 \cdot 15{,}12} = 0{,}927 \quad (12.50)$$

Achse 1 (EFF):

$$\lambda_{1,1y} = \frac{\xi'}{n}\left(1 - \frac{e_1}{h}\right) = \frac{0{,}176}{2}\left(1 - \frac{0}{15{,}12}\right) = 0{,}088 \quad (12.51)$$

$$\lambda_{2,1y} = \frac{\xi}{n}\left(1 - \frac{e_1}{h}\right) = \frac{0{,}824}{2}\left(1 - \frac{0}{15{,}12}\right) = 0{,}412 \quad (12.52)$$

Achse 2 (WFF):

$$\lambda_{1,2y} = \frac{\xi'}{n}\left(1 - \frac{e_2}{h}\right) = \frac{0{,}176}{2}\left(1 - \frac{2{,}2}{15{,}12}\right) = 0{,}075 \quad (12.53)$$

$$\lambda_{2,2y} = \frac{\xi}{n}\left(1 - \frac{e_2}{h}\right) = \frac{0{,}824}{2}\left(1 - \frac{2{,}2}{15{,}12}\right) = 0{,}352 \quad (12.54)$$

$$\lambda_{1,2x} = \frac{\xi \cdot \xi'}{n} \cdot \frac{\ell}{h} = \frac{0{,}176 \cdot 0{,}824}{2} \cdot \frac{14}{15{,}12} = 0{,}067 \quad (12.55)$$

$$\lambda_{2,2x} = \frac{\xi \cdot \xi'}{n} \cdot \frac{\ell}{h} = 0{,}067 \quad (12.56)$$

$$f \cdot \Sigma R = 0{,}25 \cdot 2 \cdot (36{,}5 + 7{,}8) = 22{,}15$$

$$S = \lambda \cdot f \cdot \Sigma R = 0{,}927 \cdot 22{,}15 = 20{,}53 \text{ kN} \quad (12.57)$$

$H_{S,1,1} = \lambda_{1,1,y} \cdot f \cdot \Sigma R = 0{,}088 \cdot 22{,}15 = 1{,}95$ kN (12.58)

$H_{S,2,1} = 0{,}412 \cdot 22{,}15 = 9{,}13$ kN

$H_{S,1,2} = 0{,}075 \cdot 22{,}15 = 1{,}66$ kN

$H_{S,2,2} = 0{,}352 \cdot 22{,}15 = 7{,}79$ kN

$L_{S,1,2} = 0{,}067 \cdot 22{,}15 = 1{,}48$ kN ~ 0

$L_{S,2,2} = 0{,}067 \cdot 22{,}15 = 1{,}48$ kN ~ 0

Wegen dem gleichzeitigen Wirken der Kräfte aus Schräglauf und Massenkräfte durch Antrieb werden die Kräfte um 10 % erhöht.

$S_{ges} = 1{,}1 \cdot S = 1{,}1 \cdot 20{,}53 = 22{,}58$ kN (12.59)

$H_{ges,1,1} = 1{,}1 \cdot H_{S,1,1} = 1{,}1 \cdot 1{,}95 = 2{,}14$ kN (12.60)

$H_{ges,2,1} = 1{,}1 \cdot H_{S,2,1} = 1{,}1 \cdot 9{,}13 = 10{,}04$ kN (12.61)

$H_{ges,1,2} = 1{,}1 \cdot H_{S,1,2} = 1{,}1 \cdot 1{,}66 = 1{,}83$ kN (12.62)

$H_{ges,2,2} = 1{,}1 \cdot H_{S,2,2} = 1{,}1 \cdot 7{,}79 = 8{,}57$ kN (12.63)

Die Kräfte $L_{S,1,2}$ und $L_{S,2,2}$ können vernachlässigt werden.

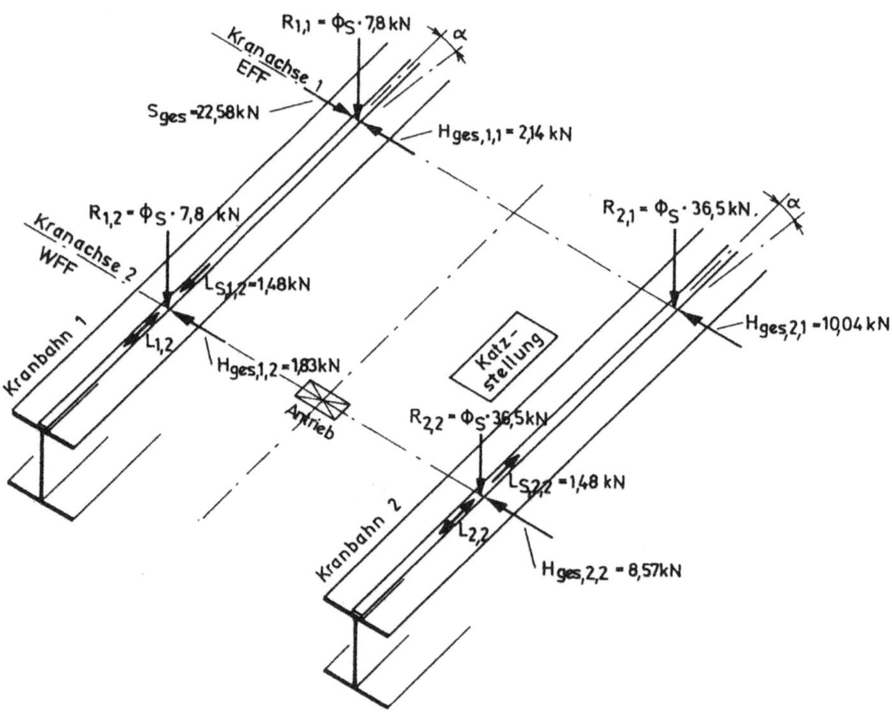

Bild 12.14 Wirkung der Kräfte auf die Kranbahn zum Beispiel 12.6
Laufräder in Kranachse 2 (WFF) drehzahlgekoppelt

12.5.1.2 Zusatzlasten Kranbahnen - Horizontallasten quer zur Kranbahn aus Hängekran, Deckenkran

Die Ermittlung der waagerechten Seitenlasten auf die Kranbahn aus den Hänge- oder Deckenkranen ist noch einfacher. Die Seitenlast wirkt auf die Radaufstandsflächen ein. Sie beträgt 1/10 der größten lotrechten Radlast. Dabei sind die Radlasten ohne Schwingbeiwerte einzusetzen.

$$H = \frac{1}{10} \cdot R_{max} \qquad (12.64)$$

R_{max} = max. Radlast einschl. Hublastanteil

Beispiel 12.7 Kranbahn: Hänge- oder Deckenkran
gegeben: Hubklasse H2 → ϕ_S = 1,2
gesucht: Horizontallasten H aus einem Hänge- oder Deckenkran, welche auf die Kranbahn einwirken.

$R_{1,max} = R_{2,max}$ = 13 kN (einschl. Hublastanteil)

Radabstand a = 2,50 m; $H_1 = H_2 = \frac{13\ kN}{10} = 1{,}30$ kN

Die Kranbahn wird wie folgt belastet (s. Bild 12.15):

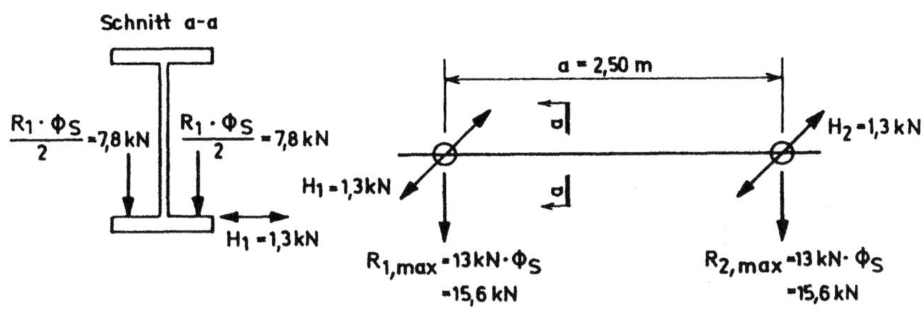

Bild 12.15 Beanspruchung einer Kranbahn aus einem Hängekran

12.5.1.3 Zusatzlasten Kranbahnen - Lasten quer zur Kranbahn aus Unterflansch-Laufkatzen (Katzbahnträger)

Die waagerechten Seitenlasten wirken in der Radaufstandsfläche. Ihre Größe beträgt 1/20 der größten lotrechten Radlast. Diese Radlasten werden ohne Schwingbeiwert berechnet.

$$H = \frac{1}{20} \cdot R_{max} \qquad (12.65)$$

R_{max} = max. Radlast einschl. Hublastanteil

Beispiel 12.8 Horizontallasten Kranbahn, Unterflansch-Laufkatze;
gesucht: die Horizontallasten H aus einer Unterflansch-Laufkatze, welche auf die Kranbahn einwirken.

Gewicht der Unterflansch-

Laufkatze	G	=	1300 kg
Hublast	P	=	6300 kg
Hubklasse H1 → ϕ_S		=	1,1
Radabstand	a	=	770 mm

Wie auf Bild 12.16 zu sehen, verändert sich beim Elektroseilzug mit dem Hubvorgang auch die Lage des Lasthakens. Dadurch verändern sich auch die Raddrücke aus der Unterflansch-Laufkatze in die Kranbahn. Anders verhält es sich bei einem Elektrokettenzug. Über die sog. Kettennuß läuft die Lastkette genau lotrecht. Hierbei würden sich die Radlasten nicht verändern.

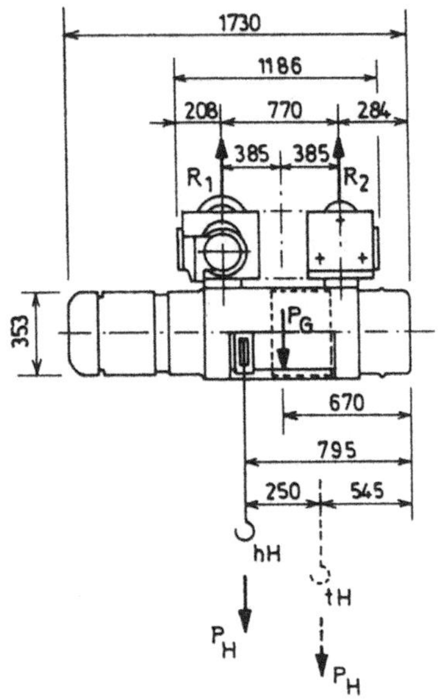

Bild 12.16 Elektroseilzug zum Beispiel 12.8

Berechnung der Radlasten auf die Kranbahn

a) Lasthaken in der oberen Endstellung (Lasthaken links)

Bemerkung: Die Lage des Schwerpunktes der Unterflansch-Laufkatze kann in der Mitte der beiden Laufradpaare angenommen werden.

$$\text{Eigengew. } P_G = 1300\ \text{kg}\cdot 10\ \frac{\text{m}}{\text{sec}^2} = 13000\ \text{kg}\ \frac{\text{m}}{\text{sec}^2} = 13000\ \text{N} = 13\ \text{kN}$$

$$\text{Hublast } P_H = 6300\ \text{kg}\cdot 10\ \frac{\text{m}}{\text{sec}^2} = 63000\ \text{kg}\ \frac{\text{m}}{\text{sec}^2} = 63000\ \text{N} = \underline{63\ \text{kN}}$$

$$\Sigma P = 76\ \text{kN}$$

$$R_1 \cdot 770\ \text{mm} - 63\ \text{kN}\cdot(795\ \text{mm} - 284\ \text{mm}) - 13\ \text{kN}\cdot 385\ \text{mm} = 0$$

$$\text{Laufradpaar } R_1 = \frac{32193 + 5005}{770} = 48{,}31\ \text{kN}$$

$$\text{Laufradpaar } R_2 = 76 - 48{,}31 = 27{,}69\ \text{kN}$$

b) Lasthaken in der unteren Endstellung (Lasthaken rechts)

Da die Seiltrommel symmetrisch zwischen den beiden Laufradpaaren angeordnet ist, werden sich die Radlasten lediglich vertauschen.

Laufradpaar R_1 = 27,42 kN

Laufradpaar R_2 = 48,31 kN

Es genügt somit eine der beiden Endstellungen zu untersuchen.

c) Horizontalkräfte quer zur Kranbahn (Lasthaken links)

$$H_1 = \frac{48,31 \text{ kN}}{20} = 2,42 \text{ kN}$$

$$H_2 = \frac{27,69 \text{ kN}}{20} = 1,38 \text{ kN}$$

d) Vertikale Einzelradlasten auf die Kranbahn

$$R_{1,1} = \Phi_S \cdot \frac{R_1}{2} = \Phi_S \cdot \frac{48,31}{2} = \Phi_S \cdot 24,16 \text{ kN}$$

$$R_{1,2} = \Phi_S \cdot \frac{R_1}{2} = \Phi_S \cdot \frac{48,31}{2} = \Phi_S \cdot 24,16 \text{ kN}$$

$$R_{2,1} = \Phi_S \cdot \frac{R_2}{2} = \Phi_S \cdot \frac{27,69}{2} = \Phi_S \cdot 13,84 \text{ kN}$$

$$R_{2,2} = \Phi_S \cdot \frac{R_2}{2} = \Phi_S \cdot \frac{27,69}{2} = \Phi_S \cdot 13,84 \text{ kN}$$

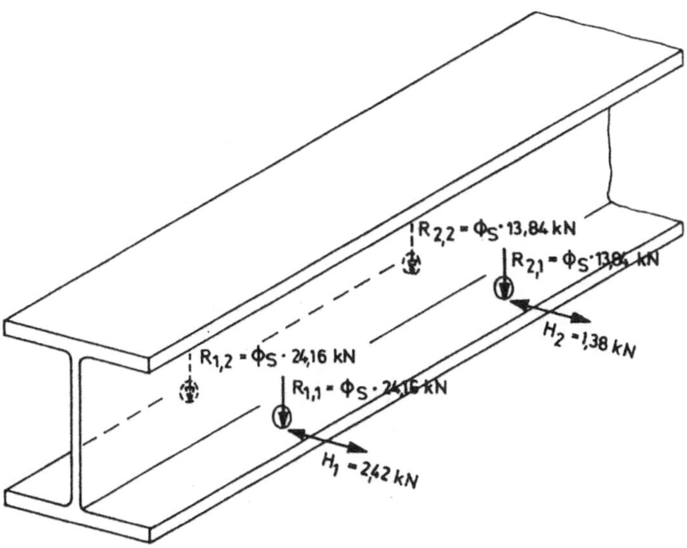

Bild 12.17 Radlasten aus einer Unterflanschlaufkatze auf eine Kranbahn

Häufig wird auch beim Einsatz von Elektroseilzügen die Stellung des Lasthakens unberücksichtigt gelassen. Man geht davon aus, daß sich die Kräfte aus Eigengewicht und Hublast gleichmäßig auf die zwei Laufradpaare, also auf die vier Einzelräder verteilen. Der Fehler wird umso größer, je mehr sich der Lasthaken beim Verlaufen auf der Seiltrommel einem Rad nähert, und wie groß der Einfluß der Unterflanschbiegung (s. Kap. 14.4.3) auf die Dimensionierung der Kranbahn ist.

12.5.2 Zusatzlasten Kranbahnen - Horizontallasten L längs der Kranbahn aus Anfahren oder Bremsen von Kranen

Die waagerechten Lasten entstehen beim Anfahren und Bremsen. Sie wirken in den Aufstandsflächen der angetriebenen und gebremsten Räder, also der Schienenoberkante. Angetrieben und gebremst wird immer am gleichen Laufrad. Die Beschleunigung und die Verzögerungen werden immer gleich groß angenommen.
Diese Lasten sind relativ klein. Für die Berechnung der Kranbahnen spielen sie keine nennenswerten Rollen, außer für die Unterstützung oder Abhängung der Kranbahnen bis hin zur Dimensionierung der Fundamente für den Lastfall HZ. Diese Beschleunigungs- oder Verzögerungskräfte wurden bereits im Kap. 12.2.3 behandelt. Dort wurden sie mit Kr_1 und Kr_2 bezeichnet. Sie dienten dabei zur Ermittlung der Horizontalkräfte quer zur Kranbahn infolge Massenkräfte.

12.5.2.1 Zusatzlasten Kranbahnen - Krane mit Einzelradantrieb

Die längs einer Kranbahn in Höhe der Schienenoberkante wirkende Kraft beträgt:

$$L = 1{,}5 \cdot f \cdot R_{g,min} \qquad (12.66)$$

Dabei bedeutet

f	=	Kraftschlußbeiwert, Reibungsbeiwert für Stahl auf Stahl $f = 0{,}2$
1,5	=	dynamischer Beiwert (konstant)
$R_{g,min}$	=	min Radlast des angetriebenen (= gebremsten) Rades infolge Eigengewicht, ohne Eigenlast und Hublastbeiwert.

Beispiel 12.9 Weiterberechnung des Beispiels 12.5 aus Kap. 12.5.1.1. Der Kran besitzt Einzelradantrieb, somit werden die Beschleunigungs- oder Bremskräfte berechnet mit:

$$L_{1,2} = L_{2,2} = 1{,}5 \cdot 0{,}2 \cdot 7{,}8 \text{ kN} = 2{,}34 \text{ kN}$$

Betrachtet man Bild 12.12, so erkennt man, daß bei der Radlast $R_{2,2} = \phi \cdot 36{,}5$ kN angegeben ist. Für die Ermittlung der Brems- oder Beschleunigungskraft am Einzelradantrieb des Rades $R_{2,2}$ spielt dies keine Rolle. Es ist davon auszugehen, daß die Antriebsräder des unbelasteten Krans beim Anfahren nicht durchdrehen, bzw. beim Bremsen nicht blockieren.

12.5.2.2 Zusatzlasten Kranbahnen - Krane mit drehzahlgekoppeltem Antrieb

$$L = 1{,}5 \cdot f \cdot R_{g,max} \qquad (12.67)$$

es bedeuten

f = Kraftschlußbeiwert, Reibungsbeiwert für Stahl auf Stahl f = 0,2

1,5 = dynamischer Beiwert = konstant

$R_{g,max}$ = max. Radlast infolge Eigengewicht des angetriebenen (gebremsten) Rades ohne Eingenlast- und Hublastbeiwert.

Beispiel 12.10 Weiterführung des Beispiels 12.6 aus Kap. 12.5.1.1;
Die Antriebe sind drehzahlgekoppelt.

$$R_{g,max} \cong R_{max} - \frac{\text{Hublast}}{2} \qquad (12.68)$$

$$= 36{,}5\ kN - \frac{50}{2} = 11{,}5\ kN$$

$$L_{1,2} = L_{2,2} = 1{,}5 \cdot 0{,}2 \cdot 11{,}5 = 3{,}45\ kN$$

Angriffspunkt der Brems- oder Beschleunigungskräfte ist die Aufstandsfläche der Antriebsräder.

12.5.3 Zusatzlasten Kranbahnen - aus mehreren Kranen

Verkehren mehr als 2 Krane auf einer Kranbahn und mehr als 3 Krane in einer Halle, so brauchen, siehe Kap. 12.5.3.1, nicht alle Krane mit ihren Lasten voll · als Hauptlasten bei der Berechnung berücksichtigt werden. Dabei geht man davon aus, daß nicht alle Krane gleichzeitig mit der vollen zulässigen Nutzlast arbeiten.

12.5.3.1 Zusatzlasten Kranbahnen - vertikale Verkehrslasten von Kranlaufrädern

Verkehren mehr als 2 Krane auf einer Kranbahn, so müssen diese weiteren Krane als Zusatzlasten im Lastfall HZ berücksichtigt werden. Dabei sind die Radlasten mit dem Schwingbeiwert ϕ_S in ungünstigster Stellung von höchstens

3 Krane je Kranbahn und

4 Krane je Halle

zu berücksichtigen.

Beispiel 12.11 In einer Halle verkehren auf einer Kranbahn 6 Brückenlaufkrane. Dann sind bei der Berechnung der Kranbahn folgende vertikale Radlasten mit Schwingbeiwert zu berücksichtigen:

2 Krane im Lastfall H + 3 Krane im Lastfall HZ,
d.h. der Lastfall HZ wird mit 5 Kranen berechnet; der 6. Kran bleibt ohne Berücksichtigung.

12.5.3.2 Zusatzlasten Kranbahnen - Horizontallasten quer zur Kranbahn

Bei der Berechnung der Kranbahnunterstützungen und Kranbahnaufhängungen sind die Horizontallasten aus den Kranen in ihrer ungünstigsten Stellung zu berücksichtigen und zwar:

höchstens 1 Kran je Kranbahn.

Die Horizontallasten eines 2. Krans je Kranbahn sind dann anzusetzen, wenn er zum Heben besonders schwerer Lasten mit dem 1. Kran zusammenwirkt.

12.5.3.3 Zusatzlasten Kranbahnen - Horizontallasten in Richtung der Kranbahn

Die Wirkung von Lasten (Brems- und Beschleunigungskräfte) in Richtung der Kranbahn ist höchstens von den beiden ungünstigsten Kranen anzunehmen.

12.5.4 Zusatzlasten Kranbahnen - Verkehrslasten auf Laufstegen, Treppen, Podesten und Geländern

Für Laufstege, Treppen und Podeste ist neben den Eigenlasten noch eine Einzellast in ungünstigster Stellung anzusetzen und zwar

P = 3,0 kN beim Begehen mit Traglasten
P = 1,5 kN beim Begehen ohne Traglasten.

Die Aufstandsfläche darf mit 30 cm x 30 cm angenommen werden.
Unter Traglasten sind Werkzeuge und Ersatzteile zu verstehen.

An Geländerholmen ist eine waagerechte, nach außen oder innen wirkende Einzellast in ungünstigster Stellung anzunehmen und zwar

H = 0,30 kN beim Begehen mit Traglasten
H = 0,15 kN beim Begehen ohne Traglasten.

Diese Einzellasten müssen nicht bei allen durch Hublasten beanspruchten Bauteilen berücksichtigt werden, dies gilt z.B. für Hauptträger, Kopfträger und Kranbahnen.

12.5.5 Zusatzlasten Kranbahnen - Windlasten

Bei Krananlagen, die dem Wind ausgesetzt sind, müssen Windlasten nach DIN 1055 Blatt 4 angenommen werden. Es wird unterschieden zwischen "Kran außer Betrieb" und "Kran in Betrieb". Die Staudrücke für "Kran außer Betrieb" können der o.g. DIN entnommen werden. Bei der Berechnung "Kran in Betrieb" kann mit reduzierten Staudrücken gearbeitet werden. Man geht davon aus, daß der Kran nicht bei orkanartigen Winden eingesetzt wird. Es kann mit einem Staudruck mit $q = 0{,}25$ kN/m^2 gerechnet werden. Die Windlast auf die angehängte Nutzlast ist mit 3 % der Nutzlast als horizontale Windlast einzusetzen, mindestens jedoch mit 0,5 kN.

12.5.6 Zusatzlasten Kranbahnen - Wärmewirkung

Spannungen aus Wärmewirkung sind nur in Ausnahmefällen zu berücksichtigen. Konstruktiv sollten allerdings Ausdehnungen infolge Temperatur berücksichtigt werden - dies gilt besonders für lange Kranbahnen. Auch bei Krananlagen innerhalb von Gebäuden muß damit gerechnet werden, daß entweder die Heizungsanlage ausfällt oder die Heizleistung bewußt über bestimmte Zeiträume abgesenkt wird.
Kranbahnen sollten ohne Dehnfugen nicht länger als 35 m gebaut werden.

Mit einem Längenausdehnungskoeffizient darf gerechnet werden von:

$$\alpha_T = 1{,}2 \cdot 10^{-5} \ \frac{1}{K}$$

Falls notwendig, kann mit den Temperaturangaben der Tab. 12.5 gerechnet werden.

12.6 Sonderlasten Krane

12.6.1 Sonderlasten Krane - Pufferkräfte

Puffer oder gleichwertige energieaufnehmende Einrichtungen sind zwischen folgenden Kontaktstellen anzubringen

- Katze - Katze
- Katze - Endanschläge, Fahrbahnbegrenzungen
- Katze - Kran
- Kran - Kran
- Kran - Endanschläge, Fahrbahnbegrenzungen.

Die Puffer sollten so nahe wie möglich an der Aufstandsfläche der Laufräder liegen, um die Exzentrizitäten und damit die Momente aus den Pufferkräften so klein wie möglich zu halten.

Die Pufferkonstruktionen lassen sich prinzipiell in zwei Typen mit unterschiedlichen Charakteristiken einordnen:

Typ 1 dreieckförmige Pufferkennlinie,
z.B. Gummipuffer, Zellstoffpuffer

Typ 2 viereckförmige Pufferkennlinie,
z.B. hydraulische Puffer.

Gemeinsam gilt für beide Puffertypen, daß sie Energie aufnehmen und ein Teil davon vernichten können.

Würde man z.B. anstelle von Gummipuffern ungedämpfte Druckfedern verwenden - Druckfedern können Arbeit speichern, aber fast keine Energie vernichten - so würde eine damit ausgestattete Krananlage wieder zurückgestoßen werden, und dies ist nicht erwünscht. Je größer die eingeschlossene Fläche ist - siehe Bild 12.18 - desto größer ist die Energie, die vernichtet werden kann.

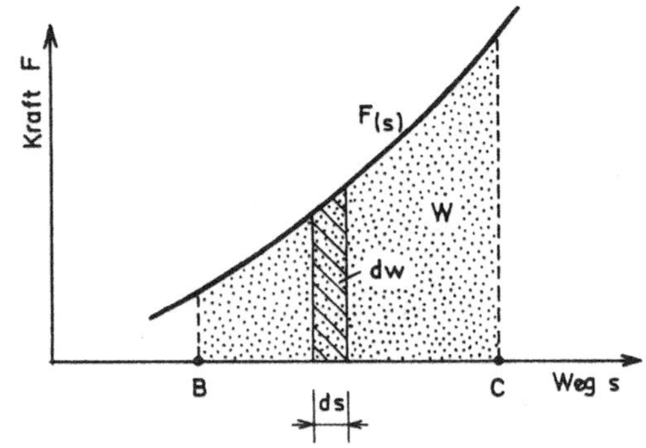

Bild 12.18 Arbeitsintegral

Allgemein gilt für die Energie W:

$$W = \int_B^C F_{(S)} \cdot d_S \qquad (12.69)$$

Die Pufferkraft ist abhängig von

- der Geschwindigkeit zum Zeitpunkt des Aufpralls
- der Masse, die abgebremst werden muß
- dem Weg, der zur Verfügung steht, um die Masse entsprechend der Charakteristik des Puffers abzubremsen, d.h. ob z.B. 1 oder 2 Puffer zusammengedrückt werden.

a) Geschwindigkeit

Bei der Ermittlung der Energieaufnahme des Puffers und der Pufferendkraft darf mit folgenden Geschwindigkeiten gerechnet werden:

Krane ohne selbständige Herabsetzung der Geschwindigkeit
v = 85 % Nenngeschwindigkeit

Krane mit selbständiger Herabsetzung der Geschwindigkeit
v = 70 % Nenngeschwindigkeit

Katzen v = 100 % Nenngeschwindigkeit.

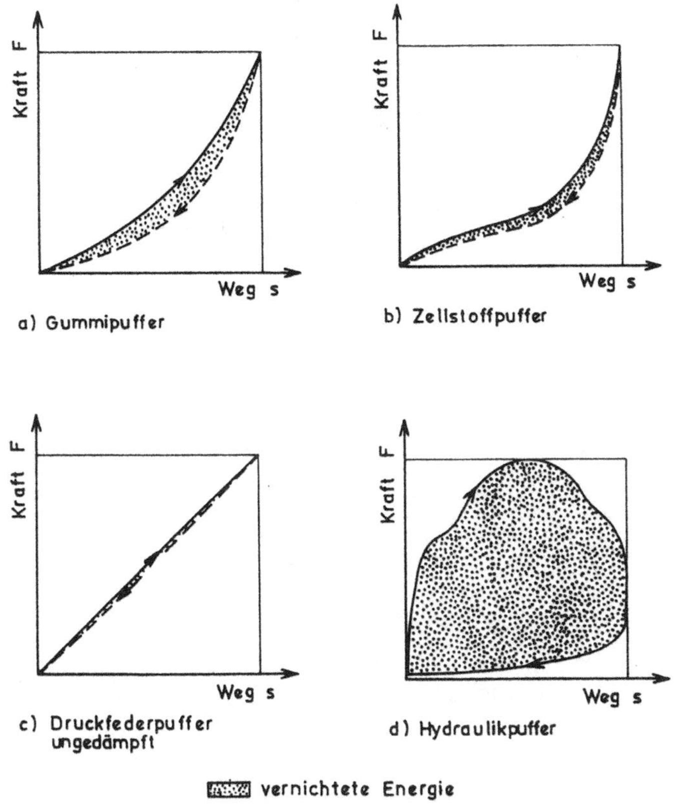

a) b) c) dreieckförmige Kennlinie
d) viereckförmige Kennlinie

Bild 12.19 Pufferkennlinien (Kraft-Weg-Diagramm)

b) Masse

Bei der abzustoppenden Masse muß die Masse der Hublast (pendelnd) nicht berücksichtigt werden. Bei der Berechnung muß die Masse des maximalen Eigengewichts eingesetzt werden.

Beispiel 12.12 Katze, Eigengewicht G = 400 kg; Tragfähigkeit P = 5 t.
Die in Rechnung zu stellende Masse beträgt m = 400 kg.

Beispiel 12.13 Einträger-Brückenkran

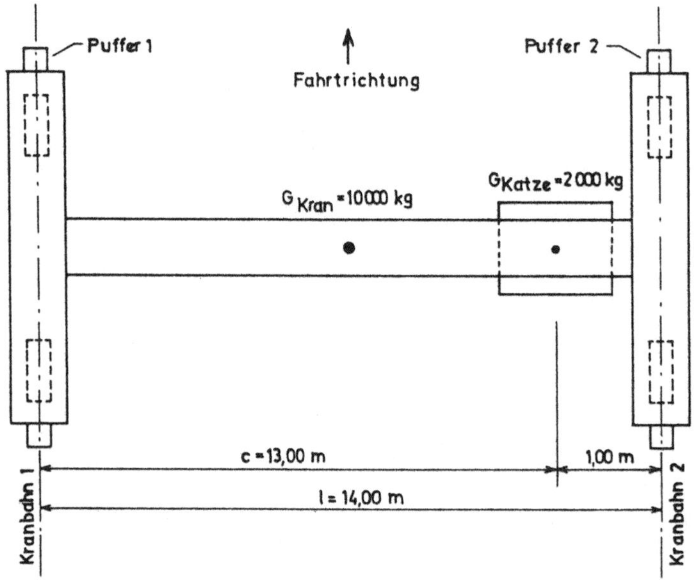

Bild 12.20 Ermittlung der abzustoppenden Masse (Eigengewicht) durch die Puffer

Bei dieser Katzstellung entsteht die maximal abzustoppende Masse auf der Kranbahn 2. Sie beträgt:

$$m = \frac{G_{Kran}}{4} + G_{Katze} \cdot \frac{c}{\ell} \qquad (12.70)$$

$$= \frac{10000\ kg}{4} + 2000\ kg \cdot \frac{13\ m}{14\ m} = 4357\ kg$$

c) Weg

Je größer der Weg ist, um eine Masse "m" abzustoppen, desto kleiner wird die Pufferkraft.

Die Wegstrecke kann bestimmt werden über die Auswahl des Puffers und über die Pufferanordnung, d.h. ob an der Kontaktstelle ein oder zwei Puffer angeordnet werden.

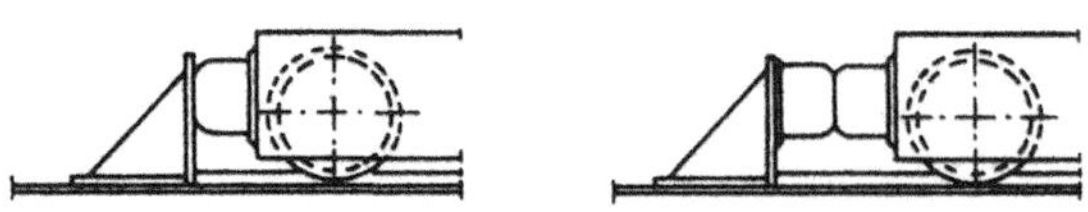

a) Einfachpuffer b) Doppelpuffer

Bild 12.21 Anordnung der Puffer

d) Bewegungsenergie (kinetische Energie) der abzustoppenden Masse

In der abzustoppenden Masse m mit der Geschwindigkeit v steckt eine bestimmte Bewegungsenergie E (kinetische Energie) /59/. Sie hat die Größe:

$$E = \frac{1}{2} m \cdot v^2 \qquad (12.71)$$

Bewegen sich zwei Krane mit den Massen m_1 und m_2 mit den Geschwindigkeiten v_1 und v_2 aufeinander zu, so errechnet sich die Bewegungsenergie E (kinetische Energie):

$$E = \frac{m_1 \cdot m_2 \, (v_1 + v_2)^2}{2 \, (m_1 + m_2)} \qquad (12.72)$$

e) Aufnehmbare Energie der Puffer und Pufferendkraft

Diese so errechnete Energie E muß von den Puffern aufgenommen werden können. Ist nur ein Puffer vorgesehen, dann von diesem einen, sind zwei gleiche Puffer vorgesehen, dann von jedem Puffer jeweils die halbe Energie.

Unterschiedliche Pufferkonstruktionen und unterschiedliche Pufferabmessungen sollten an einem Pufferstoß vermieden werden. Ist dies nicht möglich, so müssen die aufnehmbaren Energien den Pufferkennlinien der Hersteller entnommen werden /56/.
Ein Beispiel für unterschiedliche Puffergrößen wurde in /42/ behandelt.
Genauere Untersuchungen über den Pufferstoß wurden in /57/ veröffentlicht.

Nach dieser aufzunehmenden Energie werden die Puffer dimensioniert, bzw. für den Einsatz an der betreffenden Stelle vom Konstrukteur ausgewählt. Diese aufzunehmende Energie ist nicht zu verwechseln mit der "absorbierenden" Energie des Puffers aus den unterschiedlichen Kraft-Wege-Verläufe beim Zusammendrücken und beim Entspannen des Puffers. Maßgebend ist hier nur die aufnehmbare Energie beim Zusammendrücken des Puffers.

Bei den Stößen, die vom Hebezeug herrühren, gelten folgende Werte (s. Bild 12.22 und Tab. 12.6 sowie Bild 12.23 und Tab. 12.7).

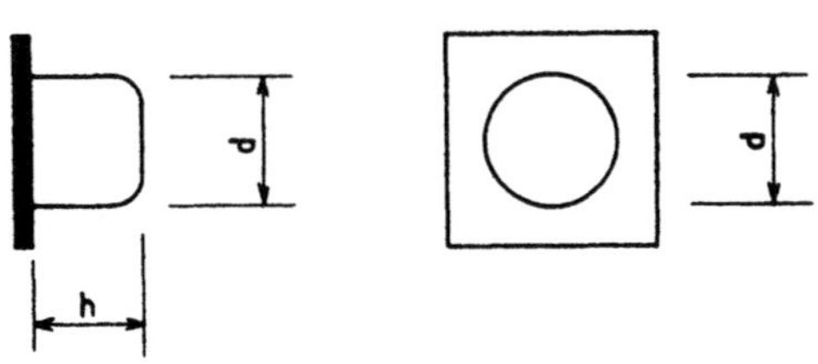

Bild 12.22 Gummipuffer

Tabelle 12.6 Abmessung, Energieaufnahme und Pufferendkräfte bei Gummipuffern

Nenngröße d mm	Energieaufnahme eines Puffers Nm	h mm	max. Federweg f mm	Pufferendkraft P_p kN
40	50	32	16	10
50	100	40	20	16
63	200	50	25	25
80	400	63	32	40
100	800	80	40	63
125	1600	100	50	100
160	3200	125	63	160
200	6300	160	80	250
250	12500	200	100	400

Weitere Daten können bei den Herstellern angefragt werden.

Bei Gummipuffern beträgt der maximale Federweg $f \cong 0{,}5 \cdot h$ (12.73)

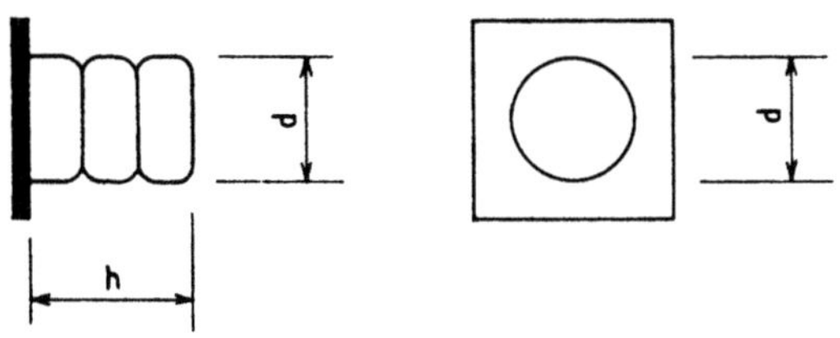

Bild 12.23 Zellstoffpuffer

Tabelle 12.7 Abmessung, Energieaufnahme und Pufferendkraft bei Zellstoffpuffern

Nenngröße d mm	Energieaufnahme eines Puffers Nm	h mm	max. Federweg f mm	Pufferendkraft P_p kN
80	280	80	56	24
100	560	100	70	40
125	1120	125	87	63
160	2200	160	102	100
200	4400	200	140	160
250	8920	250	175	260
315	17700	315	220	430
400	39760	400	280	660
500	70400	500	350	1055
600	120600	600	420	1440

Weitere Daten können bei den Herstellern angefordert werden.

Der maximale Federweg f bei Zellstoffpuffer beträgt $f \cong 0{,}7 \cdot h$ (12.74)

Bei der Weiterberechnung der Pufferkräfte müssen bei den Spannungsnachweisen die Pufferkräfte mit einem Schwingbeiwert ϕ_P nach Tab. 12.8 vervielfacht werden, z.B. beim Nachweis der Endanschläge und deren Verbindungsmittel mit der Kranbahn.

Tabelle 12.8 Schwingbeiwert ϕ_P

Fläche unter der Pufferkennlinie etwa	Schwingbeiwert ϕ_P Kran	Katze
Dreieck z.B. Gummipuffer, Zellstoffpuffer, Ringfederpuffer*)	1,25	1,35
Viereck z.B. Elastomerpuffer*) Hydraulikpuffer*)	1,50	1,60

*) siehe /57/

f) Beispiele

Beispiel 12.14 Weiterführung Beispiel 12.12

Die Nenngeschwindigkeit soll betragen v = 12,5 m/min

$$v_{Rechnung} = 100\,\% \cdot V = 12{,}5\ \frac{m}{min} = \frac{12{,}5}{60}\ \frac{m}{sec} = 0{,}208\overline{3}\ \frac{m}{sec}$$

Die Bewegungsenergie der Katze mit der Masse m = 400 kg beträgt:

$$E = \frac{1}{2} \cdot 400\ kg \cdot 0{,}208^2 \left(\frac{m}{sec}\right)^2 = 8{,}68\ kg\ \frac{m}{sec^2}\ m = 8{,}68\ Nm = 8{,}68\ J$$

$$1\ N = 1\ \frac{m\ kg}{sec^2}$$

$$1\ Nm = 1\ Joule$$

Diese Bewegungsenergie muß von dem Puffer aufgenommen werden können.

Gewählt lt. Tab. 12.6: Nenngröße d = 40 mm.

Die aufnehmbare Energie dieses Puffers beträgt 50 Nm. Dabei beträgt die Pufferendkraft P_p = 10 kN bei einem max. Federweg von f = 16 mm.

Vereinfacht kann jetzt die tatsächliche Pufferkraft wie folgt ermittelt werden:

Es wird eine lineare dreieckförmige Kennlinie angenommen, dann kann nach dem Strahlensatz ermittelt werden:

$$P_{vorh} = P_P\ \frac{E_{vorh}}{E_{max}} = 10\ kN \cdot \frac{8{,}68\ Nm}{50\ Nm} = 1{,}74\ kN \qquad (12.75)$$

Liegen zu den gewählten Puffern die nicht linearen Kennlinien vor, so kann die tatsächliche Pufferkraft genauer gerechnet werden.

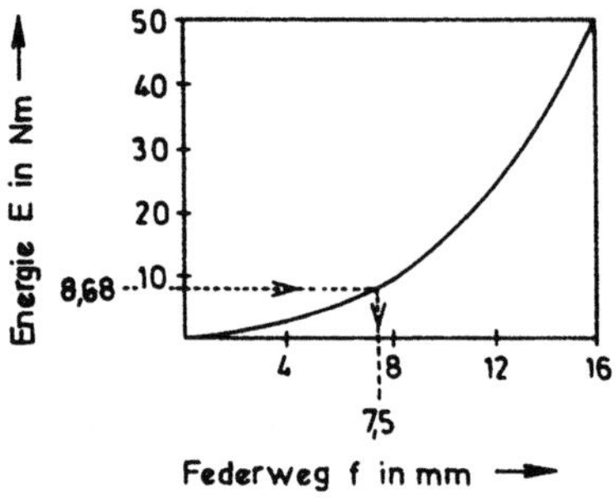

Bild 12.24 Energie-Weg-Diagramm

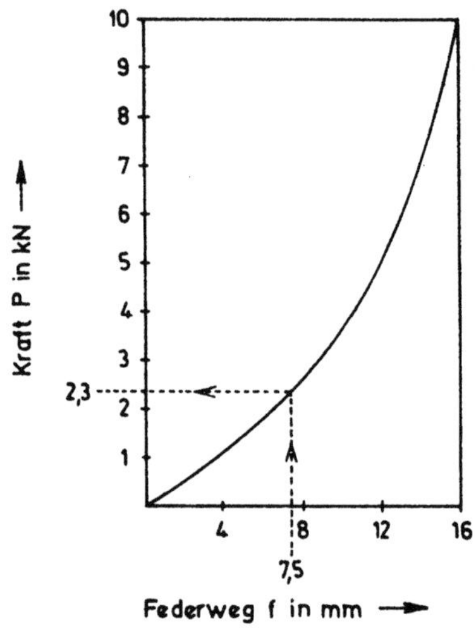

Bild 12.25 Kraft-Weg-Diagramm

Die Pufferkraft P_{vorh} beträgt demnach P_{vorh} = 2,3 kN.

Beispiel 12.15 Weiterführung des Beispiels 12.13 Einträger-Brückenkran.
Die Geschwindigkeit soll betragen v = 40 m/min

$$v_{Rechnung} = 85\ \% \cdot V = 0{,}85 \cdot 40 = 34\ \frac{m}{min} = 0{,}566\ \frac{m}{sec}$$

$$m = 4357\ kg$$

$$E = \frac{1}{2} \cdot 4357 \cdot 0{,}566^2 = 697{,}9\ Nm$$

gewählt nach Tab. 12.22 und Tab.12.23:

1 Stück Gummipuffer Nenngröße d = 100 mm
oder 2 Stück Gummipuffer Nenngröße d = 80 mm
oder 1 Stück Zellstoffpuffer Nenngröße d = 125 mm
oder 2 Stück Zellstoffpuffer Nenngröße d = 100 mm

Für die Weiterberechnung des Beispiels werden 2 Stück Gummipuffer mit den Nenngrößen d = 80 mm berücksichtigt:

die Pufferendkraft beträgt P_P = 40 kN

$$P_{vorh} = 40\ \text{kN} \cdot \frac{\frac{697{,}9}{2}\ \text{Nm}}{400\ \text{Nm}} = 34{,}9\ \text{kN}$$

Der dynamische Schwingbeiwert ϕ_P nach Tab. 12.8 beträgt ϕ_P = 1,35.

Für die Berechnung des Schraubenanschlusses muß mit einer Pufferkraft gerechnet werden von(s. Bild 12.26)·

$$P = \phi_P \cdot P_{vorh} \qquad (12.76)$$

$$= 1{,}35 \cdot 34{,}9\ \text{kN} = 47{,}1\ \text{kN}$$

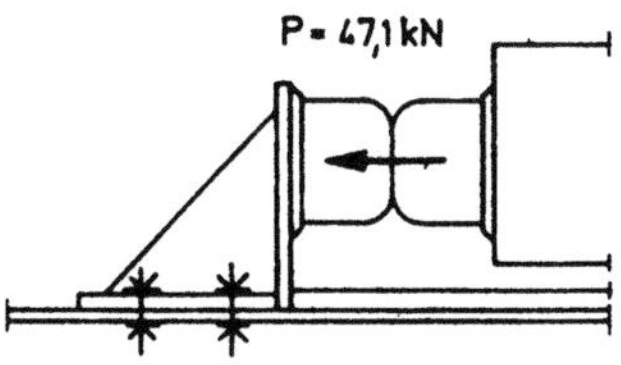

Bild 12.26 Pufferkraft für weitere Spannungsnachweise

12.6.2 Sonderlasten Krane - Prüflasten

Grundsätzlich unterscheidet man bei diesen hier behandelten Krananlagen, für die kein Standsicherheitsnachweis geführt werden muß, zwischen:

kleine Prüflast:	Pk = 1,25 · P	für die Hubklassen H1 und H2
große Prüflast:	Pg = 1,33 · P	
(nach besonderer Vereinbarung)	Pg = 1,50 · P	für die Hubklassen H3 und H4

P = Nenntragfähigkeit

Die Unfallverhütungsvorschriften für Krane /6/ verlangen bei der Sachverständigenprüfung eine Belastung des Krans mit der 1,25-fachen Nenntragfähigkeit und zwar unabhängig von der Hubklasse. Deshalb reicht der Spannungsnachweis in den meisten Fällen mit der kleinen Prüflast aus, ausgenommen es werden andere Prüfungen z.Zt. der Bestellung vereinbart.

Die Prüfungen mit der Probelast erfolgen nach ganz bestimmten Regeln, die auch bei der Berechnung der Spannungen berücksichtigt werden dürfen. Alle zulässigen Bewegungen des Krans erfolgen nacheinander. Die nächste Bewegung darf erst eingeleitet werden, wenn die Schwingungen aus der vorhergehenden Bewegung abgeklungen sind. Das bedeutet, daß der Hublastbeiwert und der Eigenlastbeiwert nicht gleichzeitig bei der Spannungsermittlung infolge Sonderlasten berücksichtigt werden muß.

Für die Spannungsermittlung mit der kleinen Prüflast darf der Hublastbeiwert ψ_H reduziert werden auf

$$\psi_{H,P} = \frac{1 + \psi_H}{2} \qquad (12.77)$$

Die zulässigen Spannungen dürfen mit

$$\sigma_{zul,S} = 1{,}1 \cdot \sigma_{HZ} \qquad (12.78)$$

ermittelt werden.

12.7 Sonderlasten Kranbahnen

12.7.1 Sonderlasten Kranbahnen - Anprall von Kranen gegen Anschläge

Die Sonderlasten, welche auf die Kranbahn und ihre Unterstützungen einwirken, sind ohne den dynamischen Beiwert nach Tab. 12.8 in Ansatz zu bringen. Die Anprallasten werden entsprechend Kap. 12.6.1 berechnet.

$$\sigma_{zul,S} = 1{,}1 \cdot \sigma_{zul\ HZ} \qquad (12.79)$$

Bei mehreren Kranen auf einer Kranbahn, braucht nur die Anprallast des ungünstigsten Krans berücksichtigt werden. Bei der Ermittlung der Schnittkräfte wirken gleichzeitig nur die Hauptlasten (keine Zusatzlasten) und die Sonderlasten auf die Kranbahn ein.

13. Schnittkräfte

Die Verfahren der Schnittkraftermittlung werden als bekannt vorausgesetzt. Die Art der Ermittlung der Schnittkräfte ist freigestellt.

Neben der elektronischen Schnittkraftermittlung ist die Ermittlung mit Einflußlinien für statisch unbestimmte Tragwerke (siehe /74/ und /75/) und mit tabellierten Formeln (siehe /1/) für statisch bestimmte Systeme üblich.
Sinnvoll ist es, die Schnittkräfte getrennt nach den Lastfällen H, HZ und HZS zu ermitteln (siehe Tab. 12.1). Dabei sind die Lasten aus Kap. 12 so zu verwenden, daß deutlich erkennbar wird, ob die Last bereits mit einem dynamischen Beiwert (Hublastbeiwert, Schwingbeiwert oder Eigenlastbeiwert) vervielfacht wurde oder nicht. Das gleiche gilt für die errechneten Schnittkräfte.
Als vorteilhaft hat sich folgende Indexverwendung herausgestellt, welche hier als Beispiel erläutert wird:

Beispiel 13.1

$M_{y(g)}$
- M = Moment
- y = 1. Index, bedeutet, um welche Achse dieses Moment wirkt, hier um die Achse y
- (g) = Herkunft des Momentes, hier infolge Eigengewicht ohne Beiwerte

$Q_{z(R)}$
- Q = Querkraft
- z = 1. Index Wirkungsrichtung der Querkraft, hier in Richtung der z-Achse
- (R) = Herkunft der Querkraft, hier infolge der Radlasten ohne Beiwerte

$Q_{z,(R\phi S)}$ = die Bedeutung ist wie beim obigen Beispiel; bei der Herkunft ( ) ist erkennbar, daß die Querkraft bereits mit dem Schwingbeiwert ϕ_S multipliziert wurde;

$M_{x(HM)}$
- M = Moment
- x = 1. Index, bedeutet um welche Achse dieses Moment wirkt, hier um die x-Achse, d.h. dieses Moment ist ein Torsionsmoment
- (HM) = Herkunft, hier Horizontalkraft infolge Massenbeschleunigung ohne Beiwerte.

Die Bezeichnung der Achsen sollte der DIN 1080 entsprechen. Es muß darauf hingewiesen werden, daß sowohl DIN 15018 als auch DIN 4132 dies leider nicht konsequent anwenden.

Bei der Schnittkraftermittlung müssen besonders bei statisch unbestimmten Tragwerken folgende Werte errechnet werden:

a) die Stelle des maximalen Momentes
 - maximales Moment
 - und an dieser Stelle das dazugehörige
  min Moment
  max Q
  min Q

b) die Stelle des minimalen Momentes
 - minimales Moment
 - und an dieser Stelle das dazugehörige
  max Moment
  max Q
  min Q

c) die Stelle der maximalen Querkraft
 - maximale Querkraft
 - und an dieser Stelle das dazugehörige
  min Q
  max M
  min M

d) die Stelle der minimalen Querkraft
 - minnimale Querkraft
 - und an dieser Stelle das dazugehörige
  max Q
  max M
  min M

Bei der Ermittlung dieser Schnittkräfte ist zu berücksichtigen, daß die Lasten in ihrer Größe entsprechend der angehängten Last und außerdem in ihrer Wirkung auf das Tragwerk (Wanderlasten) variieren können. Dies macht die Schnittkraftermittlung gegenüber Tragwerken mit vorwiegend ruhender Beanspruchung erheblich aufwendiger und schwieriger.

Die Schnittkraftermittlung reicht in der Regel aus, um den Betriebsfestigkeitsnachweis mit dem ungünstigsten κ-Wert zu führen. Dieser κ-Wert wird in DIN 4132 und DIN 15018 als $\varkappa$-Wert bezeichnet.

14. Spannungen

Aus den in Kap. 13 ermittelten Schnittkräften werden die Spannungen ebenfalls wieder getrennt nach den Lastfällen ermittelt. In der Regel wird hierbei die Elastizitätstheorie für den allgemeinen Spannungsnachweis verwendet. Dies ist bei Kranen zwingend vorgeschrieben.
Bei Kranbahnen darf auch nach dem Traglastverfahren gemäß DASt 008 "Richtlinien für die Anwendung des Traglastverfahrens im Stahlbau" gerechnet werden. (Das Traglastverfahren ist auf der Plastizitätstheorie aufgebaut /62/). Dies ist erlaubt, obwohl

a) das Traglastverfahren nur für vorwiegend ruhende Beanspruchung zugelassen ist und die Beanspruchung von Kranbahnen gemäß DIN 1055 zweifelsfrei zu den nicht vorwiegend ruhenden Beanspruchungen zählt;
b) mit dem Traglastverfahren die lokalen Spannungen (siehe Kap. 14.4) nicht erfaßt werden.

Es muß darauf hingewiesen werden, daß Kranbahnen mit großer Beanspruchung und großer Spannweite nach anderen Kriterien als nach den Spannungen dimensioniert werden. Hier sind meistens die Durchbiegungen bzw. die Eigenfrequenzen, das Beulen und die Betriebsfestigkeiten die entscheidenden Punkte, nach denen die Dimensionierung der Profile vorgenommen werden müssen.

14.1 Spannungen infolge vertikaler Lasten

- Spannungen infolge Biegung M_y und Schubspannungen infolge Querkraft Q_z, siehe Bilder 14.1 und 14.2.

In aller Regel greifen die vertikalen Lasten in der vertikalen z-Achse an. Die z-Achse ist eine Hauptachse.

Die Bezeichnungen der Spannungen sollte nach DIN 1080 erfolgen.
Siehe hierzu auch /1/, /35/, /65/ und /78/.
Die Spannungsermittlung (σ und τ) unterscheidet sich nicht von der Spannungsermittlung im Stahlbau.

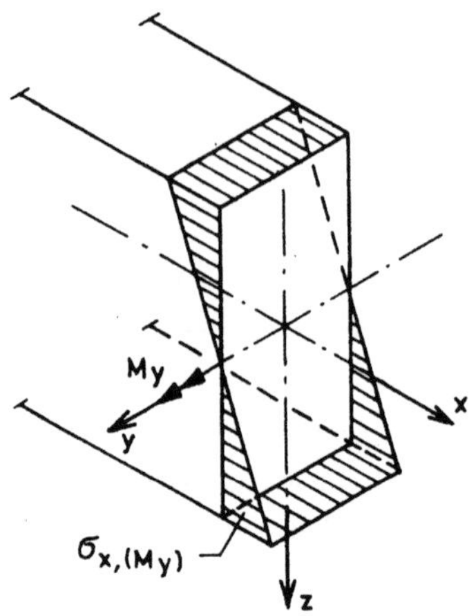

Bild 14.1 Biegespannungen

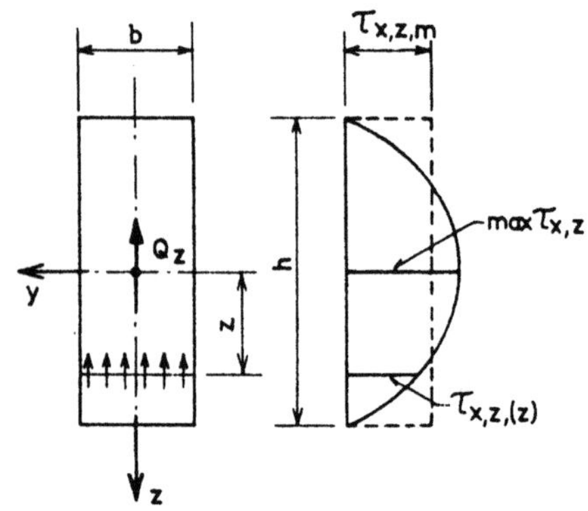

Bild 14.2 Schubspannungen

$$\sigma_{x,(M_y)} = \frac{M_y}{W_y} \qquad (14.1)$$

$$W_y = \frac{J_y}{z} \qquad (14.2)$$

$$\tau_{x,z} = \frac{Q_z \cdot S_y}{J_y \cdot b} \qquad (14.3)$$

Hierin bedeutet

$\sigma_{x,(M_y)}$	= Spannung in Richtung der x-Achse infolge M_y
M_y	= Moment um Achse y
z	= betrachteter Abstand in z-Richtung, gemessen von der y-Achse
Q_z	= Querkraft in z-Richtung
$\tau_{x,z}$	= Schubspannung in der Flächennormale der x-Achse, in z-Richtung wirkend
b	= Breite
W_y	= Widerstandsmoment
J_y	= Flächenmoment 2. Grades (Trägheitsmoment), bezogen auf die y-Achse
S_y	= Flächenmoment 1. Grades in bezug auf die y-Achse

Bei U- und I-Querschnitten kann mit genügender Genauigkeit gerechnet werden:

$$\tau_{x,z} = \frac{Q_z}{A_{Steg}} \qquad (14.4)$$

Hierin bedeutet:

A_{Steg} = Stegfläche bei U- und I-Querschnitten

Greifen die vertikalen Lasten nicht in der z-Achse an, treten zusätzliche Torsionsmomente auf (siehe Kap. 14.3). Dies kommt vor z.B. bei Kranbahnen der Beanspruchungsgruppe B4 bis B6 (siehe Kap. 14.4.2.2) oder bei planmäßigen Exzentrizitäten an Kranbrücken.

14.2 Spannungen infolge horizontaler Lasten

- Spannungen infolge Biegung M_z und Schubspannungen infolge Querkraft Q_y, siehe Bilder 14.3 und 14.4.

In aller Regel greifen diese Lasten nicht im Schubmittelpunkt an, so daß sie außer Biegemomente auch Torsionsmomente (siehe Kap. 14.3) erzeugen.

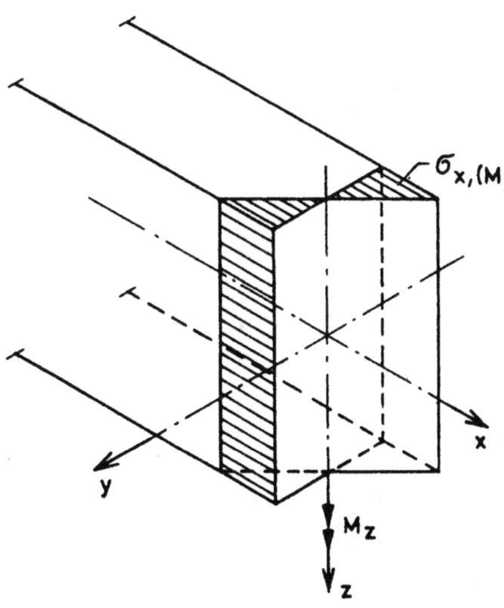

Bild 14.3 Biegespannung

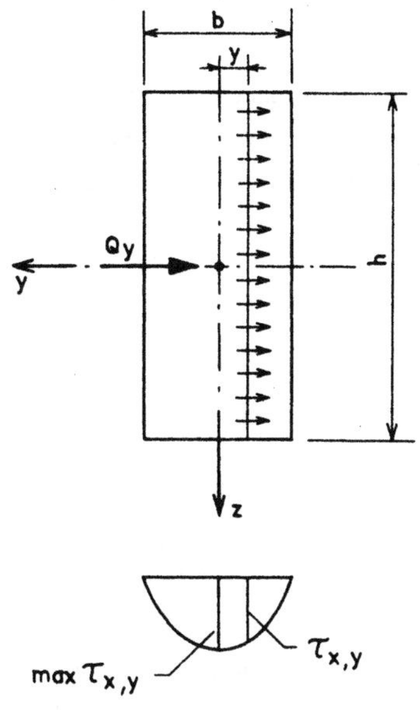

Bild 14.4 Schubspannung

$$\sigma_{x,(M_z)} = \frac{M_z}{W_z} \qquad (14.5)$$

$$W_z = \frac{J_z}{y} \qquad (14.6)$$

$$\tau_{x,y} = \frac{Q_y \cdot S_z}{J_z \cdot h} \qquad (14.7)$$

Hierin bedeutet

$\sigma_{x,(M_z)}$	= Spannung in x-Richtung infolge Moment M_z
M_z	= Moment um Achse z
y	= betrachteter Abstand zum Querschnitt in y-Richtung, gemessen von der z-Achse
$Q_{y(\,)}$	= Querkraft in der y-Achse; in der Klammer kann die Herkunft der Querkraft vermerkt werden
W_z	= Widerstandsmoment
J_z	= Flächenmoment 2. Grades (Trägheitsmoment) um die z-Achse
$\tau_{x,y(\,)}$	= Schubspannung in der Flächennormale der x-Achse in y-Richtung wirkend
S_z	= Flächenmoment 1. Grades bezogen auf die z-Achse
h	= Höhe des Profiles am betrachteten Querschnitt

Diese Schubspannungen werden meist wegen Geringfügigkeit vernachlässigt. Die Querkraft Q_y wird im Bereich der Auflager durch die vorhandene Gabellagerung in das Gebäude weitergeleitet.

14.3 Spannungen infolge Torsion

14.3.1 Spannungen infolge Torsion - allgemeines

Als Torsion bezeichnet man ganz allgemein die Verdrehung eines Stabes um seine Längsachse (x-Achse). Diese tritt immer dann auf, wenn die Wirkungslinie der Belastung nicht durch den Schubmittelpunkt M des Querschnitts geht. Die Größe des Torsionsmomentes beträgt (s. Bild 14.5):

$$M_T = H \cdot a \qquad (14.8) \text{ oder}$$

$$M_T = V \cdot a \qquad (14.8a)$$

Als Verwölbung bezeichnet man eine Verschiebung u senkrecht zur Querschnittsebene in Richtung der Stabachse (x-Achse). Eine ausführliche Definition finden Sie in /17/ und /35/.

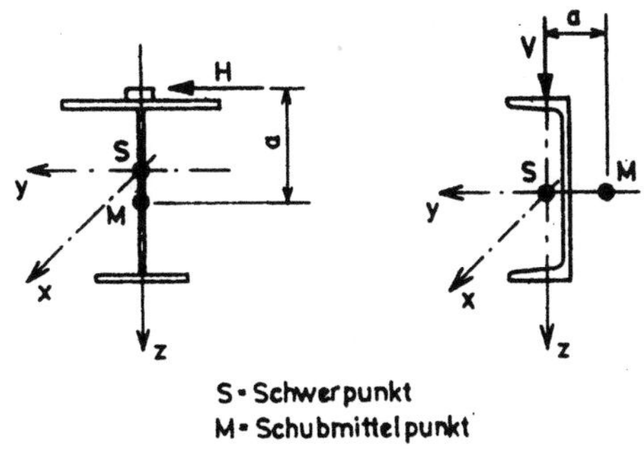

Bild 14.5

14.3.2 Spannungen infolge Torsion- St. Venant-Torsion und Wölbkrafttorsion

An den Auflagern wird eine Gabellagerung vorausgesetzt. Die Gabellagerung gewährleistet die Aufnahme der Torsionsmomente bei gleichzeitiger freier Verwölbung der Endquerschnitte.

Torsion

a) St.Venant-Torsion b) Wölbkrafttorsion

a) St.Venant-Torsion:

$$\text{Dg}\ell.: \quad M_T^{St.V} = G \cdot J_T \cdot \phi' \qquad (14.9)$$

b) Wölbkrafttorsion:

$$\text{Dg}\ell.: \quad M_T^{W} = -E \cdot C_M \cdot \phi''' \qquad (14.10)$$

Die Dgℓ. für die gesamte Torsion lautet:

$$M_T = M_T^{St.V} + M_T^{W} \qquad (14.11)$$

$$M_T = G \cdot J_T \cdot \phi' - E \cdot C_M \cdot \phi'''$$

hierin bedeutet: G, J_T, E, C_M siehe Kap. 14.3.3; ϕ = Drehwinkel um x-Achse

14.3.2.1 St. Venant-Torsion

Alle Querschnitte eines Stabes können sich ungehindert verwölben (wölbfreie Querschnitte siehe Kap. 14.3.2.2). Der Stab wird nur durch Schubspannungen τ beansprucht (primäre Schubspannungen), und es treten keine Normalspannungen σ_x auf.

14.3.2.2 Wölbkrafttorsion

Die Querschnitte des Stabes können sich nicht ungehindert verwölben (nicht wölbfreie Querschnitte siehe folgende Seite). Der Stab wird durch zusätzliche Normalspannungen σ_x beansprucht.

Bei der Wölbkrafttorsion wird die Biegesteifigkeit $E \cdot J_z$ des Trägers in Anspruch genommen, um einen Teil des Torsionsmomentes M_T aufzunehmen.

Zentrale Bedeutung bei Torsionsbeanspruchung eines Stabes kommt dem Querschnitt zu:

- wölbfreie Querschnitte: z.B. ○ ● ▯
- quasi wölbfreie Querschnitte: z.B. T L II
- nicht wölbfreie Querschnitte: z.B. I [

Weitere Beispiele finden sich in /33/.
Für bestimmte Fälle ist eine Berechnung nach der Theorie der Wölbkrafttorsion nicht erforderlich, vergl. /33/.

1. Stäbe mit wölbfreien oder quasi wölbfreien Querschnitten erfüllen immer die Voraussetzungen der St. Venant-Torsionstheorie, sofern nicht konstruktiv eine andere Drehachse (Zwangsdrillachse) als die Schubmittelpunktachse vorgegeben wird.
2. Dünnwandige geschlossene Querschnitte verwölben sich zwar unter Torsion, aber die Verwölbungen sind relativ klein. Auf Grund der großen St. Venant-Torsionssteifigkeit GI_T bleibt die Abtragung der Torsionsmomente über Wölbschubspannungen vernachlässigbar klein. Wölbnormalspannungen $\tilde{\sigma}_x$ treten nur dort örtlich stark begrenzt auf, wo die Verwölbungen behindert werden. Im allgemeinen ist daher eine Berechnung geschlossener, dünnwandiger Profile nach der Theorie der Wölbkrafttorsion nicht erforderlich.
   Dabei sind allerdings die Grenzfälle zu beachten, in denen der Querschnitt so dünnwandig ist und dabei Querschnittsverformungen zusätzlich zu berücksichtigen sind.

14.3.3 Beispiel zum Vorgehen bei der Spannungsermittlung infolge Torsionsbeanspruchung

Wie bereits erwähnt, setzt sich die gesamte Torsionsbeanspruchung M_x zusammen aus einem Anteil der St. Venant-Torsion $M_x^{St.V}$ und einem Anteil der Wölbkrafttorsion M_x^W. Es gilt

$$M_x = M_x^{St.V} + M_x^W \qquad (14.12)$$

Um den Zusammenhang deutlich zu machen, werden zunächst die Verläufe der Torsionsanteile dargestellt, obwohl sie zur eigentlichen Spannungsermittlung nicht benötigt werden. Die Formel für die verschiedene Lastfälle finden sich in /33/, /98/

und /67/. Bei /67/ ist darauf zu achten, daß die alte Bezeichnung Sin der Hyperbel-funktion sinh entspricht.

System und Belastung:

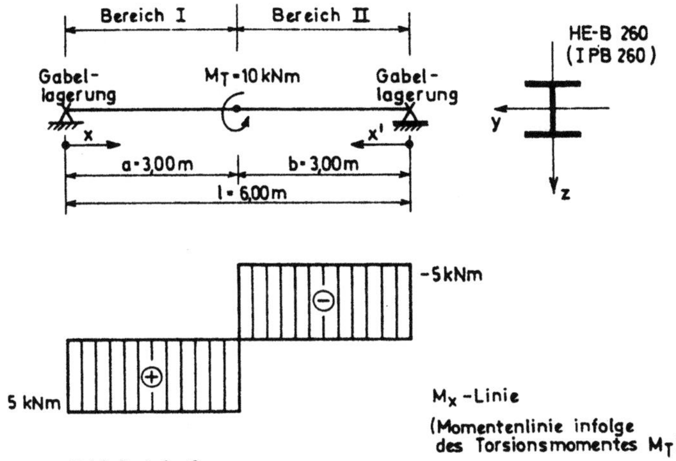

Bild 14.6

Werkstoff und Querschnittswerte:

E	=	21000 kN/cm²	(E-Modul)
G	=	8100 kN/cm²	(Schubmodul)
J_T	=	124 cm⁴	(Torsionsträgheitsmoment)
C_M	=	753700 cm⁶	(Wölbwiderstand)
λ	=	0.00797 cm⁻¹	
w_m	=	158 cm²	(Hauptverwölbung)

$$\lambda = \frac{G \cdot J_T}{E \cdot C_M} \quad \text{(Abklingfaktor)} \qquad (14.13)$$

1.Anteil der St. Venant-Torsion:

Bereich I:

$$M_x^{St.V}(x) = M_T \cdot \left(\frac{b}{\ell} - \frac{\sinh(\lambda \cdot b)}{\sinh(\lambda \cdot \ell)} \cdot \cosh(\lambda \cdot x) \right) \qquad (14.14)$$

Bereich II:

$$M_x^{St.V}(x') = M_T \cdot \left(-\frac{a}{\ell} + \frac{\sinh(\lambda \cdot a)}{\sinh(\lambda \cdot \ell)} \cdot \cos(\lambda \cdot x') \right) \qquad (14.15)$$

$$M_x,\ M_T\ [\mathrm{kNm}]; \quad \lambda \left[\frac{1}{\mathrm{cm}}\right]; \quad b, \ell, a, x\ [\mathrm{cm}]$$

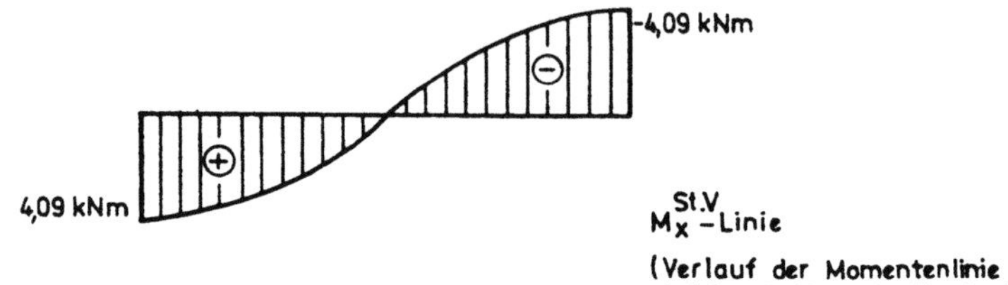

Bild 14.7

Die Torsionsspannungen aus der St. Venant-Torsion werden als primäre Torsionsspannungen τ_P bezeichnet.

<u>Berechnung der Spannungen infolge St. Venant-Torsion (Torsionsspannungen)</u>

Das St.-Venant-Torsionsmoment wird entsprechend den Einzeltorsionsträgheitsmomenten auf Flansche und Steg verteilt.

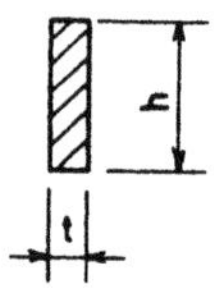

$$J_T = \alpha \cdot t^3 \cdot h \qquad (14.16)$$

$$W_T = \beta \cdot t^2 \cdot h \qquad (14.17)$$

Für schlanke Rechtecke, wie sie bei I-Trägern vorliegen gilt:

$$\alpha = \beta = 0{,}333$$

$$J_T^{Fl} = 0{,}333 \cdot 1{,}75^3 \cdot 26 = 46{,}4 \text{ cm}^4$$

$$J_T^{St} = 0{,}333 \cdot 1{,}00^3 \cdot 26 = 8{,}7 \text{ cm}^4$$

$$W_T^{Fl} = 0{,}333 \cdot 1{,}75^2 \cdot 26 = 26{,}5 \text{ cm}^3$$

$$W_T^{St} = 0{,}333 \cdot 1{,}00^2 \cdot 26 = 8{,}7 \text{ cm}^3$$

$$J_T = 2 \cdot J_T^{Fl} + J_T^{St} \qquad (14.18)$$

$$= 2 \cdot 46{,}4 + 8{,}7 = 101{,}5 \text{ cm}^4 < 124 \text{ cm}^4$$

siehe /1/, da die Ausrundungen zwischen Steg und Flansch nicht berücksichtigt sind;

J_T^{Fl} = Torsionsträgheitsmoment Flansch

J_T^{St} = Torsionsträgheitsmoment Steg

Anteil Flansche: $2 \cdot \frac{46{,}4}{101{,}5} \cdot 100\ \% = 91{,}4\ \%$

Anteil Steg: $\frac{8{,}7}{101{,}5} \cdot 100\ \% = 8{,}6\ \%$

Torsionsspannungen (St.Venant) primäre Torsionsspannungen τ_P:

$$\tau_P = \frac{M_x^{St.V}}{W_T} \qquad (14.19)$$

am Auflager: $\tau_{P,Fl} = \frac{0{,}457 \cdot 409}{26{,}5} = 7{,}05 \text{ kN/cm}^2$

$$\tau_{P,St} = \frac{0{,}086 \cdot 409}{8{,}7} = 4{,}04 \text{ kN/cm}^2$$

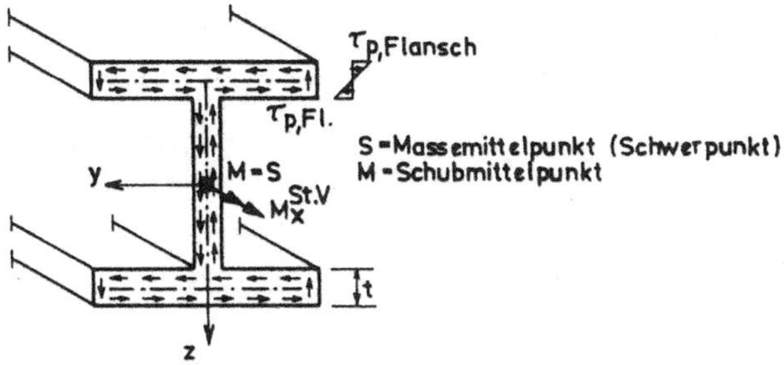

Bild 14.8 Primäre Torsionsspannungen τ_p

2. Anteil der Wölbkrafttorsion:

Bereich I:

$$M_x^w(x) = M_T \cdot \frac{\sinh(\lambda \cdot b)}{\sinh(\lambda \cdot \ell)} \cdot \cosh(\lambda \cdot x) \qquad (14.20)$$

Bereich II:

$$M_x^w(x') = M_T \cdot \left(- \frac{\sinh(\lambda \cdot a)}{\sinh(\lambda \cdot \ell)} \cdot \cosh(\lambda \cdot x') \right) \qquad (14.21)$$

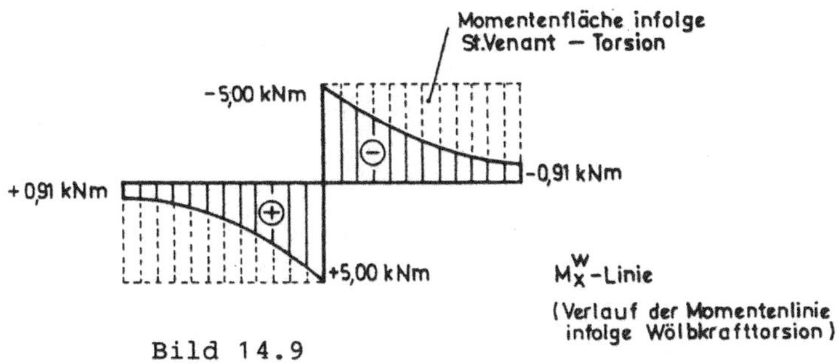

Bild 14.9

Berechnung der Spannungen infolge Wölbkrafttorsion (Wölbspannungen):
Hier wird ebenfalls zur Verdeutlichung der Verlauf des Wölbbimomentes M_w über den gesamten Träger angegeben. Die Formeln entstammen /33/ und /67/.

Bereich I:

$$M_w(x) = \frac{M_T}{\lambda} \cdot \frac{\sinh(\lambda \cdot b)}{\sinh(\lambda \cdot \ell)} \cdot \sinh(\lambda \cdot x) \qquad (14.22)$$

Bereich II:

$$M_w(x') = \frac{M_T}{\lambda} \cdot \frac{\sinh(\lambda \cdot a)}{\sinh(\lambda \cdot \ell)} \cdot \sinh(\lambda \cdot x') \qquad (14.23)$$

Einheiten siehe S. 131.

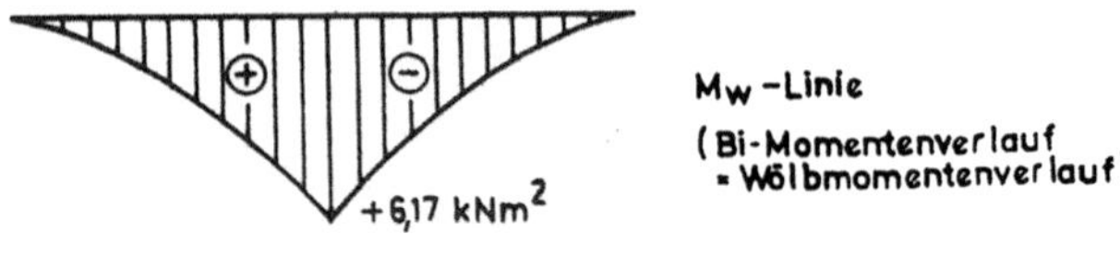

Bild 14.10

$$\text{Wölbnormalspannung:} \quad \sigma_{xx}^{w} = \pm \frac{M_w \cdot w_m}{C_M} \qquad (14.24)$$

$$\sigma_{xx}^{w} = \frac{6,17 \cdot 10^4 \cdot 158}{753700} = 12,9 \text{ kN/cm}^2$$

Hierin bedeutet:

M_w = Bi-Moment

w_m = Hauptverwölbung, Einheitsverwölbung; in /65/ auf S. 8.15 tabelliert (dort mit W_M) bezeichnet), siehe auch /35/;

C_M = Wölbwiderstand

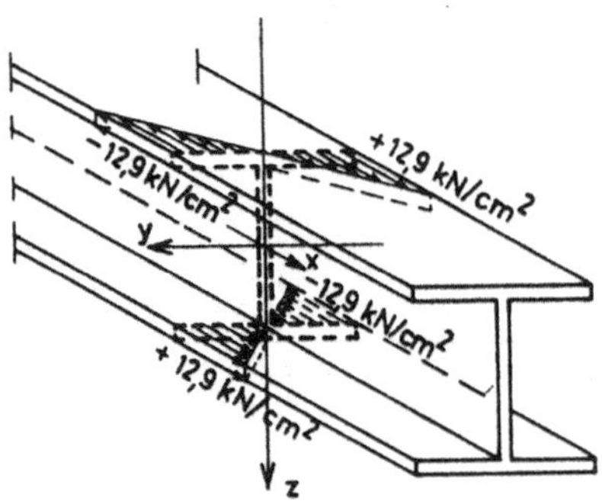

Bild 14.11 Spannungsbild der Wölbnormalspannung

Aus Gleichgewichtsgründen entstehen in diesem Querschnitt sog. sekundäre Schubspannungen τ_S aus Wölbkrafttorsion bzw. Schubspannungen aus Flanschbiegung.

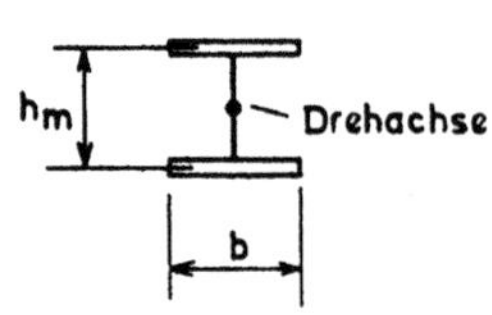

$$\tau_{S(x)} = \frac{M_x^{w}}{C_M \cdot t} \cdot \int_0^{b/2} w_m \cdot dA \qquad (14.25)$$

$$w_m \cong \pm \frac{1}{4} \cdot b \cdot h_m \qquad (14.26)$$

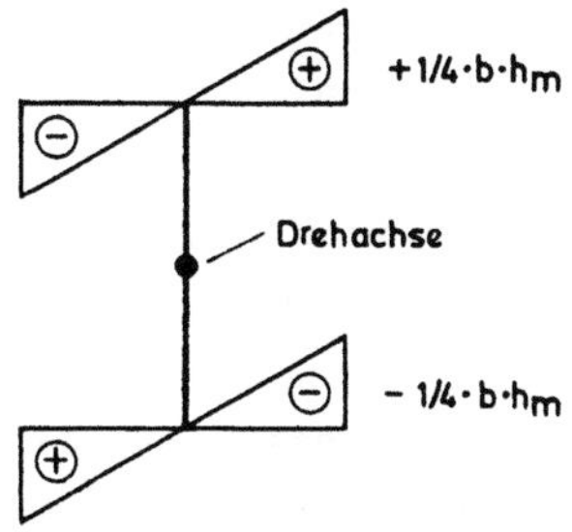

Bild 14.12

bei HE-B 260:

$$w_m = \frac{1}{4} \cdot 26 \cdot (26-1{,}75) = 158 \text{ cm}^2$$

max. sekundäre Schubspannung τ_S infolge Wölbkrafttorsion:

$$\max \tau_S = \frac{500 \text{ kNcm}}{753700 \text{ cm}^6 \cdot 1{,}75 \text{ cm}} \frac{1}{2} \cdot 158 \text{ cm}^2 \cdot 1{,}75 \text{ cm} \frac{26}{2} \text{ cm}$$

$$= 0{,}68 \text{ kN/cm}^2$$

Die max. sekundäre Schubspannung τ_S besitzt ähnlich der Schubspannung aus Querkraft ein parabelförmiges Anwachsen (s. Bild 14.13) zur Flanschmitte hin. Weitere Einzelheiten siehe /35/.

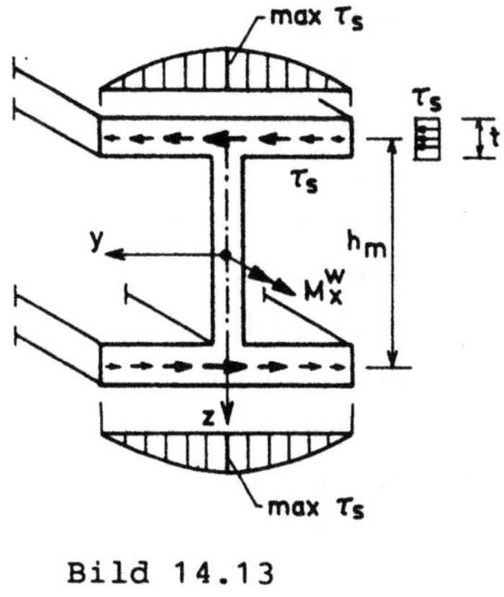

Bild 14.13

Sind sowohl τ_S und τ_P Spannungen in einem Querschnitt vorhanden, werden sie zusammengesetzt.

$$\tau_T = \tau_P + \tau_S \leq \tau_{zul} \qquad (14.27)$$

14.4 Lokale Spannungen - örtlich begrenzte Spannungen infolge Krafteinleitung

Diese Spannungen werden durch Krafteinleitung aus den Laufrädern der Krane oder der Laufkatzen erzeugt. Man unterscheidet zwischen

- Hertzscher Pressung
- Spannungen infolge Radlasteinleitungen am Obergurt
- Spannungen aus örtlicher Trägerbeanspruchung am Unterflansch (Unterflanschabbiegung)

Diese lokalen Spannungen werden den Spannungen am Gesamtsystem überlagert (s. Kap. 15). Die Spannungen am Gesamtsystem werden durch die vertikalen Lasten (Kap. 14.1), die horizontalen Lasten (Kap. 14.2) und die Torsionsbeanspruchung (Kap. 14.3) erzeugt.

Die lokalen Spannungen treten nur in unmittelbarer Umgebung der eingeleiteten Lasten auf (10 cm bis 15 cm). Danach sind die Spannungen bereits wieder abgeklungen. Im Hinblick auf das Traglastverfahren fehlen hier noch genauere Erkenntnisse, wie diese lokalen Spannungen die Traglast beeinflussen. Insbesondere hinsichtlich des Tatbestands, daß diese lokalen Spannungen (nicht vorwiegend ruhend) ständig ihre Lage im System und außerdem ihre Größe infolge der Beanspruchung verändern.

14.4.1 Lokale Spannungen - Hertzsche Pressungen (Berührungspressungen)

Mit der Hertzschen Gleichung lassen sich die Beanspruchungen bis hin zum Berührungsbereich gewölbter Oberflächen bestimmen. Die Druckspannungen sind in der Berührungsfläche nicht an jeder Stelle gleich. Die größte Druckspannung ist immer im Zentrum der Berührungsoberfläche. Die größte Beanspruchung des Materials ist nicht an der Berührungsoberfläche, sondern an dem Punkt, an dem die maximale Spannung max auftritt. An dieser Stelle (2-achsiger Spannungszustand) würde sich beim Nachweis die größte Vergleichsspannung ergeben, siehe hierzu /33/. Üblich ist allerdings, daß die größte Normalspannung nachgewiesen wird. Die zulässigen Werte sind ebenfalls auf die größte Normalspannung bezogen, so daß sich der Nachweis für die Berührungspressung bzw. Hertzsche Pressung erheblich vereinfacht.

Voraussetzung für die Berechnung nach Hertz sind folgende Punkte:

- die Berührungskörper sind aus homogenem, isotropem und elastischem Material
- die Gültigkeit des Hookschen Gesetzes

Tabelle 14.1 Hertzsche Pressung (Berührungspressung)

	F = Gesamtkraft	Versch. Metalle $E_1 \neq E_2$	Gleiche Metalle: $E_1 = E_2 = E$; $\mu_1 = \mu_2 \sim 0,3$				
		Größte Normal-Spannung σ_{HE}	Größte Normal-Spannung σ_{HE}	Radius a der Berührungsfl.	Berührungsfläche A	Schubspannung	im Abstand y_m von der Berührungsfläche
1	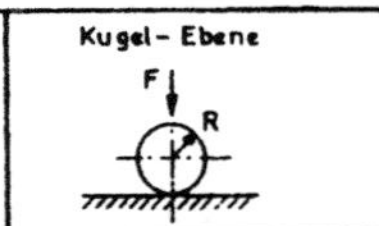	$\sigma_{HE} = -0,578 \sqrt[3]{\frac{F}{R^2 \cdot w^2}}$	$\sigma_{HE} = -0,388 \sqrt[3]{\frac{F \cdot E^2}{R^2}}$	$a = 1,11 \sqrt[3]{\frac{F \cdot R}{E}}$	Kreis $A = \pi \cdot 2a$	$\tau_{max} = 0,31\,\sigma_{HE}$	$y_m = 0,47\,a$
2	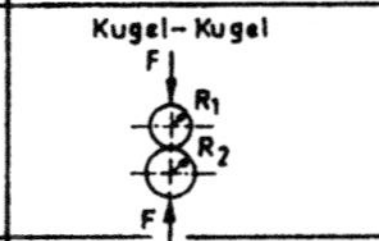	$\sigma_{HE} = -0,578 \sqrt[3]{\frac{F \cdot u^2}{w^2}}$	$\sigma_{HE} = -0,388 \sqrt[3]{F \cdot E^2 (\frac{R_1+R_2}{R_1 \cdot R_2})}$	$a = 1,11 \sqrt[3]{\frac{F}{E}(\frac{R_1 \cdot R_2}{R_1+R_2})}$	Kreis $A = \pi \cdot 2a$	$\tau_{max} = 0,31\,\sigma_{HE}$	$y_m = 0,47\,a$
3	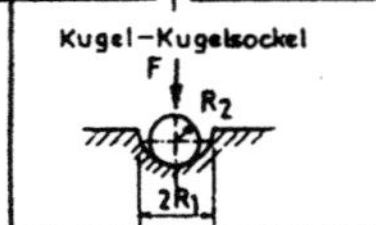	$\sigma_{HE} = -0,578 \sqrt[3]{\frac{F \cdot v^2}{w^2}}$	$\sigma_{HE} = -0,388 \sqrt[3]{F \cdot E^2 \cdot v^2}$	$a = 1,11 \sqrt[3]{\frac{F}{E \cdot v}}$	Kreis $A = \pi \cdot 2a$	$\tau_{max} = 0,31\,\sigma_{HE}$	$y_m = 0,47\,a$
4	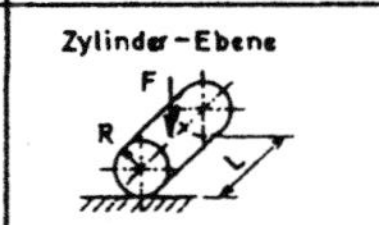	$\sigma_{HE} = -0,564 \sqrt{\frac{F}{R \cdot w \cdot L}}$	$\sigma_{HE} = -0,418 \sqrt{\frac{F \cdot E}{L \cdot R}}$	$a = 1,52 \sqrt{\frac{F \cdot R}{L \cdot E}}$	Rechteck $A = L \cdot 2a$	$\tau_{max} = 0,30\,\sigma_{HE}$	$y_m = 0,79\,a$
5	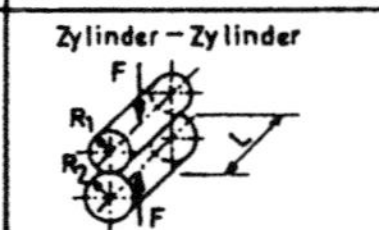	$\sigma_{HE} = -0,564 \sqrt{\frac{F \cdot u}{L \cdot w}}$	$\sigma_{HE} = -0,418 \sqrt{\frac{F \cdot E \cdot u}{L}}$	$a = 1,52 \sqrt{\frac{F}{L \cdot E \cdot u}}$	Rechteck $A = L \cdot 2a$	$\tau_{max} = 0,30\,\sigma_{HE}$	$y_m = 0,79\,a$
6	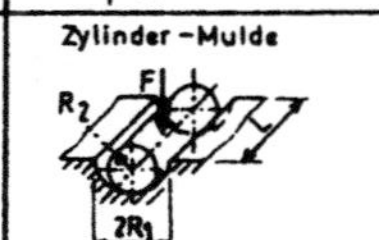	$\sigma_{HE} = -\ 0,564 \sqrt{\frac{F \cdot v}{L \cdot w}}$	$\sigma_{HE} = -0,418 \sqrt{\frac{F \cdot E \cdot v}{L}}$	$a = 1,52 \sqrt{\frac{F}{L \cdot E \cdot v}}$	Rechteck $A = L \cdot 2a$	$\tau_{max} = 0,30\,\sigma_{HE}$	$y_m = 0,79\,a$

Hilfsgrößen: $u = \frac{R_1+R_2}{R_1 \cdot R_2}$; $v = \frac{R_1-R_2}{R_1 \cdot R_2}$; $w = \frac{1-\mu_1^2}{E_1} + \frac{1-\mu_2^2}{E_2}$; μ=Querdehnungszahl

Einheiten: E, σ_{HE}, τ in kN/cm^2; F in kN; R, a, L in cm; A in cm^2

- die Abplattung ist klein im Vergleich zu den Körperabmessungen und den Krümmungsradien
- in der Berührungsfläche treten keine Schubspannungen auf, sondern nur Normalspannungen
- die Berührungsfläche zwischen gewölbten Körpern hat immer die Form einer Ellipse mit den Grenzflächen Rechteck und Kreis.

Die Spannungen können nach Tab.14.1 ermittelt werden. Die Spannungen sind zu vergleichen mit den zulässigen Berührungspressungen der Tab. 14.2. Weiterführende Literatur siehe /33/, /40/ und /41/.

Tabelle 14.2 Zulässige Berührungspressung σ_{HE} nach Hertz in kN/cm^2 nach DIN 18 800 Teil 1

Material									
GG 15		St 37		St 52		GS 52		C 35 N	
H	HZ	H	HZ	H	HZ	H	HZ	H	HZ
-50,0	-60,0	-65,0	-80,0	-85,0	-105,0	-85,0	-105,0	-80,0	-100,0

Bei beweglichen Lagern mit mehr als zwei Rollen sind diese Werte auf 85 % zu ermäßigen. Solche Lager sind möglichst zu vermeiden.

Beispiel 14.2 Radlast F = 50 kN im Lastfall H; Raddurchmesser D = 250 mm; Material des Rades GG 15, Material der Lauf- und Führungsschiene St 52; Breite der Lauf- und Führungsschiene b_s = 50 mm.

Die Art der Beanspruchung entspricht annähernd einer Zylinder-Ebene (s. Tab. 14.1 Zeile 4).

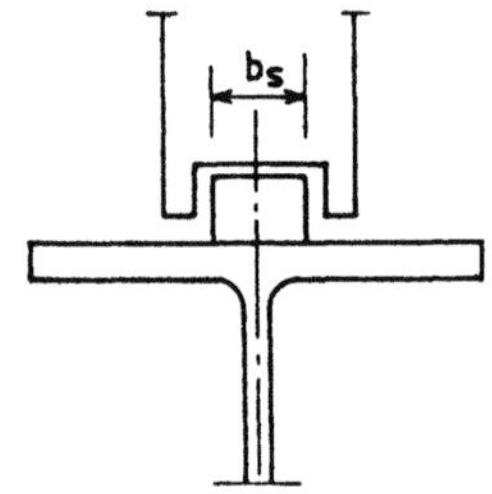

Bild 14.14

Elastizitätsmodul E_{St52} = 21000 kN/cm^2

Elastizitätsmodul E_{GG15} = 10000 kN/cm^2

Schubmodul G_{St52} = 8100 kN/cm^2

Schubmodul G_{GG15} = 3800 kN/cm^2

Die Werkstoffkonstante für die Querdehnung μ errechnet sich aus:

$$\mu = \frac{E}{2 \cdot G} - 1 \qquad (14.28)$$

$$\mu_{St52} = \frac{21000}{2 \cdot 8100} - 1 = 0{,}296 \cong 0{,}3$$

$$\mu_{GG15} = \frac{10000}{2 \cdot 3800} - 1 = 0{,}316 \cong 0{,}3$$

so daß gilt: $\mu_{Stahl} \cong \mu_{Guß} \cong 0{,}3$

somit errechnet sich der Hilfswert:

$$w = \frac{1 - 0{,}3^2}{21000} + \frac{1 - 0{,}3^2}{10000} = 1{,}34 \cdot 10^{-4} \; \frac{1}{kN/cm^2}$$

nach Zeile 4 (Zylinder-Ebene) wird:

$$\sigma_{HE} = - 0{,}564 \sqrt{\frac{50 \text{ kN}}{\frac{25}{2} \text{cm} \cdot 1{,}34 \cdot 10^{-4} \frac{\text{kN}}{\text{cm}^2} \cdot 5 \text{ cm}}}$$

$$= -43{,}6 \text{ kN/cm}^2 < \sigma_{HE,zul} = -50 \text{ kN/cm}^2$$

Maßgebend ist immer die zulässige Spannung des am wenigsten beanspruchbaren Materials, hier ist es der Guß GG 15.

14.4.2 Lokale Spannungen - infolge Radlasteinleitungen am Obergurt

Diese Nachweise wurden deshalb notwendig, weil nach den bisherigen Bemessungen der Obergurte von Kranbahnträgern und Brücken trotzdem Risse auftraten. Dies besonders im Bereich der Verbindungsmittel. Es mußte deshalb die örtliche Deformation (Walkvorgang der Räder) untersucht werden. Hierzu sind verschiedene Veröffentlichungen erschienen (siehe Schrifttum DIN 4132 Beiblatt 1).

Die Spannungen am oberen Stegblechrand aus der Radlasteinleitung sind durch Überstreichen gekennzeichnet (z.B. $\bar{\sigma}_z$ oder $\bar{\tau}_{y,z}$).

Die Radaufstandslänge darf mit 5 cm angenommen werden (siehe Bild 14.15).

Die Last breitet sich unter 45° aus. So wird die Radlast an dem zu untersuchenden Schnitt gleichmäßig verteilt auf eine Länge von

$$c = 2 \cdot h + 5 \tag{14.29}$$

angenommen.

Wird zwischen der Führungsschiene und dem Obergurt des Trägers eine elastische Schienenunterlage eingebaut (d ≥ 6 mm) so dürfen die Spannungen aus der Radlasteinleitung um 25 % abgemindert werden. Es ist allerdings zu berücksichtigen, daß u.U. durch die elastische Schienenlagerung eine stärkere Biegebeanspruchung des Gurtes in Querrichtung auftreten kann.

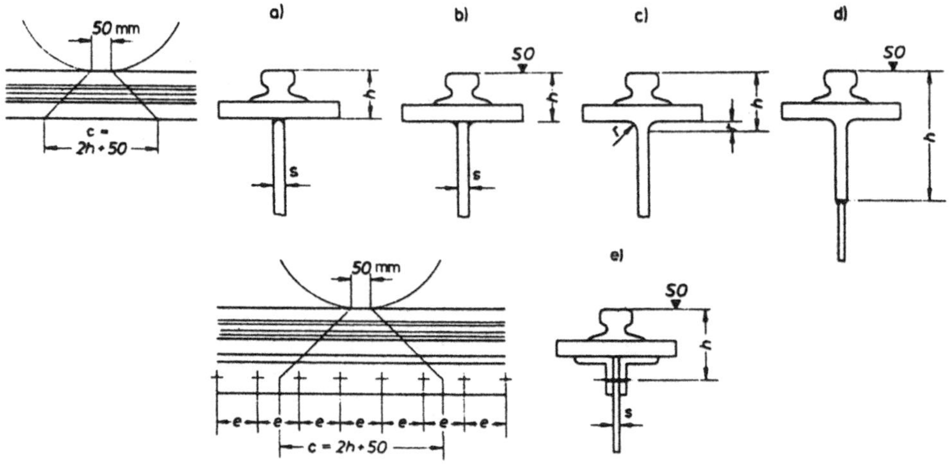

Bild 14.15 Höhe h für die Bestimmung von $\overline{\sigma}_z$

Bei den Halskehlnähten nach Bild 14.15 a, b und d darf eine Kontaktwirkung zwischen Gurt und Steg nicht in Rechnung gestellt werden. Die Radlast muß voll über die Schweißnähte übertragen werden. Gleiches gilt auch für eine auf den Obergurt angeschweißte Spurschiene. Auch dort muß die Vertikallast voll über die Schweißnähte übertragen werden. Es ist allerdings noch darauf hinzuweisen, daß diese Schweißnähte nicht nur in z-Richtung, sondern auch in x- und y-Richtung beansprucht werden. Für die Bezeichnung der Spannungen ist das Koordinatensystem nach Bild 14.16 zugrundegelegt.

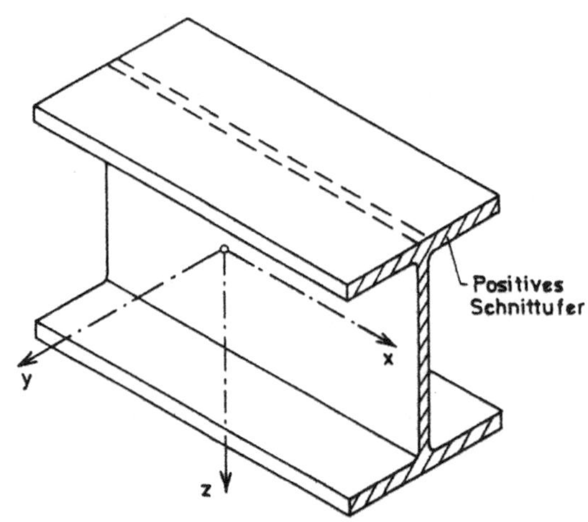

Bild 14.16 Koordinatensystem

14.4.2.1 Lokale Spannungen - Spannungen bei zentrischer Radlasteinleitung am Obergurt

Eine zentrische Radlasteinleitung darf für Krane mit der Beanspruchungsgruppe B1 bis B3 angenommen werden, hierbei gilt:

a) für die Kranbahn

$$\bar{\sigma}_z = \frac{\phi_S \cdot R}{(2 \cdot h + 5) \cdot s} \tag{14.30}$$

$$\bar{\tau}_{z,y} = 0{,}2 \cdot \bar{\sigma}_z \tag{14.30a}$$

b) für die Brücke anstelle von σ_S wird in der oben angegebenen Formel ψ_H gesetzt.

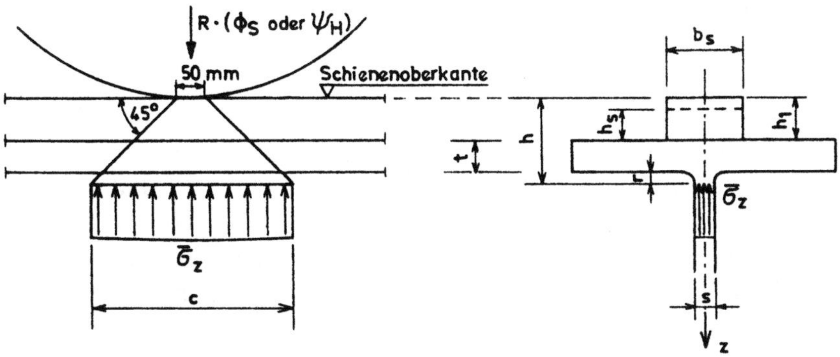

Bild 14.17 $\bar{\sigma}_z$ Spannungen aus zentrischer Radlasteinleitung

Hierbei gilt:

- ψ_H = Hublastbeiwert des Krans
- ϕ_S = Schwingbeiwert entsprechend der Hubklasse des Krans
- R = Radlast in kN
- h = Höhe OK Schiene bis zu dem zu untersuchenden Querschnitt in cm
- s = Stegblechdicke in cm
- $\bar{\sigma}_z$ = Spannung in kN/cm^2 in Richtung der z-Achse

Der genaue Verlauf der Spannungen $\bar{\sigma}_z$ und $\bar{\tau}_{x,z}$ ist dem Bild 14.18 zu entnehmen. Es darf mit einer gleichmäßigen Verteilung der Spannungen $\bar{\sigma}_z$ nach Bild 14.17 gerechnet werden.

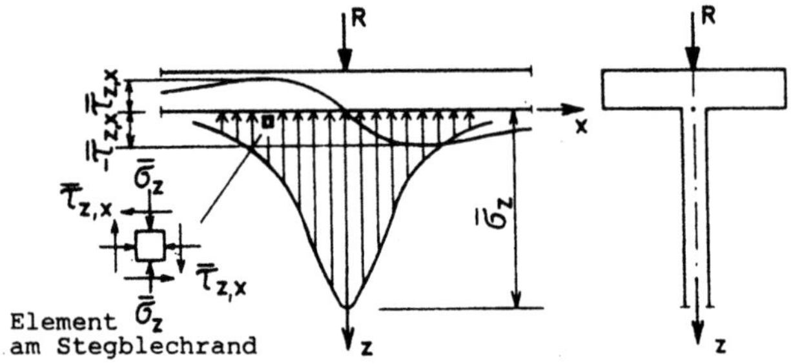

Bild 14.18 Spannungen am belasteten Stegblechrand aus der Einleitung einer mittig auf dem Obergurt angreifenden Radlast

Es wird darauf hingewiesen, daß die Stelle der max. Spannung $\bar{\tau}_{z,x}$ nicht mit der Stelle der max. Spannung $\bar{\sigma}_z$ zusammenfällt.

Wegen des Verschleißes soll die Höhe der Schiene h_1 (siehe Bild 14.19) nur mit 75 % in Rechnung gestellt werden.

$$h_s = 0{,}75 \cdot h_1 \qquad (14.31)$$

Die Formel, welche in dem Entwurf der DIN 4132 vom April 1971 für die Ermittlung der Spannungen $\bar{\sigma}_z$ angegeben wurde (dort Formel 3), liefert fast doppelt so große Werte als die hier verwendete Formel. Die Formel 3 liefert den Spitzenwert der Spannung $\bar{\sigma}_z$. Es darf mit dem gleichmäßig verteilten Mittelwert gerechnet werden.

Folgende Nachweise müssen erbracht werden (siehe hierzu auch DIN 4132 Pkt. 4.1.2).

A) Allgemeiner Spannungsnachweis

$$\bar{\sigma}_z \leq \sigma_{zul} \qquad (14.32)$$

zulässige Druckspannung im Lastfall H

St 37 $\sigma_{zul} = 14$ kN/cm²

St 52 $\sigma_{zul} = 21$ kN/cm²

Kehlnaht-Schweißnähte St 37 $\sigma_{zul} = 13{,}5$ kN/cm²

Kehlnaht-Schweißnähte St 52 $\sigma_{zul} = 19{,}5$ kN/cm²

B) Betriebsfestigkeitsnachweis

$$\bar{\sigma}_z \leq \text{zul}\,\sigma_{Be} \qquad (14.33)$$

$$\tau_{z,x} + \bar{\tau}_{z,x} \leq \text{zul}\,\tau_{Be} \qquad (14.34)$$

Der Betriebsfestigkeitsnachweis wird ausführlich im Kap. 16 behandelt. Vorab sei zum besseren Verständnis des nachfolgenden Beispiels erwähnt, daß zul σ_{Be} abhängig ist von folgenden Faktoren:

- Beanspruchungsgruppe
- Stahlsorte
- Kerbfall
- Spannungsverhältnis κ (in DIN 4132 und DIN 15018 mit $\varkappa$ bezeichnet)

Außerdem ist der Nachweis nach den Formeln (16.4) und (16.5) zu erbringen. Auf diesen Nachweis darf verzichtet werden, wenn die Spannung

$$\bar{\sigma}_z < 0{,}85 \cdot \text{zul}\sigma_{Be} \quad \text{und} \quad \bar{\tau}_{z,y} < 0{,}85 \cdot \text{zul}\tau_{Be} \qquad (14.35)$$

nach der Beanspruchungsgruppe B6 ermittelt ist.

Verkehrt z.B. nur ein Kopfträger auf der zu untersuchenden Bahn (Kranbahn oder Kranbrücke), so entfällt der zweite Teil der Formel (14.35), und die Raddrücke aus dem Kopfträger sind wie Einzelkrane zu behandeln.

Beispiel 14.3 Einfeldträger-Kranbahn; Hubklasse H2 ↝ ϕ_S = 1,2; R = 60 kN; max auftretende Querkraft Q_z = 92 kN; Beanspruchungsgruppe B3; Führungsschiene h_1/b = 30/50 mm; Kranbahn HE-B 300 (IPB 300), St 37.

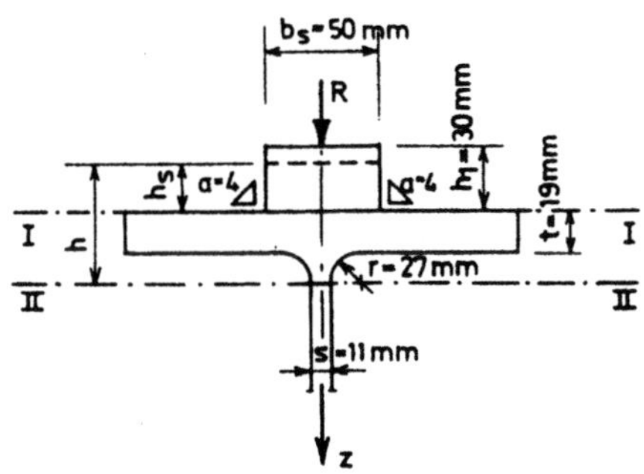

$$\bar{\sigma}_z = \frac{\phi_S \cdot R}{c \cdot a \cdot 2}$$

$$\bar{\sigma}_z = \frac{\phi_S \cdot R}{c \cdot s}$$

c nach Formel 14.29

Bild 14.19 Für HE-B 300 mit aufgeschweißter Führungsschiene 50/30 mm

$$h_s = 75\,\% \cdot 3 = 2{,}25 \text{ cm}$$

$$h = 2{,}25 + 1{,}9 + 2{,}7 = 6{,}85 \text{ cm}$$

A) Allgemeiner Spannungsnachweis

$$\text{Schnitt I-I:} \quad \bar{\sigma}_z = \frac{1{,}2 \cdot 60}{(2 \cdot 2{,}25 + 5) \cdot 2 \cdot 0{,}4} = 9{,}5 \text{ kN/cm}^2$$

$$< \sigma_{zul} = 13{,}5 \text{ kN/cm}^2$$

Schnitt II-II: $\bar{\sigma}_z = \frac{1,2 \cdot 60}{(2 \cdot 6,85 + 5) \cdot 1,1}$

$= 3,5 \text{ kN/cm}^2 < \sigma_{zul} = 14 \text{ kN/cm}^2$

B) Betriebsfestigkeitsnachweis

Der Vollständigkeit halber wird er hier durchgerechnet - sonst siehe Kap. 16.

Schnitt I-I:

$\bar{\sigma}_z = 9,5 \text{ kN/cm}^2 < 15,28 \text{ kN/cm}^2 \geq 0,85 \cdot 5,4 \text{ kN/cm}^2$

Kerbfall 4, besonders starke Kerbwirkung; kann etwa der Ordnungsnummer 444 der Tab. 6 in der DIN 4132 zugeordnet werden.

Aus der Tab. 9 der DIN 4132 kann für schwellende Beanspruchung (z.B. Einfeldträger) bei $\kappa = 0$ die zulässige Normalspannung für Druck mit

$$\text{zul}\sigma_{Be} = 15,28 \text{ kN/cm}^2 \quad \text{(B3, St 37)}$$

abgelesen werden.

Für B6 ergibt sich aus Tab. 12 DIN 4132

$$\text{zul}\sigma_{Be} = 5,4 \text{ kN/cm}^2$$

Weil $\bar{\sigma}_z > 0,85 \cdot \text{zul}\sigma_{Be}$ der Beanspruchungsgruppe B6 ist, muß nachgewiesen werden:

(k = 3,323 für Kerbfall K0 bis K4)

$$\left(\frac{9,5}{15,28}\right)^{3,323} + \left(\frac{9,5}{15,28}\right)^{3,323} = 0,41 \leq 1,0$$

Schubspannungen infolge Radlasteinleitung:

$\bar{\tau}_{z,x} = 0,2 \cdot 9,5 = 1,9 \text{ kN/cm}^2 < 0,6 \cdot 16,99 \text{ kN/cm}^2$

$\text{zul}\tau_{Be} = 0,6 \cdot 16,99 \text{ kN/cm}^2$ (siehe Tab. 9 DIN 4132)

Schubspannung im Schnitt I-I infolge Q_z:

$$\tau_{z,x} = \frac{(\phi_S \text{ oder } \psi_H) \cdot Q_z \cdot S_{y,1}}{I_y \cdot a} \qquad (14.36)$$

Q_z = Querkraft in kN in Richtung der z-Achse

J_y = Flächenmoment 2. Grades (Trägheitsmoment cm^4) bezogen auf die y-Achse

$S_{y,1}$ = statisches Moment der Fläche oberhalb des untersuchten Schnittes in cm^3

a = Schweißnahtdicke in cm.

$$S_{y,1} = F_1 \cdot s^* \qquad (14.37)$$

F_1 = Teilfläche oberhalb des betrachteten Querschnitts

s^* = Abstand Achse y bis Schwerpunkt der Fläche F_1.

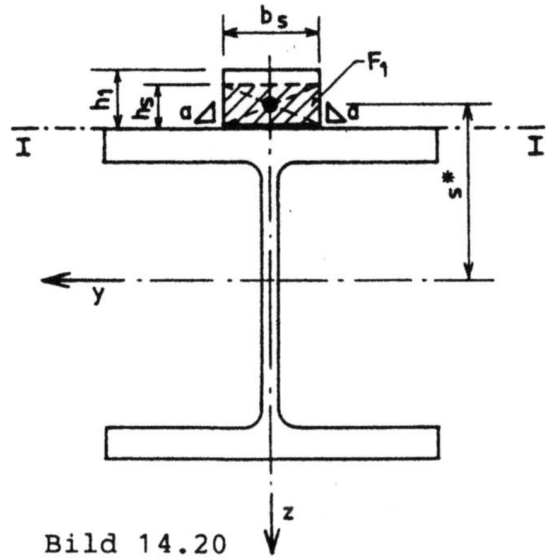

Bild 14.20

Die Lageveränderung der y-Achse des Walzprofils infolge der angeschweißten Führungsschiene wurde nicht berücksichtigt.

$$s^* = \frac{30}{2} + \frac{2,25}{2} = 16,12 \text{ cm}$$

$$F_1 = 2,25 \cdot 5 = 11,25 \text{ cm}^2$$

$$S_{y,1} = 16,12 \cdot 11,25 = 181 \text{ cm}^3$$

$$\tau_{z,x} = \frac{1,2 \cdot 92 \cdot 181}{25170 \cdot 2 \cdot 0,4} = 1,0 \text{ kN/cm}^2$$

$$\max\tau = \tau_{z,x} + \bar{\tau}_{z,y} = 1 + 1,9 = 2,9 \text{ kN/cm}^2 < 10,18 \text{ kN/cm}^2$$

$$\min\tau = \tau_{z,x} - \bar{\tau}_{z,y} = 1 - 1,9 = -0,9 \text{ kN/cm}^2 < 10,18 \text{ kN/cm}^2$$

$$\kappa_\tau = \frac{-0,9}{2,9} \cong -0,3$$

aus Tab. 9 der DIN 4132 kann abgelesen werden:

$$\text{zul}\tau_{Be} = 16,97 \text{ kN/cm}^2$$

Diese Werte müssen um den Faktor 0,6 für Kehlnähte abgemindert werden:

$$\text{zul}\tau_{Be} \text{ (Kehlnaht)} = 0,6 \cdot \text{zul}\tau_{Be} \qquad (14.38)$$

$$\text{zul}\tau_{Be} \text{ (Kehlnaht)} = 0,6 \cdot 16,97 = 10,18 \text{ kN/cm}^2$$

Der Nachweis nach Formel 16.6 (s. Kap. 16) kann entfallen da:

bei Beanspruchungsgruppe B6

$$\text{zul}\tau_{Be} = 8,25 \text{ kN/cm}^2 \text{ beträgt.}$$

Infolge der Ausführung mit Kehlnähten gilt:

$$\text{zul}\tau_{Be(Kehlnaht)} = 0,6 \cdot 8,25 = 4,95 \text{ kN/cm}^2 > 2,9 = \max\tau$$

Schnitt II-II: $\bar{\sigma}_z$ = 3,5 kN/cm²

Der Kerbfall für ein Walzprofil beträgt W1:
Für $\kappa = 0$ ergibt sich lt. Tab. 9 der DIN 4132:

$$\text{zul}\sigma_{Be} = 24{,}0 \text{ kN/cm}^2 > \bar{\sigma}_z = 3{,}5$$

für B6 wird lt. Tab. 12

$$\text{zul}\sigma_{Be} = 19{,}2 \text{ kN/cm}^2$$

somit

$$\bar{\sigma}_z = 3{,}5 < 0{,}85 \cdot 19{,}2 = 16{,}3 \text{ kN/cm}^2$$

Ein Nachweis nach Formel 16.5 und 16.6 entfällt.

14.4.2.2 Lokale Spannungen - Spannungen bei exzentrischer Radlasteinleitung am Obergurt

Dieser Nachweis muß geführt werden bei Kranbahnen, welche durch Brückenkrane mit der Beanspruchungsgruppe B4 bis B6 befahren werden. Die anzunehmende Exzentrizität beträgt 1/4 der Schienenkopfbreite b_s.

$$e_y = \frac{1}{4} \cdot b_s \qquad (14.39)$$

Der Verschleiß der Führungsschiene sollte ebenfalls mit erfaßt werden (siehe Kap. 14.4.2.1).

Die Wirkung der exzentrischen Radlasteinleitung wird dadurch berücksichtigt, daß zu den Spannungen der zentrischen Radlasteinleitung die Spannungen eines entsprechenden Torsionsmomentes addiert werden.

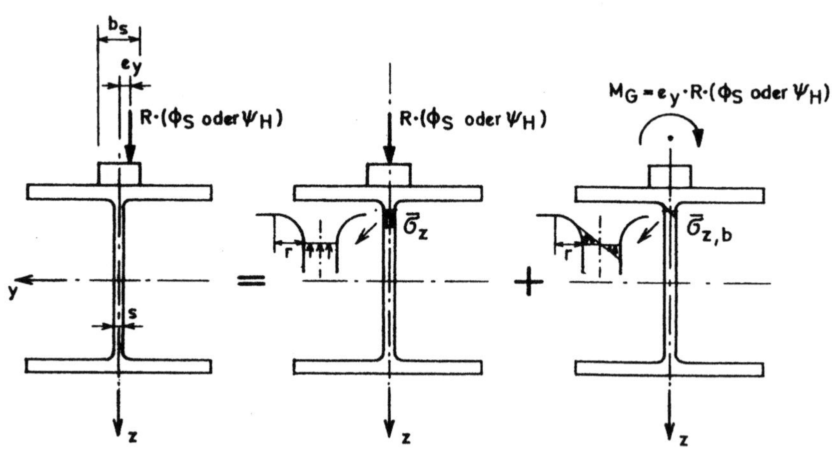

Bild 14.21 Exzentrische Radlasteinleitung

Die Spannungen σ_z der zentrischen Radlasteinleitung werden nach 14.4.2.1 ermittelt.

Die Spannungen aus dem Gurt-Torsionsmoment im Steg

$$M_G = e_y \cdot R \cdot (\phi_S \text{ oder } \psi_H) \quad (14.40)$$

ϕ_S beim Nachweis einer Kranbahn; ψ_H beim Nachweis einer Kranbrücke;

können nach /72/ ermittelt werden. Siehe auch /73/.

Die zusammengesetzte Spannung beträgt somit

$$\text{ges}\bar{\sigma}_z = \bar{\sigma}_z + \bar{\sigma}_{z,b} \quad (14.41)$$

$$\bar{\sigma}_{z,b} = \frac{6}{s^2} \cdot M_G \cdot \frac{\lambda}{2} \tan h \cdot \frac{\lambda \cdot a}{2} \quad (14.42)$$

$$\lambda = \sqrt{\frac{m_d}{G \cdot J_T}} \quad (14.43)$$

$$m_d = 1{,}15 \cdot \frac{E \cdot s^3}{a_s} \cdot \frac{\left(\sinh\left(\frac{\pi \cdot b}{a_s}\right)\right)^2}{\sinh\left(\frac{2\pi b}{a_s}\right) - 2 \cdot \frac{\pi b}{a_s}} \quad (14.44)$$

dabei bedeutet:

- s = Stegdicke
- G = Schubmodul Stahl $G = 8100$ kN/cm²
- E = Elastizitätsmodul Stahl $E = 21000$ kN/cm²
- J_T = Torsionsflächenmoment 2. Grades; (St.Venant-Torsionswiderstand) des Obergurtes einschl. der Führungsschiene in cm³
- a_s = Quersteifenabstand in cm
- b = Quersteifenhöhe in cm, in der Regel entspricht dies der Stegblechhöhe.

Folgende Nachweise müssen erbracht werden:

A) Allgemeiner Spannungsnachweis:

$\bar{\sigma}_z \leq \text{zul}\sigma$ (wie Kap. 14.4.2.1)

B) Betriebsfestigkeitsnachweis: (s. Kap. 16)

$$\text{ges}\bar{\sigma}_x = \bar{\sigma}_z + \bar{\sigma}_{z,b} \leq \text{zul}\sigma_{Be} \quad (14.45)$$

$$\bar{\tau}_{z,x} + \tau_{z,x} \leq \text{zul}\tau_{Be} \quad (14.46)$$

Außerdem ist der Nachweis nach Formel 16.5 und 16.6 zu erbringen. Es kann darauf verzichtet werden, wenn gilt

$$\left.\begin{array}{l} \bar{\sigma}_z < 0{,}85 \cdot \text{zul}\sigma_{Be} \\ \bar{\tau}_{z,x} < 0{,}85 \cdot \text{zul}\tau_{Be} \end{array}\right\} \text{ nach der Beanspruchungsgruppe B6}$$

Beispiel 14.4 Das zuvor durchgerechnete Beispiel 14.3 wird abgeändert. Anstelle der Beanspruchungsgruppe B 3 tritt die Beanspruchungsgruppe B 4.

A) Allgemeiner Spannungsnachweis
- wie vorhergehendes Beispiel.

B) Betriebsfestigkeitsnachweis

Schnitt I-I:

$\bar{\sigma}_z = 9{,}5\ kN/cm^2 < 10{,}8\ kN/cm^2$

$zul\sigma_{Be} = 10{,}8\ kN/cm^2$ (Tab. 10 DIN 4132)

$$\bar{\sigma}_{z,b} = \pm \frac{M_G}{(b_s + a)\cdot(2\cdot h_s + 5)\cdot a} \qquad (14.47)$$

b_s = Schienenkopfbreite in cm
a = Schweißnahtstärke in cm

$$M_G = 60\cdot 1{,}2\cdot \frac{5}{4} = 90\ kNcm$$

$$\bar{\sigma}_{z,b} = \pm \frac{90}{(5 + 0{,}4)\cdot(2\cdot 2{,}25 + 5)\cdot 0{,}4} = \pm\ 4{,}4\ kN/cm^2$$

$$max\bar{\sigma}_z = \bar{\sigma}_z + \bar{\sigma}_{z,b} = 9{,}5 + 4{,}4 = 13{,}9\ kN/cm^2 > 10{,}8$$

$$min\bar{\sigma}_z = 9{,}5 - 4{,}4 = 5{,}1\ kN/cm^2$$

$$\kappa = \frac{5{,}1}{13{,}9} \cong +0{,}4 < 0 \rightarrow \text{Tab. 10 DIN 4132}$$

zul $_{Be}$ = 10,8 kN/cm² < 13,9 deshalb:

Die Kehlnähte (a = 4 mm) müssen verstärkt werden.

Gewählt a = 7 mm < 0,7 · 19 = 13,3 mm

$$neues\bar{\sigma}_{z,b} = \pm \frac{90}{(5+0{,}7)\cdot(2\cdot 2{,}25+5)\cdot 0{,}7} \cong \pm\ 2{,}4\ kN/cm^2$$

$$\bar{\sigma}_z = \frac{1{,}2\cdot 60}{(2\cdot 2{,}25+5)\cdot 2\cdot 0{,}7} = 5{,}4\ kN/cm^2$$

$$max\sigma_z = 2{,}4 + 5{,}4 = 7{,}8\ kN/cm^2 < 10{,}8 > 0{,}85\cdot 5{,}4\ kN/cm^2$$

somit nach Formel 16.5:

$$\left(\frac{7{,}8}{10{,}8}\right)^{3{,}323} + \left(\frac{7{,}8}{10{,}8}\right)^{3{,}323} = 0{,}68 \leq 1{,}0$$

Schubspannungen infolge Radlasteinleitung:

$$\bar{\tau}_{z,x} = 0{,}2\cdot 7{,}8 = 1{,}6\ kN/cm^2 < 9{,}1$$

Schubspannung im Schnitt I-I infolge Q_z:

$$\tau_{z,x} = \frac{1{,}2\cdot 92\cdot 181}{25170\cdot 2\cdot 0{,}7} = 0{,}6\ kN/cm^2$$

$$max\tau = 0{,}6 + 1{,}6 = 2{,}2\ kN/cm^2 < 9{,}1$$

$$min\tau = 0{,}6 - 1{,}6 = -1{,}0\ kN/cm^2 < 9{,}1$$

$\kappa = -\frac{1}{2,2} = -0,45$

aus Tab. 9 der DIN 4132 ergibt sich für

$zul\tau_{Be} = 15,24\ kN/cm^2$

$zul\tau_{Be(Kehlnaht)} = 0,6 \cdot 15,24 = 9,1\ kN/cm^2$

Der Nachweis nach Formel 16.6 kann entfallen, da $zul\tau_{Be}$ für B6 >> 2,2 ist.

Schnitt II-II:

$\bar{\sigma}_z = 3,5\ kN/cm^2$ (siehe voriges Beispiel)

Der Quersteifenabstand a_s soll betragen

$a_s = 250\ cm$

Stegblechhöhe: $b = 30 - 2 \cdot 1,9 = 26,2\ cm$

$J_T = \frac{1}{3}(5 \cdot 2,25^3 + 30 \cdot 1,9^3)$ -siehe Kap. 18

$J_T = 87,6\ cm^4$

$(\pi \cdot \frac{26,2}{250}) = 0,3292$

$$m_d = 1,15\ \frac{21000 \cdot 1,1^3}{250} \cdot \frac{(\sinh 0,3292)^2}{\sinh(0,3292 \cdot 2) - 2 \cdot 0,3292}$$

$$= 128,57 \cdot \frac{0,3352^2}{0,7070 - 0,6584} = 297,2\ kNcm^3$$

$$\lambda = \sqrt{\frac{297,2}{8100 \cdot 87,6}} = 0,0204\ \frac{1}{cm}$$

$$\bar{\sigma}_{z,b} = \frac{6}{1,1^2} \cdot 90 \cdot \frac{0,0204}{2} \tanh \frac{0,0204 \cdot 250}{2} = \pm 4,5\ kN/cm^2$$

$max\bar{\sigma}_z = \bar{\sigma}_z + \bar{\sigma}_{z,b} = 3,5 + 4,5 = 8,0\ kN/cm^2$ (Druck)

$< 0,85 \cdot 16 < 22,64$

$min\bar{\sigma}_z = 3,5 - 4,5 = -1,0\ kN/cm^2$ (Zug)

$\kappa = -\frac{1,0}{8} = -0,125 \sim -0,1$ Kerbfall W1

$zul\sigma_{Be} = 21,32\ kN/cm^2$ (Zug) $zul\sigma_{Be} = 22,64\ kN/cm^2$ (Druck)

Ein Nachweis nach Formel 16.5 ist nicht erforderlich.

$\bar{\tau}_{z,x} = 0,2 \cdot 8 = 1,6\ kN/cm^2$

$$\tau_{z,x} = \frac{1,2 \cdot 92 \cdot (181 + 1,9 \cdot 30 \cdot 14,05 + \frac{(6,5+1,1)}{3} \cdot 2,7 \cdot 11,75)}{25170 \cdot 1,1}$$

$= 4,2\ kN/cm^2$

$max\tau_{z,x} = 4,2 + 1,6 = 5,8\ kN/cm^2 < 13,86 < 0,85 \cdot 11,55$

$\kappa \cong 0$

B4 $zul\tau_{Be} = 13,86\ kN/cm^2$ (Tab. 10 DIN 4132)

B6 $zul\tau_{Be} = 11,55\ kN/cm^2$ (Tab. 12 DIN 4132)

Ein Nachweis nach Formel 16.6 ist nicht erforderlich.

14.4.3 Lokale Spannungen - örtliche Trägerbeanspruchung am Unterflansch - Unterflanschbiegung

14.4.3.1 Allgemeines

In einem beliebig gelagerten Träger treten an den Umgebungen des Lastangriffes sekundäre Spannungen auf. Diese Spannungen sind Flanschbiegespannungen. Sie treten in Trägerlängsrichtung als $\sigma_{F,x,x}$ ($\sigma_{F,x}$) und quer dazu als $\sigma_{F,y,y}$ ($\sigma_{F,y}$) auf. Diese Unterflanschbiegungen wurden bereits in /40/ und /42/ behandelt. Genauere Untersuchungen erfolgten durch Hannover und Reichwald in /39/. Derzeit werden diese Beanspruchungen nach /38/ ermittelt.

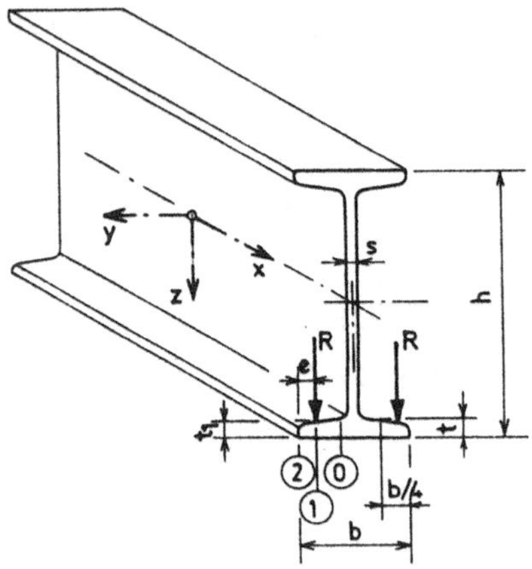

Bild 14.22 Profil mit geneigten Flanschen

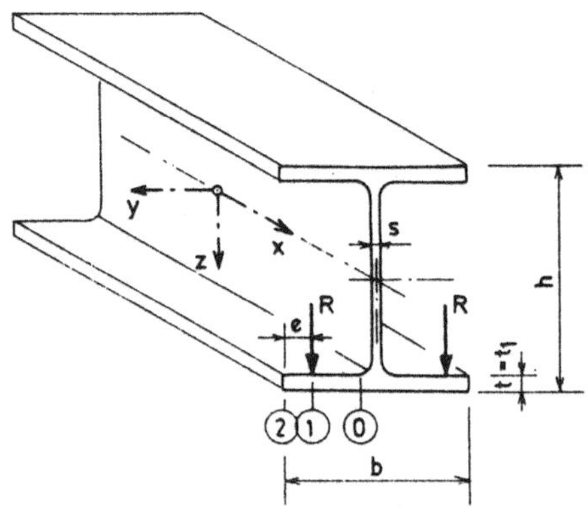

Bild 14.23 Parallelflanschprofil

t_1 = Flanschdicke ohne Berücksichtigung von Walztoleranzen und Verschleiß am Radaufstandspunkt.

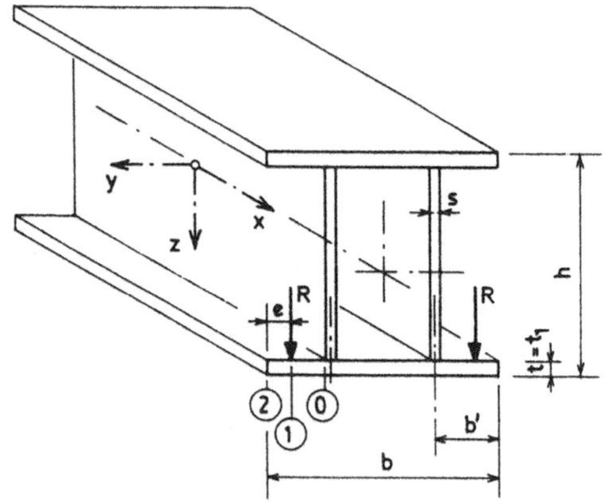

Bild 14.24 Geschweißter Kastenträger

Die Spannungen werden nach folgenden Gleichungen ermittelt

$$\sigma_{F,x,x} = \sigma_{F,x} = C_x \cdot \frac{R}{(t_1)^2} \qquad (14.48)$$

$$\sigma_{F,y,y} = \sigma_{F,y} = C_y \cdot \frac{R}{(t_1)^2} \qquad (14.49)$$

Die Faktoren C_y und C_x müssen entsprechend den unterschiedlichen Trägerarten ermittelt werden. Die Faktoren für das Parallelflanschprofil (Bild 14.23) und für den geschweißten Kastenträger (Bild 14.24) werden gleich ermittelt. Diese Faktoren können entsprechend der Laststellung e für die besonders gekennzeichneten Punkte

(0) = Übergang Flansch - Steg
(1) = Lastangriffspunkt
(2) = Rand des Flansches

bestimmt werden.
Hierin bedeutet:

R = die unter der Berücksichtigung des dynamischen Beiwertes ermittelte maximale Radlast; dabei werden
- für die Kranbahn die Schwingbeiwerte ϕ_S
- für die Kranbrücken der Hublastbeiwert ψ_H (für den Anteil der Hublast) und der Eigenlastbeiwert ϕ_E (für das Eigengewicht der Katze) berücksichtigt;

t_1 = Solldicke des Flansches am Lastort (1) (ohne Berücksichtigung von Toleranzen und Verschleiß)

e = Abstand vom Trägerrand bis zum Angriffspunkt der Last.

14.4.3.2 Bestimmung des Quotienten λ

Für Parallelflanschprofil und Profil mit geneigten Flanschen nach Bild 14.22 und Bild 14.23 gilt

$$\lambda = \frac{e}{\frac{b}{2} - \frac{s}{2}} \qquad (14.50)$$

für geschweißten Kastenträger nach Bild 14.24 gilt

$$\lambda' = \frac{e}{b' - \frac{s}{2}} \qquad (14.51)$$

14.4.3.3 Bestimmung der Beiwerte C_x und C_y

Als Vorzeichenregel gilt: positive Werte von C_x und C_y bedeuten Zugspannungen auf der Unterseite des Flansches.

a) Parallelflanschprofil nach Bild 14.23 und geschweißter Kastenträgeruntergurt nach Bild 14.24

Übergang Steg/Flansch	$c_{x,0}$	$= 0{,}05-0{,}58\cdot\lambda+ 0{,}148\cdot e^{3{,}015\cdot\lambda}$	(14.52)
Lastangriffspunkt	$c_{x,1}$	$= 2{,}23-1{,}49\cdot\lambda+ 1{,}390\cdot e^{-18{,}33\cdot\lambda}$	(14.53)
Rand des Flansches	$c_{x,2}$	$= 0{,}73-1{,}58\cdot\lambda+ 2{,}910\cdot e^{-6{,}0\cdot\lambda}$	(14.54)
Übergang Steg/Flansch	$c_{y,0}$	$= -2{,}11+1{,}977\cdot\lambda+0{,}0076\cdot e^{6{,}53\cdot\lambda}$	(14.55)
Lastangriffspunkt	$c_{y,1}$	$= 10{,}108-7{,}408\cdot\lambda-10{,}108\cdot e^{-1{,}364\cdot\lambda}$	(14.56)
Rand des Flansches	$c_{y,2}$	$= 0$	(14.57)

b) Profil mit geneigten Flanschen nach Bild 14.22

Übergang Steg/Flansch	$c_{x,0}$	$= -0{,}981-1{,}479\cdot\lambda+1{,}120\cdot e^{1{,}322\cdot\lambda}$	(14.58)
Lastangriffspunkt	$c_{x,1}$	$= 1{,}810-1{,}150\cdot\lambda+1{,}060\cdot e^{-7{,}700\cdot\lambda}$	(14.59)
Rand des Flansches	$c_{x,2}$	$= 1{,}990-2{,}810\cdot\lambda+0{,}840\cdot e^{-4{,}690\cdot\lambda}$	(14.60)
Übergang Steg/Flansch	$c_{y,0}$	$= -1{,}096+1{,}095\cdot\lambda+0{,}192\cdot e^{-6{,}0\cdot\lambda}$	(14.61)
Lastangriffspunkt	$c_{y,1}$	$= 3{,}965-4{,}835\cdot\lambda-3{,}965\cdot e^{-2{,}675\cdot\lambda}$	(14.62)
Rand des Flansches	$c_{y,2}$	$= 0$	(14.63)

14.4.3.4 Ermittlung der Spannungen

Die Flanschbiegespannungen $\sigma_{F,x,x}$ (hierbei handelt es sich um Spannungen in Richtung der x-Achse) sind den Hauptspannungen $\sigma_{x,x}$ aus Vertikal- und Seitenkräften zu überlagern. Dabei werden die Flanschbiegespannungen durch den Faktor $\varepsilon = 0{,}75$ abgemindert. Das gilt auch für die im Betriebsfestigkeitsnachweis zu berücksichtigenden Flanschbiegespannungen. Auch dort dürfen diese Flanschbiegespannungen um den Faktor $\varepsilon = 0{,}75$ abgemindert werden.

Es wird nochmals darauf hingewiesen, daß die dynamischen Beiwerte ϕ und ψ bereits bei den Radlasten R berücksichtigt wurden.

Es gilt

$$\sigma_x = \sigma_{x,x} + \varepsilon\cdot\sigma_{F,x,x} \qquad (14.64)$$

$$\sigma_y = \varepsilon\cdot\sigma_{F,y} \qquad (14.65)$$

Bei zusammengesetzten Spannungszuständen muß die Vergleichsspannung nachgewiesen werden und zwar für Bauteile:

$$\sigma_V = \sqrt{\sigma_y{}^2 + \sigma_x{}^2 - \sigma_y \cdot \sigma_x + 3\tau_{x,y}{}^2} \qquad (14.66)$$

und für Schweißnähte:

$$\sigma_{v,w} = \sqrt{\sigma_y{}^2 + \sigma_x{}^2 - (\sigma_y \cdot \sigma_x) + 2 \cdot \tau_{x,y}{}^2} \qquad (14.67)$$

Nach /38/ dürfen diese Abminderungen angewendet werden, weil die Flanschbiegebeanspruchung nur eine örtliche Spannungsspitze erzeugt. In Trägerlängsrichtung nimmt diese Flanschbiegespannung sehr schnell ab. In einem Abstand von 10 mm vom Ort des Maximums beträgt die Flanschbiegespannung nur noch ungefähr die Hälfte des Maximalwertes. Außerdem ist bei der Berücksichtigung der örtlichen Flanschbiegespannungen eine erhöhte Genauigkeit der Berechnung gegeben. Dadurch werden Unsicherheiten abgemindert, die einen kleineren Sicherheitsfaktor γ ermöglichen.

$$\gamma = \frac{\sigma_{Streckgrenze}}{\sigma_{zul}} \qquad (14.68)$$

Der Abminderungswert ε wurde durch Vergleich der Berechnungsergebnisse von zahlreichen Kranbahnen nach der alten Berechnungsmethode und der hier gezeigten neuen Berechnungsmethode gefunden.

Beispiel 14.5 HE-B 300 Parallelflanschträger nach Bild 14.23.

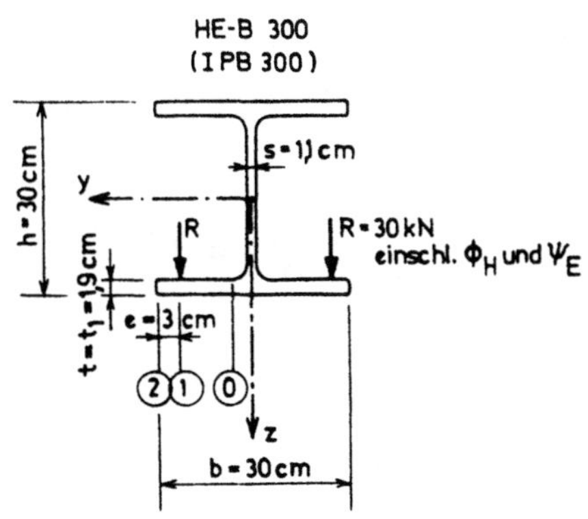

Bild 14.25

$$\lambda = \frac{3}{\frac{30}{2} - \frac{1,1}{2}} = 0,208$$

$$c_{x,0} = 0,05-0,58\cdot 0,208+0,148\cdot e^{3,015\cdot 0,208} = 0,206$$
$$c_{x,1} = 2,23-1,49\cdot 0,208+1,390\cdot e^{-18,33\cdot 0,208} = 1,951$$
$$c_{x,2} = 0,73-1,58\cdot 0,208+2,910\cdot e^{-6\cdot 0,208} = 1,237$$
$$c_{y,0} = -2,11+1,977\cdot 0,208+0,0076\cdot e^{6,53\cdot 0,208} = -1,669$$
$$c_{y,1} = 10,108-7,408\cdot 0,208-10,108\cdot e^{-1,364\cdot 0,208} = +0,956$$
$$c_{y,2} = 0$$

$$\frac{R}{t_1{}^2} = \frac{30\ kN}{1,9^2 cm^2} = 8,31\ kN/cm^2$$

$$\sigma_{F,x,0} = 0,206\cdot 8,31\ kN/cm^2 = 1,71\ kN/cm^2$$
$$\sigma_{F,x,1} = 1,951\cdot 8,31\ kN/cm^2 = 16,21\ kN/cm^2$$
$$\sigma_{F,x,2} = 1,237\cdot 8,31\ kN/cm^2 = 10,28\ kN/cm^2$$
$$\sigma_{F,y,0} = -1,669\cdot 8,31\ kN/cm^2 = -13,87\ kN/cm^2$$ (Druck auf Flanschunterseite)
$$\sigma_{F,y,1} = 0,956\cdot 8,31\ kN/cm^2 = 7,94\ kN/cm^2$$
$$\sigma_{F,y,2} = 0\cdot 8,31\ kN/cm^2 = 0\ kN/cm^2$$

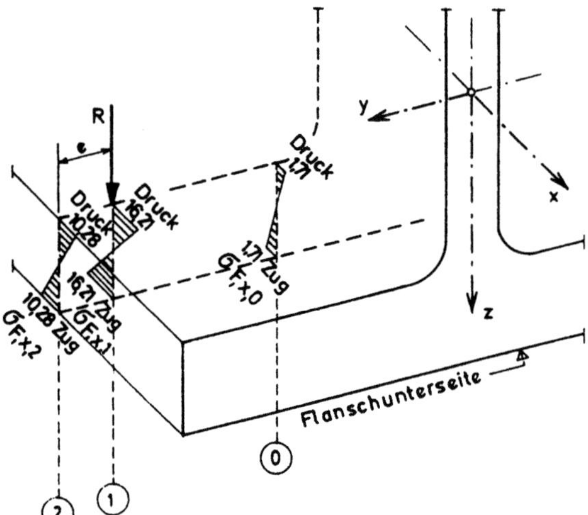

Bild 14.26 Verlauf der Spannungen $\sigma_{F,x}$ in kN/cm²

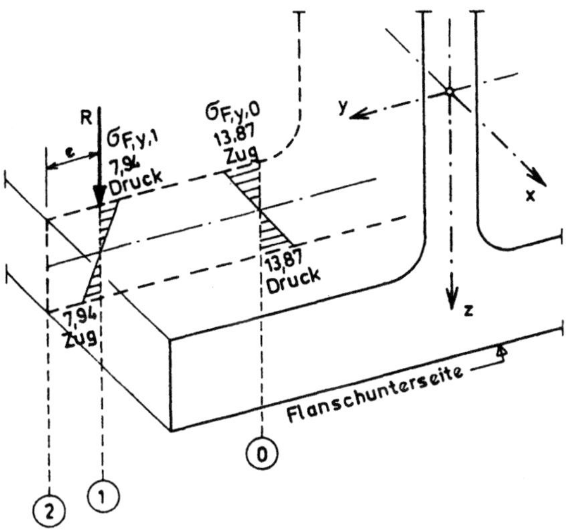

Bild 14.27 Verlauf der Spannungen $\sigma_{F,y}$ in kN/cm²

15. Mehrachsige Spannungszustände, zusammengesetzte Spannungen

Bei mehrachsigen Spannungszuständen werden die Vergleichsspannungen nachgewiesen. Die zulässigen Vergleichsspannungen sind Kap. 10 zu entnehmen.

Bei der Ermittlung der Vergleichsspannung und der Schubspannung dürfen die zulässigen Spannungen um 10% überschritten werden, wenn bei der Berechnung die Mittelwerte der Spannungen (σ_m und σ_m) kleiner als die zulässigen Werte sind.

Allgemein gilt für den zweiachsigen Spannungszustand nach der Gestaltänderungsarbeitshypothese (Huber-Mises-Hencky /33/)

$$\sigma_v = \sqrt{\sigma_x^2 + \sigma_y^2 - \sigma_x \cdot \sigma_y + 3 \cdot \tau_x^2} \leq \text{zul}\,\sigma_v \qquad (15.1)$$

hierin bedeutet: (Koordinaten entsprechend DIN 1080)

σ_v = vorhandene Vergleichsspannung

zul σ_v = zulässige Vergleichsspannung (s. Kap. 10)

σ_x = Normalspannung infolge N, M_z und M_y in Richtung der x-Achse

σ_y = Normalspannung infolge der Momente aus örtlichen Krafteinleitungen (z.B. Unterflanschbiegung) in Richtung der y-Achse

τ_x = Schubspannung in der Flächennormalen zur x-Achse ($\tau_{x,z}$; $\tau_{x,y}$)

Sind die Querkräfte Q_z und Q_y vorhanden, sowie evtl. das Torsionsmomente M_T (M_x), so darf vereinfacht die Schubspannung für die Stelle der größten Vergleichsspannung ermittelt werden:

$$\tau_x = \tau_T + \tau_{Q_y} + \tau_{Q_z} \qquad (15.2)$$

$$\tau_T = \tau_x^{w} + \tau_x^{St.V} \qquad (15.3)$$

τ_T = Schubspannung infolge Torsion (s. Kap. 14.3)

τ_x^{w} = Schubspannung infolge Wölbkraft (s. Kap. 14.3)

$\tau_x^{St.V}$ = Schubspannung nach St. Venant (s. Kap. 14.3)

τ_{Q_y} = Schubspannung infolge der Querkraft Q_y

τ_{Q_z} = Schubspannung infolge der Querkraft Q_z

Es wird ausdrücklich darauf hingewiesen, daß ein zweiachsiger Spannungszustand nicht gleichbedeutend ist mit einer zweiachsigen Biegung. Das Moment M_y und das Moment M_x (zweiachsige Biegung) erzeugen über den betrachteten Querschnitt jeweils Normalspannungen $\sigma_{x,x}$.

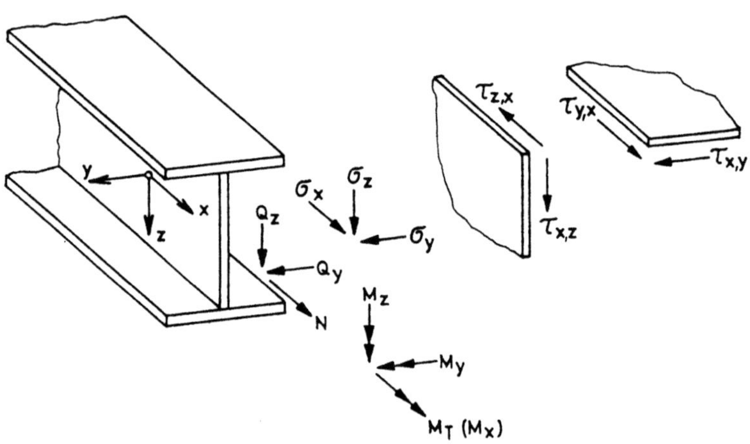

Bild 15.1 Koordinatensystem für Schnittgrößen und Beanspruchungen

Es darf geschrieben werden anstelle von

$$\sigma_{x,x} = \sigma_x$$
$$\sigma_{y,y} = \sigma_y$$
$$\sigma_{z,z} = \sigma_z$$
$$\sigma_{z,x} = \tau_{z,x}$$
$$\text{allg.}\ \sigma_{i,j} = \tau_{i,j}$$

Es ist darauf zu achten, daß bei I-Querschnitten die Vergleichsspannung am Übergang vom Flansch zum Steg den größten Wert erreicht.
Es darf sowohl bei den σ-Spannungen als auch bei den τ-Spannungen die am Übergang tatsächlich wirkende Spannung eingesetzt werden. Die Vorgehensweise hierzu wird bei einachsiger Biegung gezeigt.
Sind keine $\sigma_{y,y}$-Spannungen vorhanden, jedoch $\sigma_{x,x}$-Spannungen aus M_y und M_z, so gilt:

$$\sigma_V = \sqrt{\sigma_{x,x}^2 + 3\tau_x^2} \leq \text{zul}\,\sigma_V \qquad (15.4)$$

Bei einachsiger Biegung, d.h. entweder $\sigma_{x,x}$-Spannungen aus dem Moment M_y <u>oder</u> M_z, darf die Vergleichsspannung ermittelt werden mit:

$$\sigma_V = \sqrt{\sigma_{x,x}^2 + 3\tau_x^2} \leq 1{,}1 \cdot \text{zul}\,\sigma_V \qquad (15.5)$$

Auf den Nachweis der Vergleichsspannung nach Formel 15.5 kann verzichtet werden, wenn gilt

$$\sigma_{x,x} \leq 0{,}5\ \text{zul}\,\sigma \qquad (15.6)$$

$$\text{oder}\quad \tau_x \leq 0{,}5\ \text{zul}\,\tau \qquad (15.7)$$

Für den Nachweis der Vergleichsspannung kann anstelle von τ_x die mittlere Schubspannung

$$\tau_m = \frac{Q}{A_{Steg}} \qquad (15.8)$$

verwendet werden.

Beispiel 15.1 Es ist die Vergleichsspannung nachzuweisen an einem Kranbahnträger HE-B 300 (IPB 300) in St 37 mit den Schnittkräften in Lastfall H.

$M_y = 210{,}0$ kNm $\quad W_y = 1680$ cm^3

$Q_z = 175{,}0$ kN $\quad J_y = 25170$ cm^4

$\max S_y = 934$ cm^3

$A_{Steg} = 30{,}9$ cm^2

$$\max \sigma_{x,x} = \frac{21000 \text{ kNcm}}{1680 \text{ cm}^3} = 12{,}5 \text{ kN/cm}^2 < 16$$

$$\max \tau_{x,z} = \frac{175 \text{ kN} \cdot 934}{25170 \text{ cm}^4 \cdot 1{,}1 \text{cm}} = 5{,}90 \text{ kN/cm}^2 < 9{,}2 > \frac{9{,}2}{2}$$

$$\tau_m = \frac{175 \text{ kN}}{30{,}9 \text{ cm}^2} = 5{,}66 \text{ kN/cm}^2 < 9{,}2 > \frac{9{,}2}{2}$$

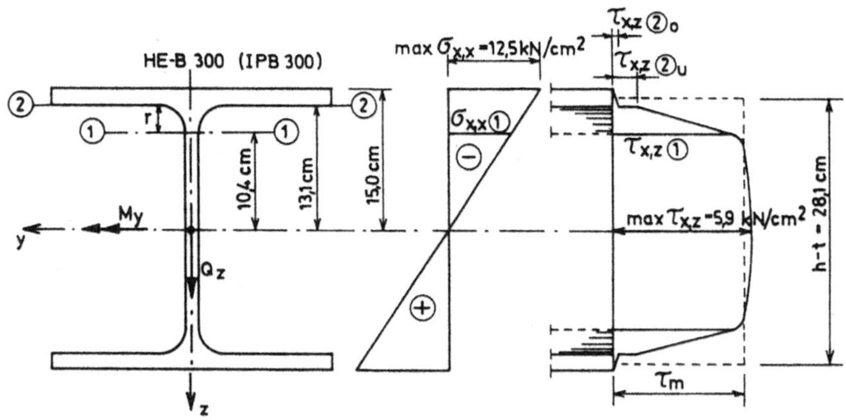

Bild 15.2 Spannungsbilder zur Ermittlung der Vergleichsspannung σ_V an der Übergangsstelle ① - ① vom Steg zum Flansch

$$\sigma_{x,x} ① = 12{,}5 \text{ kN/cm}^2 \cdot \frac{10{,}4}{15} = 8{,}67 \text{ kN/cm}^2 > \frac{16}{2}$$

Nachweis der Vergleichsspannung erforderlich!

$$\tau_{x,z,①} = \frac{175 \cdot (934 - 1{,}1 \cdot 20{,}8/2 \cdot 20{,}8/4)}{25170 \cdot 1{,}1} = 5{,}52 \text{ kN/cm}^2 < \tau_m$$

Es ist deshalb wirtschaftlicher, die Vergleichsspannung mit dem Wert $\tau_{x,z,①}$ zu ermitteln.

$$\tau_{x,z,②}^{oben} = \frac{175 \cdot (1{,}9 \cdot 30 \cdot 14{,}05)}{25170 \cdot 30} = 0{,}19 \text{ kN/cm}^2$$

$$\tau_{x,z,②}^{unten} = \frac{175 \cdot (1{,}9 \cdot 30 \cdot 14{,}05)}{25170 \cdot 6{,}5} = 0{,}86 \text{ kN/cm}^2$$

$$\sigma_V = \sqrt{8{,}67^2 + 3 \cdot 5{,}52^2} = 12{,}91 \text{ kN/cm}^2 < 16 \cdot 1{,}1$$

Nachweis der <u>Vergleichsspannungen bei Schweißnähten</u> - siehe hierzu DIN 15018 Teil 1.

16. Betriebsfestigkeitsnachweis

Der Betriebsfestigkeitsnachweis erfolgt mit den Spannungen des Lastfalles H (vgl. Tab. 12.1).

16.1 Allgemeines

Ein Bauteil führt bei häufigen Lastwechseln schon bei niedrigeren Spannungen zum Bruch, wie dies bei einmaliger Beanspruchung der Fall ist. Der Werkstoff des durch häufige Lastwechsel beanspruchten Bauteils ermüdet und führt zum Dauerbruch. Wöhler führte durch experimentelle Untersuchungen zu ersten brauchbaren Ergebnissen auf diesem Gebiet. Er fand, daß besonders die Differenzen der Spannungen (Schwingbreite) vorzeitig zum Bruch führen. Siehe auch /17/, /61/, /68/, /69/, /70/ und /71/.
Auch heute ist man noch auf die Auswertung von Versuchsreihen angewiesen, da brauchbare theoretische Lösungen für den Nachweis der Betriebsfestigkeit noch nicht gefunden wurden.

Die Betriebsfestigkeit eines Bauteils ist abhängig von

- Schwingbreite
- Spannungsverhältnis
- Anzahl der Beanspruchungen
- Kerbwirkung
- Stahlsorte.

Die Stahlsorte hat auf die Betriebsfestigkeit einen relativ geringen Einfluß.

Die Betriebsfestigkeitsuntersuchung ist für den Lastfall H durchzuführen.
Betriebsfestigkeitsuntersuchungen müssen nur bei Bauteilen durchgeführt werden, die unter nicht vorwiegend ruhender Beanspruchung belastet werden. Im Bauwesen sind dies Brücken, Krane, Kranbahnen und Maschinenfundamente. Was unter nicht vorwiegend ruhender Belastung zu verstehen ist, ist in DIN 1055 Teil 3 erläutert.

Auf einen Betriebsfestigkeitsnachweis kann verzichtet werden bei

- Kranen, die unterhalb der Beanspruchungsgruppe B1 einzustufen sind
- Unterstützungen und Aufhängungen von Kranbahnen
- HV-Schraubverbindungen
- Bauteilen mit weniger als $2 \cdot 10^4$ Spannungsspielen, während der gesamten Lebensdauer.

Der Betriebsfestigkeitsnachweis gewährleistet bei Kranen und Kranbahnen eine Schadensfreiheit von Bauteilen und Verbindungsmittel für die gesamte Lebensdauer der Anlage. Die vorhandenen Spannungen des Lastfalles H werden deshalb mit den zulässigen Spannungen verglichen. Die zulässigen Spannungen hängen ab von

a) der verwendeten Stahlsorte

b) der Beanspruchungsgruppe (s. Kap. 9.1), nach denen der Kran und die Kranbahn eingestuft wurden

c) der Kerbfall, der den Grad der Kerbwirkung berücksichtigt

d) dem Spannungsverhältnis κ, das ist das Verhältnis der Unterspannung (σ_u, τ_u) zur Oberspannung (maxσ_0, maxτ_0).
Die Oberspannung ist die (dem Betrag nach) größte Spannung; als Unterspannung ist der Wert einzusetzen, der das algebraisch kleinste κ ergibt.

$$\kappa_\sigma = \frac{\sigma_u}{\max\sigma_0} \qquad (16.1)$$

$$\kappa_\tau = \frac{\tau_u}{\max\tau_0} \qquad (16.2)$$

Beispiel 16.1 Folgende Spannungsverhältnisse würden an dem zu untersuchenden Bauteil auftreten:

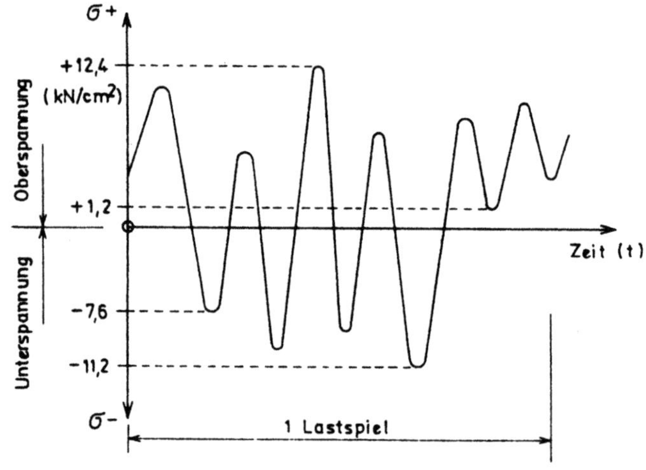

Bild 16.1

Die dem Betrag nach größte Oberspannung ist

$$\sigma_0 = 12{,}4 \text{ kN/cm}^2$$

$$\kappa_\sigma = \frac{+\,1{,}2}{12{,}4} = +\,0{,}1$$

$$\kappa_\sigma = \frac{-\,7{,}65}{12{,}4} = -\,0{,}61$$

$$\kappa_\sigma = \frac{-\,11{,}2}{12{,}4} = -\,0{,}9$$

Die Unterspannung $\sigma_u = -11{,}2\ kN/cm^2$ ergibt algebraisch das kleinste κ. Hier gilt $\kappa = -0{,}9$. Dabei gibt das Vorzeichen lediglich an, ob die Spannung schwellend ($\kappa \geq 0$) oder wechselnd ($\kappa < 0$) ist. Unterschieden nach Zug- oder Druckspannungen wird erst bei der Berechnung der zulässigen Spannung bzw. beim Ablesen der Tabellen in DIN 4132.

16.2 Stahlsorten

Es kommen im wesentlichen 2 Stahlsorten in Betracht, dies sind St 37 und St 52. Für diese Stahlsorten sind die entsprechenden Werte bereits tabelliert. Bei anderen Stahlsorten mit vergleichbarer Charakteristik kann gleich verfahren werden.

16.3 Beanspruchungsgruppen

16.3.1 Beanspruchungsgruppe Krane

Beim Betriebsfestigkeitsnachweis für Krane dürfen die Beanspruchungsgruppen entsprechend Kap. 9 eingestuft werden. Es wird hier nochmals darauf hingewiesen, daß u.U. bestimmte Bauteile eines Krans einer höheren Beanspruchungsgruppe zugeordnet werden müssen, als die anderen Bauteile. Dies nicht zuletzt deshalb, weil möglicherweise an verschiedenen Bauteilen mehr Lastspiele während der Lebensdauer des Krans zu erwarten sind.

16.3.2 Beanspruchungsgruppe Kranbahnen

Verkehrt nur 1 Kran auf einer Kranbahn, so darf für die Kranbahn diesselbe Beanspruchungsgruppe verwendet werden wie für den Kran. Die Reduzierung auf die nächst niedrigere Beanspruchungsgruppe darf dann für die Kranbahn gewählt werden, wenn der Bauherr angibt, daß weniger als 1/3 der Arbeitsspiele des Krans im betrachteten Kranbahnbereich stattfinden. Diese Reduzierung ist allerdings mit äußerster Vorsicht zu handhaben, da meist zum Zeitpunkt der Berechnung der Kranbahn nicht übersehen werden kann, wie sich Produktion oder Fertigung in den nächsten Jahren entwickelt. Sollten sich hier gravierende Änderungen ergeben, müßte dies bei der mindestens einmal jährlichen Sachkundigenprüfung vermerkt werden. Es muß dann ein neuer Betriebsfestigkeitsnachweis gemacht werden, sofern die Beanspruchung der Krananlage höher ist, als ursprünglich angenommen wurde. In welche Beanspruchungsgruppe der Kran und die Kranbahn eingestuft wurde, ist im Prüfbuch des Krans vermerkt. Die Radlasten, welche auf die Kranbahn einwirken, sind für den Lastfall H mit dem Schwingbeiwert ϕ_S in Ansatz zu bringen.

Verkehren auf einer Kranbahn mehrere Krane, so gilt folgendes:

- bei 2 Kranen, die um 2 Stufen ermäßigte Beanspruchungsgruppe desjenigen Krans mit der niedrigsten Beanspruchungsgruppe;
- bei 3 Kranen, die um 3 Stufen ermäßigte Beanspruchungsgruppe desjenigen Krans mit der niedrigsten Beanspruchungsgruppe.

16.4 Kerbfall

Die wichtigsten Kerbfälle, die häufigsten und wichtigsten Bauformen und Verbindungen wurden in DIN 4132 Tabelle 5 und 6 und in DIN 15018 Tab. 25 bis 32 zusammengestellt. Siehe hierzu auch /1/.

16.5 Zulässige Spannungen

Der Betriebsfestigkeitsnachweis und die zulässigen Spannungen bei Kranen und bei Kranbahnen sind gleich. Jedoch werden bei Kranbahnen (vgl. DIN 4132 Tab. 3 und DIN 15018 Tab. 17, 18 und 19) höhere Spannungen bei kleinen Beanspruchungsgruppen ausgewiesen. Bei Kranbahnen dürfen Nachweise nach dem Traglastverfahren durchgeführt werden, wo höhere Spannungen vorhanden sind, als beim allgemeinen Spannungsnachweis.

In DIN 4132 (Kranbahnen) sind die zulässigen Spannungen für Zug und Druck, sowie für die Schubspannung τ und die Lochleibungsspannung σ_L bereits errechnet und in Tabellen ausgewiesen, in Abhängigkeit vom Kerbfall, der Stahlsorte und der Beanspruchungsgruppe.

Es ist darauf zu achten, daß die in den Tabellen kursiv gedruckten, zulässigen Spannungen über die zulässigen Spannungen des allgemeinen Spannungsnachweises im Lastfall H hinausgehen. Diese Spannungen dürfen ausgenutzt werden wenn:

a) ein Tragsicherheitsnachweis nach der DASt-Richtlinie 008 geführt wird (Anwendung des Traglastverfahrens),
b) wenn Zwängungsspannungen berücksichtigt werden z.B. bei Radlasteinleitungen in den Kranbahnträger oder bei Fachwerkkranbahnträger,
c) bei Anwendung der Formeln 16.6 und 16.7, die dann eingesetzt werden müssen, wenn der Nachweis bei Verkehr von mehreren Kranen stattfindet.

Bei Kehlnähten sind die zulässigen Schubspannungen in den Tabellen 7 bis 18 der DIN 4132 mit dem Faktor 0,6 abzumindern. Im Schwellbereich $0 \leq \kappa \leq +1$ darf auch mit höheren Werten entsprechend der Formel 16.3 gerechnet werden.

$$\mathrm{zul}\tau_{\mathrm{Be}\kappa>0} = \frac{0{,}6\cdot \mathrm{zul}\sigma_{\mathrm{Be},z,0}/\sqrt{2}}{1-\left(1-\frac{0{,}6\cdot \mathrm{zul}\sigma_{\mathrm{Be},z,0}}{\mathrm{zul}\sigma_{\mathrm{Be},z,+1}}\right)\kappa} \qquad (16.3)$$

16.6 Spannungsnachweis

16.6.1 Spannungsnachweis beim Betrieb mit einem Kran

Bei Kranen und bei Kranbahnen mit dem Verkehr von einem Kran (wenn nur 1 Spannungsspiel je Kran stattfindet) ist nachzuweisen

$$\max \sigma \leq \mathrm{zul}\sigma_{\mathrm{Be}} \qquad (16.4)$$

$$\max \tau \leq \mathrm{zul}\tau_{\mathrm{Be}} \qquad (16.5)$$

16.6.2 Spannungsnachweis beim Betrieb mit mehreren Kranen

Beim Verkehr von mehreren Kranbahnen auf einer Kranbahn ist wegen der Aufsummierung der Spannungsspiele aus den Einzelkranen und der weiteren Spannungsspiele aus der gemeinsamen Wirkung dieser Krane ein Nachweis entsprechend den Formeln 16.6 und 16.7 zu führen:

$$\underbrace{\Sigma \left(\frac{\max\sigma}{\mathrm{zul}\sigma_{\mathrm{Be}}}\right)_i^k}_{\text{Einzelkrane}} + \underbrace{\left(\frac{\max\sigma}{\mathrm{zul}\sigma_{\mathrm{Be}}}\right)^k}_{\text{Krane gemeinsam}} \leq 1{,}0 \qquad (16.6)$$

i = Einzelkrane i = 1 bis n

$$\underbrace{\Sigma \left(\frac{\max\tau}{\mathrm{zul}\tau_{\mathrm{Be}}}\right)_i^k}_{\text{Einzelkrane}} + \underbrace{\left(\frac{\max\tau}{\mathrm{zul}\tau_{\mathrm{Be}}}\right)^k}_{\text{Krane gemeinsam}} \leq 1{,}0 \qquad (16.7)$$

Wobei der Exponent k gilt für:

k = 6,635 für die Kerbfälle W 0 bis W 2 bei St 37

k = 5,336 für die Kerbfälle W 0 bis W 2 bei St 52

k = 3,323 für die Kerbfälle K 0 bis K 4

Bei den Summengliedern sind die Spannungen einzusetzen, die sich aus der Beanspruchung der einzelnen Krane, d.h. jeder Kran für sich gerechnet, ergeben. Den zulässigen Spannungen ist die Beanspruchungsgruppe des jeweiligen Krans zugrundezulegen. Bei dem zweiten Ausdruck steht die Spannung, die sich aus der gemeinsamen Wirkung der betreffenden Krane ergibt. Dieses Auftreten ist relativ selten.

Deshalb dürfen die Spannungshöchstwerte mit der zulässigen Betriebsfestigkeitsspannung zul σ_{Be} angesetzt werden, die um 2 Gruppen niedriger ist, als die niedrigste Beanspruchungsgruppe der Einzelkrane.

Treten bei der Überfahrt eines Krans Spannungshöchstwerte infolge einzelner Kranräder auf, so sind diese durch entsprechende Summenglieder als Wirkung von Einzelkranen in den Formeln 16.6 und 16.7 zu berücksichtigen. Dabei darf auf den zweiten Ausdruck der o.g. Formel verzichtet werden.

Ein Nachweis nach der o.g. Formel kann immer dann entfallen, wenn jeder der auftretenden Spannungshöchstwerte infolge der Einzelkrane und mehrerer Kranen unter dem Wert 0,85 zul σ_{Be} der Beanspruchungsgruppe B6 liegt. Dies ist relativ wichtig, da in den allermeisten Fällen aufgrund dieses Absatzes auf den Nachweis nach den Formeln 16.6 und 16.7 verzichtet werden kann. Die Wirkung einer aus verschiedenen Spannungsarten, z.B. σ und τ zusammengesetzten Beanspruchung, braucht bei Kranbahnen bei der Betriebsfestigkeitsuntersuchung nicht nachgewiesen werden. Anders ist dies bei Kranen. Dort müssen zusammengesetzte Spannungen nachgewiesen werden nach

$$\left(\frac{\sigma_x}{\text{zul}\,\sigma_{xD}}\right)^2 + \left(\frac{\sigma_y}{\text{zul}\,\sigma_{yD}}\right)^2 - \left(\frac{\sigma_x \cdot \sigma_y}{|\text{zul}\,\sigma_{xD}| \cdot |\text{zul}\,\sigma_{yD}|}\right) + \left(\frac{\tau}{\text{zul}\,\tau_D}\right)^2 \leq 1{,}1 \qquad (16.8)$$

dabei bedeutet

σ_x, σ_y = rechnerische Normalspannung in x- und y-Richtung (Bild 14.16)

$\text{zul}\,\sigma_{xD}$, $\text{zul}\,\sigma_{yD}$ = der Spannung σ_x und σ_y entsprechende zulässige Normalspannung

$|\text{zul}\,\sigma_{xD}|$, $|\text{zul}\,\sigma_{yD}|$ = Betrag von $\text{zul}\,\sigma_{xD}$ und $\text{zul}\,\sigma_{yD}$

τ = rechnerische Schubspannung

$\text{zul}\,\tau_D$ = der Spannung τ entsprechende zulässige Schubspannung

Wenn sich aus den einander zugeordneten Spannungen σ_x, σ_y und τ der für die obige Bedingung ungünstigste Fall nicht erkennen läßt, müssen die Nachweise getrennt für die Fälle max σ_x, max σ_y und max τ mit den zugeordneten, hierfür ungünstigsten Spannungen geführt werden.

16.7 Beispiele

Siehe Kap. 14.4.2.

17. Beulen

17.1 Allgemeines

Bei gedrückten oder auf Schub beanspruchten Platten muß das Beulen als Stabilitätsfall nachgewiesen werden.
Unter Beulen versteht man das Ausweichen einer ideal ebenen Plattenmittelfläche unter Normalspannungen aus ihrer Ebene heraus.

Die Lösung des Beulproblems entspricht im Prinzip der Lösung von Knickaufgaben bei Stäben. Ähnlich wie beim Knickstab, wo man die Lösung für verschiedene Randbedingungen (eingespannt, gelenkig gelagert, frei beweglich usw.) auf eine ideelle Knicklänge $s_k = \beta \cdot s$ bezieht, drückt man das Plattenbeulproblem in der Form

$$\sigma_k = k_\sigma \cdot \sigma_e \qquad (17.1)$$

und

$$\tau_k = k_\tau \cdot \sigma_e \qquad (17.2)$$

aus. Hierbei bedeutet

σ_k = Beulspannung

k_σ, k_τ = Beulwert, abhängig von den Randbedingungen der Platte, dem Seitenverhältnis der Platte, der Spannungsart und dem Randspannungsverhältnis an den Plattenrändern

σ_e = Bezugsspannung

Der Beulsicherheitsnachweis muß zusätzlich zum allgemeinen Spannungsnachweis und anderen Stabilitätsnachweisen geführt werden.
Der rechnerische Nachweis erfolgt derzeit nach /76/. Im Rahmen der neuen DIN 18800 wird der Beulsicherheitsnachweis im Teil 3 aufgenommen.
Der Sicherheitsnachweis gegen Beulen wird entsprechend dem Lastfall H oder HZ mit den Gebrauchslasten (siehe Kap. 17.3) nachgewiesen.
/76/ ist derzeit das Standardwerk zum Nachweis der Beulsicherheit von Platten. Es soll deshalb im Kap. 17 nur auf die Besonderheiten für den Kran- und Kranbahnbau eingegangen werden. Um das Arbeiten zu erleichtern, sind die Unterkapitel in diesem Buch identisch mit den Hauptkapiteln in /76/. D.h. das Kap. 17.3 in diesem Buch wird im Kapitel 3 in der DASt-Richtlinie 012 in /76/ behandelt; oder das Kap. 17.6.2 ist im Kapitel 6 von /76/ zu finden.

Da im Kran- und Kranbahnbau nahezu immer mit querbeanspruchten Platten zu rechnen ist, wurden die am Plattenrand wirkenden Spannungen grundsätzlich mit den Achsen gekennzeichnet. Außerdem wurden in diesem Buch die in DIN 1080 festgelegten Achsenbezeichnungen verwendet. Deshalb werden die Spannungen in Kap. 17 anders bezeichnet als in /76/.

Die Definition der Vorzeichen der Spannungen in diesem Kap. 17 entspricht der in /76/ (siehe hierzu Kap. 17.1.2).

Bezeichnung der Spannungen	
/76/	im Kap. 17
σ_y	σ_z
σ_1	$\sigma_{x,1}$
σ_2	$\sigma_{x,2}$

17.1.1 Verzicht auf den Beulsicherheitsnachweis

Beulsicherheitsnachweise sind unter bestimmten Bedingungen (siehe /1/ und /76/) nicht erforderlich bei

a) Platten, die nicht als tragende Konstruktionsteile eingesetzt sind und bei deren Ausbeulen noch ausreichend Tragfähigkeit vorhanden ist;

b) vollständig einbetonierte Platten;

c) Stege von Walzprofilen nach DIN 1025 und DIN 1026 aus St 37 und St 52, die gleichzeitig folgende Bedingungen erfüllen:

c1) Seitenverhältnis $\alpha = a/b \geq 0{,}7$;
es bedeuten: a Steglänge; b Steghöhe = h_1 (s. Profiltafeln)

c2) Beanspruchung nur durch achsparallele Normalspannungen σ_x und Schubspannungen τ, die eine der beiden nachfolgenden Bedingungen erfüllen:

entweder: Randspannungsverhältnis $\psi \leq 0$ und gleichzeitig vorhandene Vergleichsspannung $\sigma_v = \sqrt{\sigma_x^2 + 3\tau^2} \leq$ zulässige Zugspannung
zulässige Zugspannung: siehe Tab. 10.2

oder: Randspannungsverhältnis $\psi \leq -1$.

d) allseitig gelenkig und unverschieblich gelagerte Rechteckplatten aus St 37 und St 52, die gleichzeitig folgende Bedingungen erfüllen:

d1) Seitenverhältnis $\alpha = a/b \geq 0{,}7$
es bedeuten: a= Längsrandlänge; b= Querrandlänge

d2) Verhältnis der Querrandlänge zur Plattendicke $(b/t) \leq \max (b/t)$;
max (b/t): s. Tab. 17.1;

d3) Beanspruchung nur durch achsparallele Normalspannungen σ_x mit dem Randspannungsverhältnis ψ lt. Tabelle und der größten Drucknormalspannung $\sigma_{x,1} \leq \max \sigma_{x,1}$ und durch Schubspannungen $\tau \leq \max \tau$; $\max \sigma_{x,1}$ und $\max \tau$: s. Tab. 17.1.

Tab. 17.1 Größte Spannungen kN/cm² im Lastfall H und größte Breiten-Dicken-Verhältnisse max. b/t für allseitig gelenkig und unverschieblich gelagerte Rechteckplatten, wenn kein Beulsicherheitsnachweis geführt wird

Beanspruchung	ψ	St 37			St 52		
		max $\sigma_{x,1}$	max τ	max $\frac{b}{t}$	max $\sigma_{x,1}$	max τ	max $\frac{b}{t}$
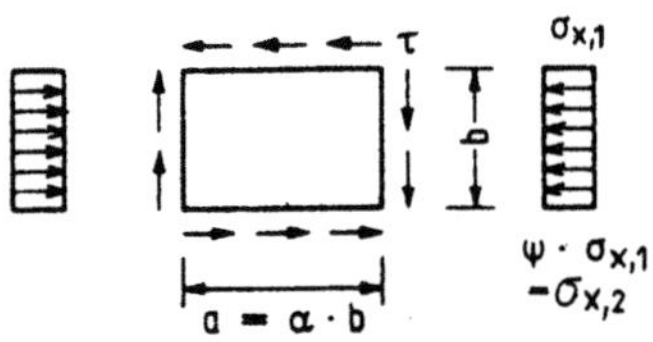	1	14,0	0	40	21,0	0	33
		14,0	0,77	39	21,0	1,1	32
		3,6	9,0	62	5,4	13,5	51
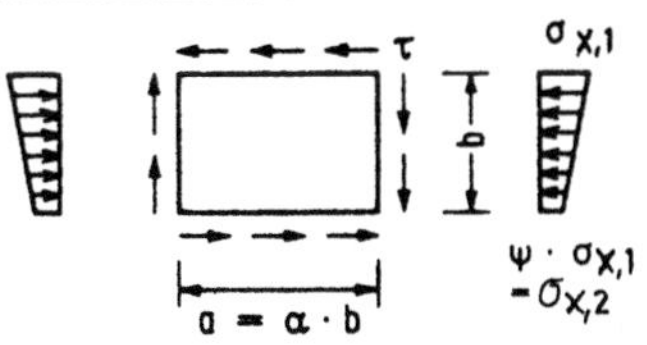	0,5	14,0	0	51	21,0	0	42
		14,0	3,3	46	21,0	5,0	38
		4,7	9,0	63	7,1	13,5	51
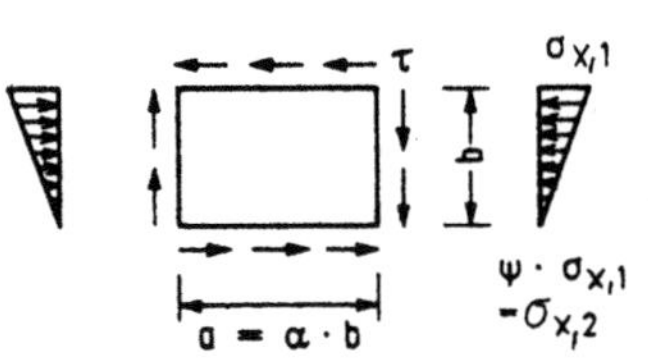	0	14,0	0	68	21,0	0	56
		14,0	4,9	55	21,0	7,4	45
		6,3	9,0	64	9,4	13,5	52
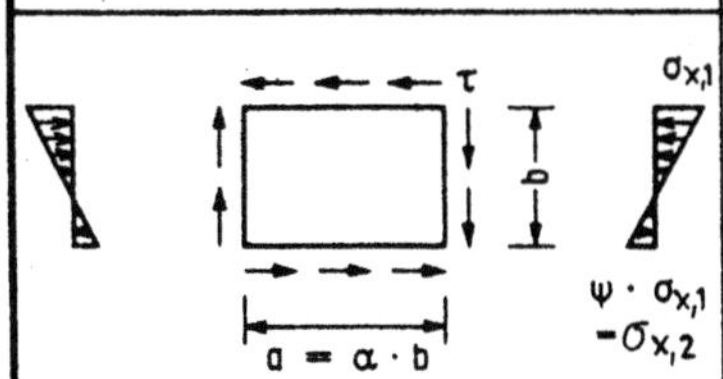	−0,5	14,0	0	98	21,0	0	80
		14,0	6,2	65	21,0	9,3	53
		7,3	9,0	67	10,9	13,5	54
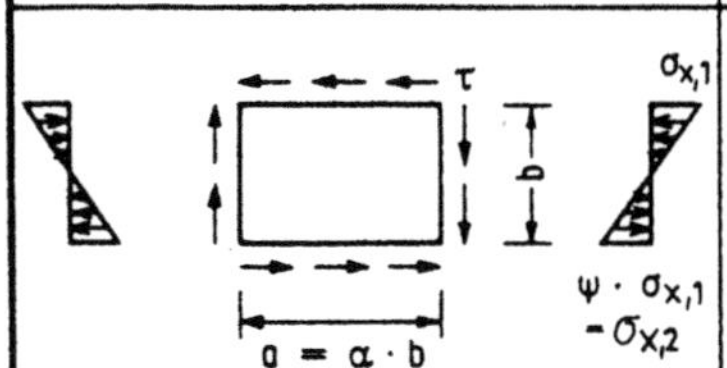	−1,0	14,0	0	143	21,0	0	117
		14,0	6,7	71	21,0	10,0	58
		6,3	9,0	72	9,5	13,5	58
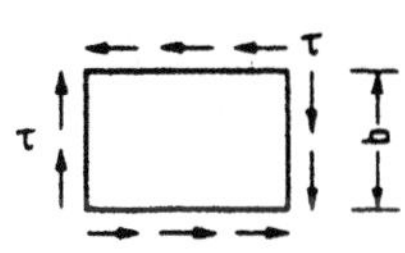		0	9,0	78	0	13,5	64

Bei den Lastfällen HZ und HS dürfen die größten Spannungen $\max\sigma_{x,1}$ und $\max\tau$ der Tab. 17.1 um denselben Faktor erhöht werden, wie die entsprechenden zulässigen Spannungen beim allgemeinen Spannungsnachweis.

St 37 LF HZ: Faktor 1,14; St 52 LF HZ: Faktor 1,14

Hierin bedeuten:

$$\alpha = \frac{a}{b} \qquad (17.3)$$

$$\psi = \frac{\sigma_{x,2}}{\sigma_{x,1}} \qquad (17.4)$$

$\sigma_{x,1}$ = größte Drucknormalspannung am Rand des untersuchten Beulfeldes (positiv)

$\sigma_{x,2}$ = Normalspannung am anderen Beulfeldrand (als Zugspannung negativ)

Bei Kranen und Kranbahnen kann auf den Beulsicherheitsnachweis in der Regel nicht verzichtet werden, da die Platten meist durch Radlasten in z-Richtung (s. Bild 15.1) belastet werden.

Das Flußdiagramm 3 in /76/ erleichtert die Arbeit bei der Entscheidung, ob auf einen Beulsicherheitsnachweis verzichtet werden kann.

Als Vorzeichenregelung gilt für das Kap. 17 folgendes:

Drucknormalspannungen sind positiv,
Zugnormalspannungen sind negativ,
Schubspannungen sind immer positiv.

Es wird darauf hingewiesen, daß die Spannungsbezeichnungen in /76/ nicht der DIN 1080 entsprechen.

17.2 Beulfelder

Beulgefährdete Platten in Bauteilen werden Beulfelder genannt. Längsränder und Längssteifen verlaufen in Richtung der Längsachse des Bauteils, Querränder und Quersteifen senkrecht dazu. Bei den Beulfeldern wird entsprechend Bild 17.1 nach Gesamtfelder, Teilfelder und Einzelfelder unterschieden.

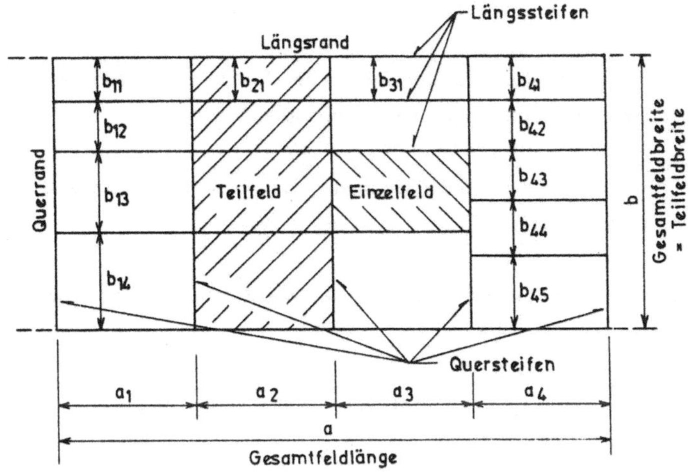

Bild 17.1 Definition der Beulfelder

- Gesamtfeld = Feld a b
- Teilfelder = Felder a_i b
- Einzelfelder = Felder a_i b_{ik}

Das Seitenverhältnis α wird nach Formel 17.3 ermittelt.
Die maßgebende Querrandlänge b ist im Bild 17.2 erläutert.

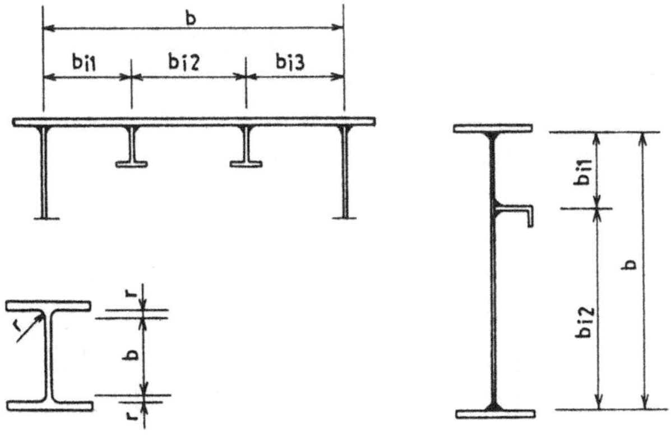

Bild 17.2 Maßgebende Querrandlänge b

Die maßgebende Länge des Längsrandes a ist abhängig vom Abstand der Querschotten oder den Quersteifen.

Für die Randbedingungen der Beulfelder gilt folgendes:

In der Regel ist für die Beulfelder an den vier Rändern gelenkige und unverschiebliche Lagerung anzunehmen.

Falls eine elastische Randeinspannung ausgenutzt werden soll - siehe Abschnitt 9.1 von /76/.

Ist ein Längsrand eines Beulfeldes elastisch gestützt oder frei - siehe Abschnitt 9.2 von /76/.

Sind Querränder elastisch gestützt - siehe Abschnitt 9.3 von /76/.

17.3 Gebrauchslasten

Gebrauchslasten sind Lasten, welche einschließlich der dynamischen Beiwerte (ϕ_E, ϕ_S, ψ_H) auf das Tragwerk einwirken, siehe Kap. 8.2.

17.4 Maßgebende vorhandene Spannungen unter Gebrauchslasten

Beim Nachweis der Beulsicherheit wird mit den gleichen Spannungen operiert wie beim allgemeinen Spannungsnachweis.
Auf die Vorzeichenregelung gem. Kap. 17.1.2 wird nochmals hingewiesen.

17.4.1 Verteilung der Spannungen entlang den Plattenrändern

17.4.1.1 Querrand Normalspannungen σ_x

Im allgemeinen darf die Verteilung der Spannung über die Breite b linear und geradlinig angenommen werden. Die Verteilung wird durch die größte Drucknormalspannung $\sigma_{x,1}$, die Größe und das Vorzeichen des Randspannungsverhältnisses ψ (siehe Formel 17.4 und Tab. 17.1) beschrieben.

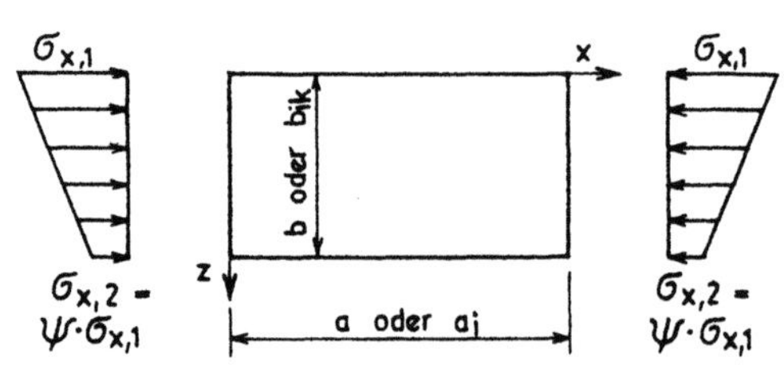

Bild 17.3 Randspannungsverhältnis ψ bei geradlinigem Verlauf der Normalspannung σ_x

Werden in einem Teil- oder Gesamtfeld die Schubverformungen (Scheibenwirkung) berücksichtigt, z.B. durch die Einführung der mittragenden Breite, darf die Verteilung der Normalspannung σ_x durch eine Parabel 2. Ordnung angenähert werden. Mit den Bezeichnungen nach Bild 17.4 und mit der Beschreibung der Stelle auf der z-Achse

$$\eta = \frac{z}{b} \qquad (17.5)$$

wird

$$\sigma_x = \sigma_{x,1} \left[1-(3+\psi-4\psi_m)\cdot\eta + 2(1+\psi-2\cdot\psi_m)\cdot\eta^2\right] \qquad (17.6)$$

dabei wird

$$\psi_m = \frac{3}{2}\cdot\frac{b_m}{b} - \frac{1}{2} \qquad (17.7)$$

in die Formel 17.6 eingeführt.

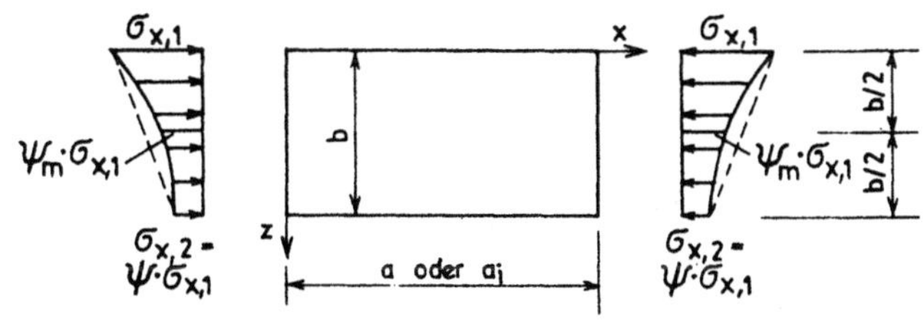

Bild 17.4 Spannungsverhältnisse ψ und ψ_m bei nicht geradlinigem Verlauf der Normalspannungen σ_x

Im Kran- und Kranbahnbau ist diese parabelförmige Spannungsverteilung weniger von Bedeutung. Dies soll nur der Vollständigkeit halber aufgeführt werden.

17.4.1.2 Querrand Schubspannungen τ

Schubspannungen dürfen über die Breite b oder $b_{i,k}$ eines Beulfeldes konstant angenommen werden. Es wird mit dem Mittelwert τ_m der in diesem Schnitt vorhandenen Schubspannung gerechnet. Jedoch muß in Ansatz gebracht werden

$$\tau_m \geq 0{,}5 \cdot \max \tau \qquad (17.8)$$

17.4.1.3 Längsrand Normalspannungen σ_z

Im Kran- und Kranbahnbau werden Beulfelder häufig durch Radlasten in der z-Richtung beansprucht (siehe Kap. 14.4.2 und Kap. 14.4.3). Im Kap. 14.4.2 wurden diese Spannungen mit $\overline{\sigma}_z$ bezeichnet.

Die Spannungen dürfen gleichmäßig verteilt angenommen werden. Die diesbezüglichen Beulwerte wurden von Protte /83/ ermittelt. Siehe auch Tab. 17.3 und 17.4.

17.4.1.4 Verteilung der Spannungen σ_x und τ über die Beulfelderlänge a oder a_i

Bei ungleichmäßiger Verteilung werden zugeordnete Spannungen des gleichen Querschnitts als konstant über die Beulfeldlänge angesetzt, und zwar in folgender Kombination: (max σ_x, τ); (max τ, σ_x).
Treten die Größtwerte der Spannungen an Querrändern von Beulfeldern mit konstanter Plattendicke und ggf. unveränderten Längssteifen auf, dürfen die Spannungen an den Stellen benutzt werden, die um b/2 bzw. $b_{ik}/2$ vom Rand entfernt sind, sollten aber nicht weniger als den Mittelwert der über der Beulfeldlänge vorhandenen Spannungen betragen.

17.4.2 Gleichzeitiges Auftreten verschiedener Spannungszustände σ_x, τ und σ_z

Wirken auf das zu untersuchende Feld gleichzeitig σ_x-Spannungen und τ-Spannungen ein, so ist die Vergleichsspannung nach Formel 17.9 nachzuweisen:

$$\sigma_V = \sqrt{\sigma_x^2 + 3 \cdot \tau^2} \qquad (17.9)$$

Wirkt zusätzlich noch eine Spannung σ_z wird die Vergleichsspannung mit

$$\sigma_V = \sqrt{\sigma_x^2 + \sigma_z^2 - \sigma_x \cdot \sigma_z + 3 \cdot \tau^2} \qquad (17.10)$$

bestimmt. Maßgebend sind dabei die Spannungen in demjenigen Punkt des Beulfeldes - das ist in der Regel auf dem Beulfeldrand - für den sich die kleinste vorhandene rechnerische Beulsicherheit vorh ν_B^* ergibt.
Wenn innerhalb eines Beulfeldes für die Beulsteifen, die Normalkräfte erhalten, oder für die Platten Stähle mit unterschiedlichen Fließgrenzen verwendet werden, kann auch die Vergleichsspannung an der Übergangsstelle maßgebend werden.

17.5 Beulsteifen

Sind Beulsteifen mit der zu versteifenden Platte schubfest verbunden, ist ihr Trägheitsmoment mit dem Steifenquerschnitt unter Berücksichtigung eines wirksamen Plattenquerschnittes zu ermitteln. Dies gilt sowohl für Rand- als auch für Längs- und Quersteifen. Siehe hierzu Kapitel 5 in /76/ oder Kapitel 8 in /65/.

17.6 Berechnung der vorhandenen rechnerischen Beulsicherheiten vorh ν_B^*

17.6.1 Voraussetzungen

Bei der Berechnung der idealen Beulspannung wird von folgenden Voraussetzungen ausgegangen

- unbeschränkte Gültigkeit des Hookschen Gesetzes
- ideal isotroper Werkstoff

- exakt ebenes Blech ohne Eigenspannungen
- genaue mittige Krafteinleitung
- das Verhältnis der für die Beuluntersuchung maßgebenden Spannungen $\sigma_{x,1}$, σ_z und τ bleibt bei Belastungssteigerung konstant.

Die idealen Beulspannungen oder idealen Beulvergleichsspannungen werden nicht als Tragspannungen aufgefaßt, sondern dienen nur als Bezugsgrößen.

17.6.2 Berechnung der idealen Einzelbeulspannung

Die idealen Beulspannungen, die sich für ein Beulfeld bei alleiniger Wirkung der Spannungen σ_x oder σ_z oder τ ergeben, werden ideale Einzelbeulspannungen $\sigma_{x,Ki}$, $\sigma_{z,Ki}$ bzw. τ_{Ki} genannt. Die Größtwerte der Drucknormalspannungen werden durch den zusätzlichen Index 1 gekennzeichnet. Die maßgebenden idealen Einzelbeulspannungen werden berechnet aus

$$\sigma_{x,1,Ki} = k_{\sigma x} \cdot \sigma_e \qquad (17.11)$$

$$\sigma_{z,1,Ki} = k_{\sigma z} \cdot \sigma_e \qquad (17.12)$$

$$\tau_{Ki} = k_{\tau} \cdot \sigma_e \qquad (17.13)$$

σ_e = die Bezugsspannung σ_e ist gleich der Eulerschen Knickspannung (siehe Formel 17.14) eines an beiden Enden einspannungsfrei gelagerten Plattenstreifens der Länge b und der Dicke t, dessen Biegesteifigkeit durch die Plattensteifigkeit N ersetzt wird.

k_{σ_x} = Beulwert siehe Tab. 17.2

k_{σ_z} = Beulwert siehe Tab. 17.3 und 17.4

k_{τ} = Beulwert siehe Tab. 17.5.

Für die wichtigsten im Kran- und Kranbahnbau vorkommenden Lagerungsfälle und Beulfeldbeanspruchungen sind die Beulwerte in den Tab. 17.2 bis Tab. 17.5 zusammengefaßt. Beulwerte, andere Lagerungen und Beanspruchungen der Beulfelder (Platten) können z.B. /21/, /33/, /82/, /83/ und /84/ entnommen werden.

Die Beulwerte hängen von folgenden Parametern ab:
- von der Spannungsverteilung (Verhältnisse ψ und ψ_m nach Kap. 17.4)
- vom Seitenverhältnis α des Beulfeldes
- von seiner Lagerung
- von seiner Versteifung.

Tab. 17.2 Beulwerte k_{σ_x} nach Petersen /21/ für gelenkig gelagerte Ränder unter Biegerandspannung

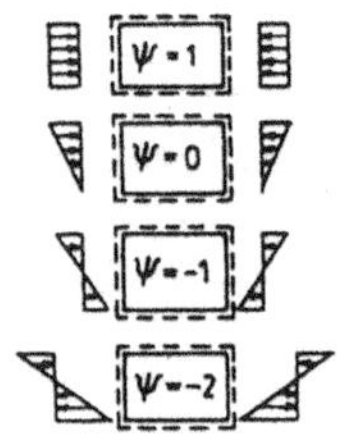

$$\psi = \frac{\sigma_{x,2}}{\sigma_{x,1}}$$

$$\alpha = \frac{a}{b}$$

$$\sigma_{x,1}(Ki) = k_{\sigma_x} \cdot \sigma_e$$

$$\sigma_e = \frac{E \cdot \pi^2}{12(1-\mu^2)} \cdot \left(\frac{t}{b}\right)^2$$

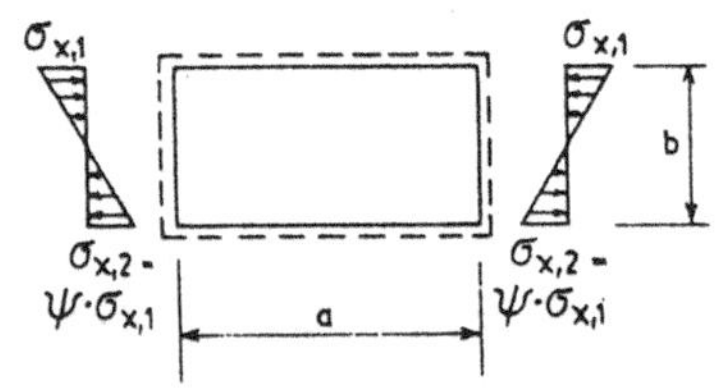

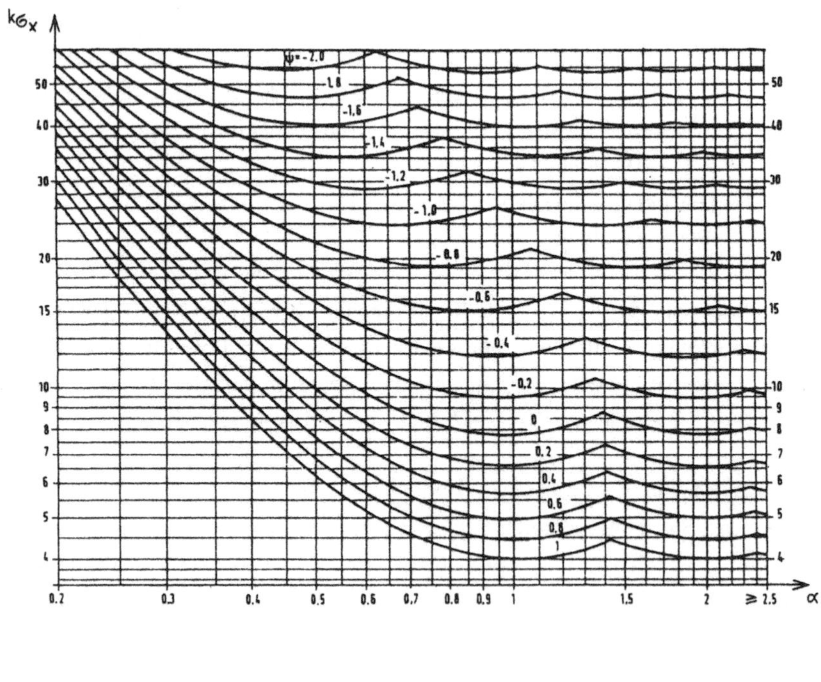

Tab. 17.3 Beulwerte k_{σ_z} querbelasteter Rechteckplatten nach Protte - Lasteinleitung am oberen Längsrand

gelenkige Lagerung der Ränder

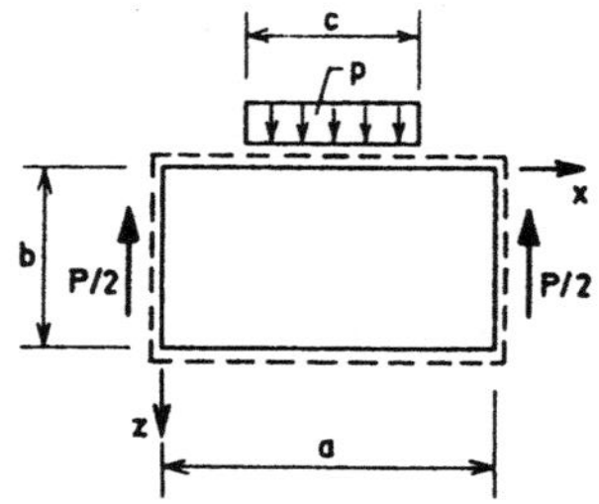

$$\alpha = \frac{a}{b}$$

$$P = c \cdot p$$

$$\sigma_{z,1}(Ki) = k_{\sigma_z} \cdot \sigma_e$$

$$P(Ki) = \sigma_{z,1}(Ki) \cdot a \cdot t$$

t= Plattendicke

k_{σ_z} - Werte für:																				
	α= 0,7	1,0	1,5	2,0	2,5	3,0	3,5	4,0	4,5	5,0	5,5	6,0	6,5	7,0	7,5	8,0	8,5	9,0	9,5	≥10
c/a=1	12	6,2	3,3	2,55	2,3	2,1	1,93	1,89	1,86	1,83	1,80	1,78	1,77	1,76	1,75	1,74	1,73	1,72	1,71	1,70
c/a=0,8	9,7	5,0	2,8	2,2	1,8	1,69	1,62	1,55	1,51	1,48	1,45	1,42	1,39	1,36	1,34	1,32	1,30	1,29	1,28	1,27
c/a=0,6	8,1	4,2	2,3	1,7	1,45	1,3	1,2	1,15	1,11	1,08	1,05	1,03	1,02	1,01	1,00	0,99	0,98	0,97	0,96	0,95
c/a=0,4	7,3	3,7	2,1	1,45	1,2	0,98	0,90	0,85	0,82	0,80	0,78	0,76	0,74	0,72	0,70	0,68	0,66	0,64	0,63	0,62
c/a=0,2	6,5	3,4	1,8	1,3	0,98	0,80	0,70	0,62	0,57	0,54	0,52	0,50	0,49	0,48	0,47	0,46	0,45	0,44	0,43	0,42
c/a=0	6,2	3,2	1,7	1,18	0,9	0,75	0,62	0,55	0,50	0,47	0,45	0,44	0,43	0,42	0,41	0,4	0,39	0,38	0,37	0,36

Zwischenwerte interpolieren

Tab. 17.4 Beulwerte k_{σ_z} querbelasteter Rechteckplatten nach Protte
- Lasteinleitung am unteren Längsrand

gelenkig gelagert

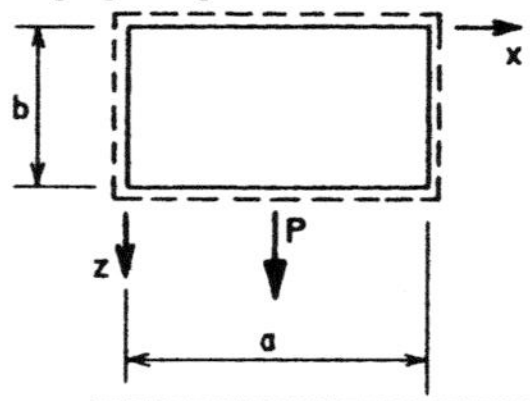

oder

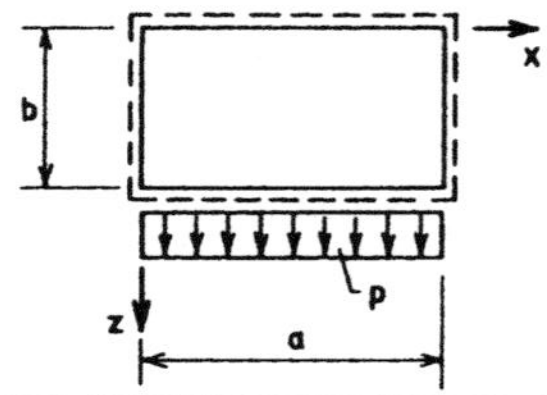

$P = a \cdot p \quad \alpha = \frac{a}{b}$

$\sigma_{z,1(Ki)} = k_{\sigma_z} \cdot \sigma_e$

$P_{(Ki)} = \sigma_{z,1(Ki)} \cdot a \cdot t$

t = Plattendicke

	k_{σ_z} - Werte für																			
	α=0,5	1,0	1,5	2,0	2,5	3,0	3,5	4,0	4,5	5,0	5,5	6,0	6,5	7,0	7,5	8,0	8,5	9,0	9,5	≥10
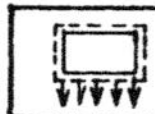	210	67	22	11	6,4	4,3	3,0	2,3	1,87	1,60	1,45	1,35	1,25	1,19	1,10	1,02	0,98	0,94	0,90	0,88
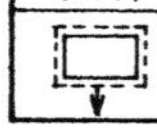	127	41	13	6	3,6	2,4	1,7	1,25	1,10	0,98	0,88	0,80	0,74	0,70	0,67	0,65	0,63	0,61	0,60	0,59

Tab. 17.5 Beulwerte k_τ unter Schubspannungen nach Petersen und Timoshenko

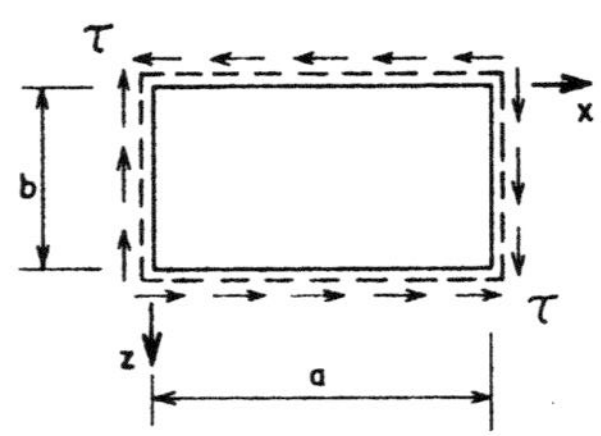

$\alpha = \frac{a}{b}$

$\tau_{(Ki)} = k_\tau \cdot \sigma_e$

k_τ - Werte für:												
α = 0,5	1	1,5	2	2,5	3	4	5	6	7	8	9	≥ 10
25,36	9,34	7,11	6,34	5,98	5,78	5,59	5,5	5,45	5,42	5,40	5,39	5,38

Zwischenwerte interpolieren

Die Bezugsspannung σ_e wird wie folgt ermittelt

$$\sigma_e = \frac{\pi^2 \cdot E}{12(1-\mu^2)} \cdot \left(\frac{t}{b}\right)^2 \qquad (17.14)$$

Hierin bedeuten

E = Elastizitätsmodul (Stahl E = 21000 kN/cm^2)

μ = Poissonsche Querdehnungszahl (Stahl μ = 0,3)

t = Dicke des Plattenstreifens

b = Länge des Querrandes der betrachteten Platte

In dimensionsloser Darstellung wird die Bezugsspannung $\overline{\sigma}_e$

$$\overline{\sigma}_e = \frac{\sigma_e}{\beta_{0,2}} \qquad (17.15)$$

$\beta_{0,2}$ = Fließspannung des Werkstoffes der Platte. Für Stahl ist die Fließspannung und die Streckgrenze β_S identisch (s. Tab. 10.1)

Die Bezugsspannung σ_e ist für die Betrachtung eines Beulfeldes in x- und z-Richtung gleich groß.

Die Versteifung eines Beulfeldes (Gesamtfeld oder Teilfeld siehe Bild 17.1) wird außer durch die Steifenlage gekennzeichnet durch

- das bezogene Trägheitsmoment eines Steifenquerschnitts

$$\gamma = 12(1-\mu^2) \cdot \frac{I}{b \cdot t^3} = 10{,}92 \cdot \frac{I}{b \cdot t^3} \qquad (17.16)$$

- die bezogene Querschnittsfläche einer Steife

$$\delta = \frac{F}{b \cdot t} \qquad (17.17)$$

In den Formeln für γ und δ bedeuten:

I = Trägheitsmoment eines Steifenquerschnitts nach Abschn. 5 von /76/

F = Querschnittsfläche einer Steife (ohne wirksamen Anteil der auszusteifenden Platte)

b = Breite des Teil- oder Gesamtfeldes.

17.6.3 Ideale Beulvergleichsspannung $\sigma_{V,Ki}$

Die ideale Beulvergleichsspannung $\sigma_{V,Ki}$ ist für denjenigen Punkt eines Beulfeldes zu bestimmen, für den sich die kleinste vorhandene rechnerische Beulsicherheit vorh ν_B^* ergibt. Dieser Punkt muß mit demjenigen übereinstimmen, für den nach Kap. 17.4.2 die Vergleichsspannung σ_V, (Formel 17.9 und 17.10) berechnet wurde. Um den Punkt mit der kleinsten vorhandenen rechnerischen Beulsicherheit sicher festlegen zu können, müssen u.U. mehrere Nachweise geführt werden. Stabilisierende Zugspannungen dürfen nur dann berücksichtigt werden, wenn sie auch zweifelsfrei vorhanden sind.

17.6.3.1 Berechnung der idealen Beulvergleichsspannung $\sigma_{V,Ki}$

Sie ergibt sich aus

$$\sigma_{V,Ki} = \sqrt{(\sigma^*_{x,Ki})^2 + (\sigma^*_{z,Ki})^2 - (\sigma^*_{x,Ki})(\sigma^*_{z,Ki}) + 3\cdot(\tau^*_{Ki})^2} \qquad (17.18)$$

wobei $\sigma^*_{x,Ki}$, $\sigma^*_{z,Ki}$ und τ^*_{Ki} die gleichzeitig wirkenden idealen Einzelbeulspannungen (s. Kap. 17.6.2) für den zuvor beschriebenen Punkt eines Beulfeldes sind. Sie werden durch * gekennzeichnet.

Da voraussetzungsgemäß die maßgebenden Spannungen σ_x, σ_z und τ im gleichen Verhältnis zueinander stehen wie $\sigma^*_{x,Ki}$, $\sigma^*_{z,Ki}$ und τ^*_{Ki}, kann die ideale Beulvergleichsspannung auch aus

$$\sigma_{\overline{V,Ki}} = \frac{\sigma^*_{\overline{x,1,Ki}}}{\sigma_{\overline{x,1}}} \cdot \sigma_{\overline{V}} = \frac{\sigma^*_{\overline{z,Ki}}}{\sigma_{\overline{z}}} \cdot \sigma_{\overline{V}} = \frac{\tau^*_{\overline{Ki}}}{\tau_{\overline{m}}} \cdot \sigma_{\overline{V}} \qquad (17.19)$$

bestimmt werden.

17.6.3.2 Näherungsweise Berechnung der idealen Beulvergleichsspannung $\sigma_{V,Ki}$

a) Näherungsweise kann die ideale Beulvergleichsspannung $\sigma_{V,Ki}$ aus den idealen Einzelbeulspannungen $\sigma_{x,Ki}$, $\sigma_{z,Ki}$ und τ_{Ki} mit Hilfe von Interaktionsbeziehungen ermittelt werden. Dabei sind die idealen Einzelbeulspannungen desjenigen Punktes einzusetzen, für den nach Kap. 17.4.2 die Vergleichsspannung σ_V berechnet wurde. Für ein unversteiftes rechteckiges Beulfeld mit allseitig gelenkiger, unverschiebli-

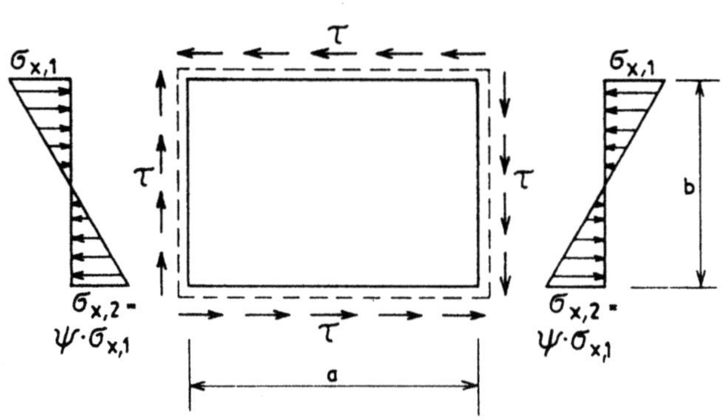

Bild 17.5 Voraussetzung für die Anwendbarkeit der Formel 17.20

cher Lagerung, welches durch die Randspannungen σ_x und τ nach Bild 17.5 beansprucht ist, ergibt sich die Beulvergleichsspannung

$$\sigma_{V,Ki} = \frac{\sqrt{\sigma_{x,1}^2 + 3\,\tau^2}}{\frac{1+\psi}{4}\cdot\frac{\sigma_{x,1}}{\sigma_{x,1,Ki}} + \sqrt{\left(\frac{3-\psi}{4}\cdot\frac{\sigma_{x,1}}{\sigma_{x,1,Ki}}\right)^2 + \left(\frac{\tau}{\tau_{Ki}}\right)^2}} \qquad (17.20)$$

Hierin bedeuten

$\sigma_{x,1}$ = größte Drucknormalspannung, siehe Kap. 17.4.1.1

ψ = Randspannungsverhältnis nach Formel 17.4

$\sigma_{x,1,Ki}$ = ideale Einzelbeulspannung nach Formel 17.11

= maßgebende Schubspannung, siehe Kap. 17.4.1.2

Beim Randspannungsverhältnis $\psi = 1$ darf diese Formel näherungsweise auch für versteifte Beulfelder angewendet werden. Bei Randspannungsverhältnissen $-1 \leq \psi \leq 1$ darf sie näherungsweise auch für Beulfelder mit symmetrischer Längsversteifung angewendet werden, d.h. wenn die Abstände der Längssteifen spiegelbildlich zur Geraden $z = b/2$ sind.

Im Sonderfall $\tau = 0$ wird $\sigma_{V,Ki} = \sigma_{x,1,Ki}$ und im Sonderfall $\sigma_{x,1} = 0$, d.h. bei reiner Schubbeanspruchung, gilt

$$\sigma_{V,Ki} = \tau_{Ki} \cdot \sqrt{3} \qquad (17.20a)$$

Als sichere Abschätzung für die Interaktionsbeziehung darf immer die Dunkerleysche Gerade verwendet werden (siehe /76/ und /85/).

b) Beanspruchung eines Beulfeldes gem. Bild 17.6

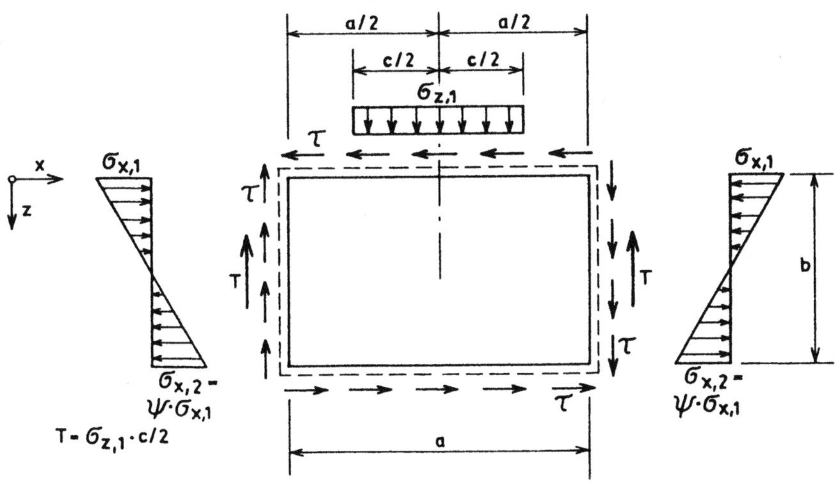

Bild 17.6 Beulfeld mit Lang- und Querbeanspruchung

Wird ein rechteckiges Beulfeld mit allseitig gelenkiger, unverschieblicher Lagerung durch die Randspannungen σ_x, σ_z und τ beansprucht und treten die Größtwerte der Drucknormalspannungen in demselben Punkt auf, darf die ideale Beulvergleichsspannung $\sigma_{V,Ki}$ folgendermaßen ermittelt werden:

für $\dfrac{\tau \cdot K_{\sigma,x}}{\sigma_{x,1} \cdot K_\tau} \leq 1$:

$$\sigma_{V,Ki} = \frac{\sigma_V}{\dfrac{4 - \dfrac{\tau \cdot K_{\sigma,x}}{\sigma_{x,1} \cdot K_\tau}}{4} \cdot \dfrac{\sigma_{z,1}}{\sigma_{z,1,Ki}} + \sqrt{\left(\dfrac{\dfrac{\tau \cdot K_{\sigma,x}}{\sigma_{x,1} \cdot K_\tau}}{4} \cdot \dfrac{\sigma_{z,1}}{\sigma_{z,1,Ki}}\right)^2 + \left(\dfrac{\sigma_{x,1}}{\sigma_{z,1,Ki}}\right)^2}} \qquad (17.21)$$

für $\dfrac{\sigma_{x,1} \cdot K_\tau}{\tau \cdot K_{\sigma,x}} \leq 1$:

$$\sigma_{V,Ki} = \frac{\sigma_V}{\dfrac{2 + \dfrac{\sigma_{x,1} \cdot K_\tau}{\tau \cdot K_{\sigma,x}}}{4} \cdot \dfrac{\sigma_{z,1}}{\sigma_{z,1,Ki}} + \sqrt{\left(\dfrac{2 - \dfrac{\sigma_{x,1} \cdot K_\tau}{\tau \cdot K_{\sigma,x}}}{4} \cdot \dfrac{\sigma_{z,1}}{\sigma_{z,1,Ki}}\right)^2 + \left(\dfrac{\tau}{\tau_{Ki}}\right)^2}} \qquad (17.22)$$

Wenn die Spannungen σ_z aus einer örtlich angreifenden Einzellast P (Bild 17.6) herrühren, ist

$$\frac{\sigma_{z,1}}{\sigma_{z,1,Ki}} = \frac{P}{P_{Ki}} \qquad (17.23)$$

worin P_{Ki} die ideale Beullast unter alleiniger Wirkung von P bedeutet.

17.6.4 Berechnung der Beulspannungen $\sigma_{V,K}$

In allen Fällen, in denen die ideale Beulvergleichsspannung $\sigma_{V,Ki}$ oberhalb des Wertes $0{,}60 \cdot \sigma_F$ liegt, ist eine abgeminderte Beulvergleichsspannung $\sigma_{V,K}$, kurz Beulspannung genannt, zu bestimmen:

- für $\sigma_{V,Ki} \geq 2{,}04 \cdot \sigma_F$ ist $\sigma_{V,K} = \sigma_F$ (17.24)
- für $2{,}04 \cdot \sigma_F > \sigma_{V,Ki} > 0{,}60 \cdot \sigma_F$ ist $\sigma_{V,K} = \sigma_F \left(1{,}474 - 0{,}677 \cdot \sqrt{\dfrac{\sigma_F}{\sigma_{V,Ki}}}\right)$ (17.25)
- für $0{,}60 \cdot \sigma_F \geq \sigma_{V,Ki}$ ist $\sigma_{V,K} = \sigma_{V,Ki}$ (17.26)

$\sigma_F = \sigma_S$ (Streckgrenze s. Tab. 10.1)

17.6.5 Berechnung der maßgebenden Grenzspannung σ_G

Um die maßgebende Grenzspannungen σ_G nicht zu erreichen, muß eine ausreichende Sicherheit nachgewiesen werden.

17.6.5.1 Grenzspannung σ_G - Bauteile mit Schnittgrößen ohne Druckkraft

Im Kran- und Kranbahnbau werden die nachzuweisenden Bauteile meist ohne Druckkraft beansprucht.

Bei Bauteilen mit Schnittgrößen ohne Druckkraft ist die maßgebende Grenzspannung σ_G gleich der Beulspannung $\sigma_{V,K}$ nach Kap. 17.6.4.

$$\sigma_G = \sigma_{V,K} \qquad (17.27)$$

17.6.5.2 Grenzspannung σ_G - planmäßig mittig beanspruchte Stäbe

Diese Beanspruchung ist im Kran- und Kranbahnbau selten. Eine Ausnahme bilden Fachwerkkonstruktionen. Es wird auf Abschnitt 6.3.2 in /76/ verwiesen.

17.6.5.3 Grenzspannung σ_G - Bauteile mit Schnittgrößen einschl. Druckkraft

Dieser Nachweis ist im Kran- und Kranbahnbau innerhalb von Gebäuden relativ selten. Der Vollständigkeit halber wird dies hier mit aufgeführt.

Beim Nachweis von Einzelfeldern ist die maßgebende Grenzspannung σ_G gleich der Beulspannung $\sigma_{V,K}$, siehe Formel 17.27.

Beim Nachweis von Teil- und Gesamtfeldern ist die maßgebende Grenzspannung

$$\sigma_G = \frac{\sigma_{V,K} \cdot (\sigma_V - \sigma_N) + \sigma_{B,K} \cdot \sigma_N}{\sigma_V} \qquad (17.28)$$

Hierin ist

$\sigma_{V,K}$ = Beulspannung des Teil- oder Gesamtfeldes nach Kap. 17.6.4 unter Berücksichtigung aller Schnittgrößen

$\sigma_{B,K}$ = $\sigma_{B,K}(\bar{\lambda}_K, \bar{\lambda}_V)$ die Beulknickspannung desselben Teil- oder Gesamtfeldes nach Kap. 17.6.5.2. Hierbei ist λ_V der bezogene Vergleichsschlankheitsgrad unter Berücksichtigung aller Schnittgrößen

σ_V = vorhandene Vergleichsspannung nach Kap. 17.4.2 Formel 17.9 und 17.10 unter Berücksichtigung aller Schnittgrößen

σ_N = vorhandene Normalspannung (als Druckspannung positiv) unter alleiniger Wirkung der Druckkraft N im Bauteil.

17.6.6 Berechnung der vorhandenen rechnerischen Beulsicherheit ν_B^*

Die vorhandene rechnerische Beulsicherheit ist das Verhältnis der maßgebenden Grenzspannung σ_G nach Kap. 17.6.5 zur Vergleichsspannung σ_V nach Kap. 17.4.2:

$$\text{vorh } \nu_B^* = \frac{\sigma_G}{\sigma_V} \tag{17.29}$$

17.7 Beulsicherheitsnachweis

Die vorhandenen rechnerischen Beulsicherheiten nach Kap.17.6.6 müssen für Einzel-, Teil- und Gesamtfelder mindestens so groß sein, wie die erforderlichen rechnerischen Beulsicherheiten, die in den Kap. 17.8 und 17.9 angegeben sind:

$$\text{vorh } \nu_B^* \geq \text{erf } \nu_B^* \tag{17.30}$$

17.8 Berechnung der erforderlichen Beulsicherheiten bei Beulfeldern mit allseitig gelenkiger, unverschieblicher Lagerung

Hierbei handelt es sich im Kran- und Kranbahnbau um den Normalfall.

17.8.1 Beulfelder unter alleiniger Wirkung von Randspannungen σ_x oder σ_z oder τ

Unter alleiniger Wirkung von Randspannungen σ_x oder σ_z oder τ müssen die erforderlichen rechnerischen Beulsicherheiten

$\text{erf } \nu_B^* = \text{erf } \nu_B(\sigma_x)$ nach Zeile 1 bzw.

$\text{erf } \nu_B^* = \text{erf } \nu_B(\sigma_z)$ nach Zeile 2 bzw.

$\text{erf } \nu_B^* = \text{erf } \nu_B(\tau)$ nach Zeile 3

der Tabelle 17.6 eingehalten werden.
In der Tab. 17.6 Zeile 1, ist immer $\psi_b \geq -1$ einzusetzen.
ψ_b ist

- bei Beuluntersuchungen von Einzelfeldern das Randspannungsverhältnis des Teilfeldes, in dem das Einzelfeld liegt;
- bei Beuluntersuchungen von Teil- oder Gesamtfeldern das Randspannungsverhältnis des untersuchten Teil- oder Gesamtfeldes.

Tab. 17.6 Erforderliche rechnerische Beulsicherheiten erf $\nu_B(\sigma_x)$, erf $\nu_B(\sigma_z)$, erf $\nu_B(\tau)$

	1	2	3	4
	Beanspruchung	Lastfall	erforderl. rechn. Beulsicherheiten für Einzelfelder	für Teil- und Gesamtfelder
1	σ_x	H HZ S	$1{,}32+0{,}09(1+\psi_b)$ $1{,}16+0{,}08(1+\psi_b)$ $1{,}02+0{,}07(1+\psi_b)$	$1{,}32+0{,}19\,(1+\psi_b)$ $1{,}16+0{,}17\,(1+\psi_b)$ $1{,}02+0{,}15\,(1+\psi_b)$
2	σ_z	H HZ S	1,50 1,32 1,16	1,70 1,50 1,32
3	τ	H HZ S	1,32 1,16 1,02	1,32 1,16 1,02

Lastfälle: siehe Tab. 12.1.

17.8.2 Beulfelder mit knickstabähnlichem Verhalten unter alleiniger Wirkung von Randspannungen σ_x oder σ_z

Bei den im Kran- und Kranbahnbau verwendeten Profilen ist dieses knickstabähnliche Verhalten selten. Der Vollständigkeit halber wird es mit erfaßt. Knickstabähnliches Verhalten kann bei unversteiften Platten und bei allen Vergleichsschlankheitsgraden der Platten vorkommen.

Eine Platte verhält sich beim Ausweichen von Knickstäben ähnlich, wenn

- im Fall von Randspannungen σ_x ein kleines Seitenverhältnis α oder eine kräftige Längsaussteifung oder beides oder
- im Fall von Randspannungen σ_z ein großes Seitenverhältnis α oder eine kräftige Queraussteifung oder beides

vorhanden ist.

17.8.2.1 Beulfelder mit knickstabähnlichem Verhalten unter alleiniger Wirkung von σ_x

Im Falle von Randspannungen σ_x ist der Einfluß des knickstabähnlichen Verhaltens der Platte zu berücksichtigen, wenn

$$\frac{\sigma_{Ki}}{\sigma_{x,1,Ki}} > 0{,}5 \qquad (17.31)$$

hierbei ist

$\sigma_{x,1,Ki} = \sigma_x \, \sigma_e$ die ideale Einzelbeulspannung nach Formel 17.11 des untersuchten Beulfeldes mit den angenommenen Randbedingungen unter alleiniger Wirkung der Randspannungen $\sigma_{x,i}$

$\sigma_{Ki} = \frac{1}{\alpha^2} \frac{1 + \Sigma\gamma^L}{1 + \Sigma\delta^L} \cdot \sigma_e$ (17.32) die Eulersche Knickspannung des gleichen Beulfeldes, jedoch mit freien Längsrändern.

Das Verhältnis $\sigma_{Ki} / \sigma_{1,Ki}$ ergibt sich somit aus

$$\frac{\sigma_{Ki}}{\sigma_{1,Ki}} = \frac{1}{k_{\sigma,x} \cdot \alpha^2} \cdot \frac{1 + \Sigma\gamma^L}{1 + \Sigma\delta^L}, \text{ jedoch } \frac{\sigma_{Ki}}{\sigma_{1,Ki}} \leq 1 \quad (17.33)$$

Hierin sind $\Sigma\gamma^L$ und $\Sigma\delta^L$ die Summen der in Kap. 17.6.2 definierten bezogenen Querschnittswerte für Längssteifen. Für γ^L und K_σ sind immer die einander zugeordneten Werte einzusetzen. Folglich ist $K_\sigma(\gamma^{L*})$ und γ^{L*}einzusetzen, falls $K_\sigma(\gamma^L)$ bei $\gamma^L > \gamma^{L*}$ nicht bekannt ist.

γ^{L*}, die Mindeststeifigkeit einer Längssteife, ist dasjenige bezogene Trägheitsmoment der Längssteife, das die ideale Einzelbeulspannung des Teil- oder Gesamtfeldes auf diejenige des maßgebenden Einzelfeldes anhebt.

Im Falle knickstabähnlichen Verhaltens der Platte ist erf $\nu_B(\sigma_x)$ nach Tab. 17.6 Zeile 1 auf

$$\text{erf } \nu_{B,S}(\sigma_x) = \text{erf } \nu_B(\sigma_x) \cdot \left[1 + \left(\frac{\sigma_{V,K}}{\sigma_K} - 1\right) \cdot \left(2 \cdot \frac{\sigma_{Ki}}{\sigma_{x,1,Ki}} - 1\right)\right] \quad (17.34)$$

zu erhöhen.

Vereinfachend darf immer mit

$$\text{erf } \nu_{B,S}(\sigma_x) = \frac{\sigma_{V,K}}{\sigma_K} \cdot \text{erf } \nu_B(\sigma_x) \quad (17.35)$$

oder mit dem Größtwert

$$\text{erf } \nu_{B,S}(\sigma_x) = 1{,}383 \cdot \text{erf } \nu_B(\sigma_x) \quad (17.36)$$

gerechnet werden.

Bei unversteiften Platten kann das mögliche knickstabähnliche Verhalten entsprechend dem Bild 17.7 ermittelt werden. Zeigt sich ein knickstabähnliches Verhalten der Platte, kann der Beulnachweis schnell über die Formel 17.36 erfolgen.

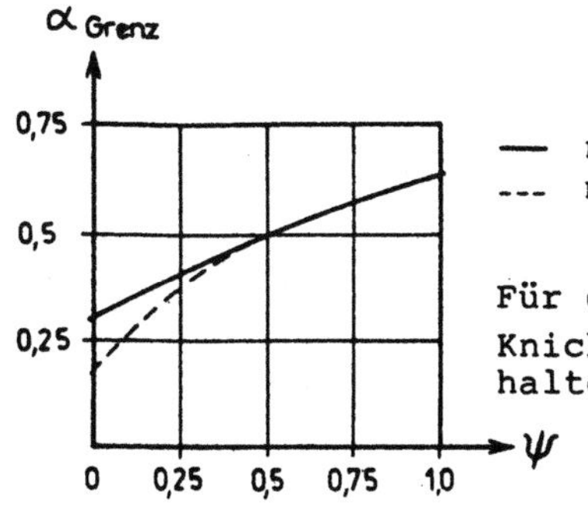

Bild 17.7 Seitenverhältnise α_{Grenz} für die Berücksichtigung knickstabähnlichen Verhaltens bei unversteiften Platten

17.8.2.2 Beulfelder mit knickstabähnlichem Verhalten unter alleiniger Wirkung von σ_z

Im Falle von Randspannungen σ_z ist der Einfluß des knickstabähnlichen Verhaltens der Platte entsprechend Kap. 17.8.2.1 zu ermitteln. Dabei sind die Koordinatenrichtungen und die Begriffe "längs" und "quer" zu vertauschen.

17.8.3 Beulfelder unter gleichzeitiger Wirkung der Randspannungen σ_x, σ_z und τ

Bei gleichzeitiger Wirkung von Randspannungen σ_x, σ_z und τ ist nur die erforderliche rechnerische Beulsicherheit erf ν_B^* einzuhalten.

Falls sich das untersuchte Beulfeld nicht knickstabähnlich verhält, ist

$$\text{erf}\ \nu_B^* = \sqrt{\frac{\left(\frac{\sigma_{x,1}}{\sigma_{x,1,Ki}}\right)^2 + \left(\frac{\sigma_{z,1}}{\sigma_{z,1,Ki}}\right)^2 + \left(\frac{\tau}{\tau_{Ki}}\right)^2}{\left[\frac{\frac{\sigma_{x,1}}{\sigma_{x,1,Ki}}}{\text{erf}\ \nu_B(\sigma_x)}\right]^2 + \left[\frac{\frac{\sigma_{z,1}}{\sigma_{z,1,Ki}}}{\text{erf}\ \nu_B(\sigma_z)}\right]^2 + \left[\frac{\frac{\tau}{\tau_{Ki}}}{\text{erf}\ \nu_B(\tau)}\right]^2}} \qquad (17.37)$$

Vereinfachend darf für erf ν_B^* die Werte der Tab. 17.6 Zeile 2 verwendet werden.

Falls sich ein Beulfeld unter alleiniger Wirkung der Randspannung σ_x oder σ_z knickstabähnlich verhält, ist in der Formel für erf ν_B^*

erf $\nu_B(\sigma_x)$ durch erf $\nu_{B,S}(\sigma_x)$ bzw.

erf $\nu_B(\sigma_z)$ durch erf $\nu_{B,S}(\sigma_z)$

zu ersetzen. Vereinfachend dürfen für diesen Fall die 1,383-fachen Werte der Tab. 17.6 Zeile 2 eingesetzt werden.

17.9 Beulfelder mit anderen Randbedingungen als im Kap. 17.8

Dies wird in /76/ behandelt.

17.10 Zusätzlicher Nachweis längsversteifter Platten mit quergerichteten Druckspannungen σ_z

Dies ist im Kran- und Kranbahnbau selten. Es wird deshalb auf /76/ verwiesen.

17.11 Herstellungstoleranzen und konstruktive Forderungen

Siehe hierzu /76/.

17.12 Beispiele

Beispiel 17.1 Kranbahnträger HE-A 600, Stahl St 37, Hubklasse H2 → Schwingbeiwert ϕ_S = 1,2; Radlast R = 60 kN, Beanspruchungsgruppe B3, Spannweite ℓ = 7,0 m, Führungsschiene 30/50 mm.

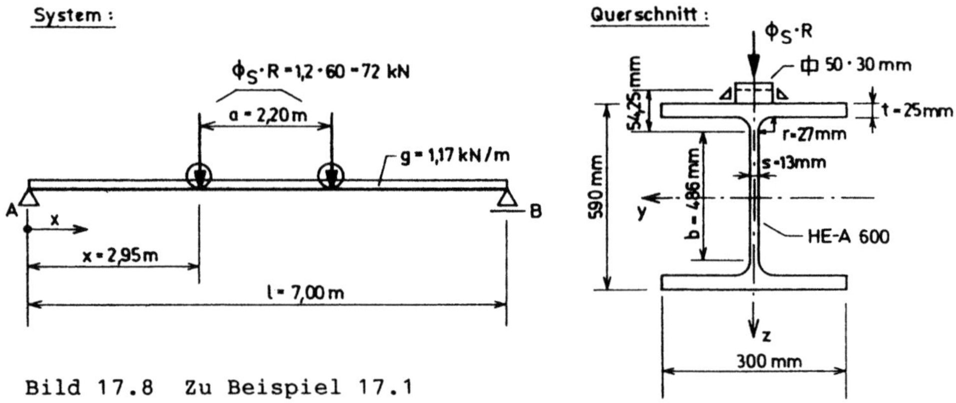

Bild 17.8 Zu Beispiel 17.1

Der Kranbahnträger wird ohne Quersteifen ausgeführt, mit Ausnahme der Steifen im Bereich der Auflager. Auf einen Beulsicherheitsnachweis kann nicht verzichtet werden, da die Bedingung c2) nach Abschnitt 17.1.1 nicht erfüllt ist (siehe auch Flußdiagramm 3 in /76/).

Untersucht wird der Träger im Lastfall H (siehe Tab. 12.1).

Die Radlasten werden am oberen Flansch über die Führungsschiene eingeleitet. Das maximale Feldmoment M_y tritt auf, wenn der Lastenzug an der Stelle x = 2,95 m steht. Dabei ergeben sich folgende Schnittkräfte:

x	max M_y (kNm)	max Q_z (kN)
0	0	64,8 = A
2,95	186	links 61,3 rechts -10,7
5,15	159,7	links -13,2 rechts -85,2
7,00	0	-87,4 = B

Die weitere Vorgehensweise kann wie auf den Flußdiagrammen 1 und 2 in /76/ zu sehen erfolgen.

1) Bestimmung des Beulfeldes (Kap. 17.2)
maßgebende Querrandlänge b (siehe Bilder 17.2 und 17.8)
b = 486 mm
maßgebende Längsradlänge a
a = 7000 mm
Seitenverhältnis α = 7000/486 = 14,4 (nach Formel 17.3)
für die Randbedingungen gilt:
Ränder gelenkig und unverschieblich gelagert.

2) Gebrauchslasten (Kap. 17.3)
Die Radlasten R wurden mit dem Schwingbeiwert ϕ_S multipliziert. Die Eigengewichte werden ohne dynamischen Beiwert berücksichtigt (siehe Schnittkräfte).

3) Maßgebende Spannungen unter Gebrauchslast (Kap. 17.4)
Die Spannungsermittlung ist wie beim allgemeinen Spannungsnachweis durchzuführen, wobei die Spannungen zu ermitteln sind, die am Beulfeld a · b angreifen. Die Spannungsverteilung darf an den Längs- und Querrändern als linear verlaufend angenommen werden.

3.1 Normalspannung σ_x (Kap. 17.4.1.1)
a) Kombination 1: (max σ_x und das dazugehörige τ):

$$\max \sigma_x = \frac{\max M_y}{W_y} = \frac{18600}{4790} = 3{,}9 \text{ kN/cm}^2$$

$$\sigma_{x,1} = 3{,}9 \cdot \frac{486/2}{590/2} = 3{,}2 \text{ kN/cm}^2 \text{ (Druck)}$$

$$\sigma_{x,2} = -3{,}2 \text{ kN/cm}^2 \text{ (Zug)}$$

$$\psi = \frac{-3,2}{+3,2} = -1 \quad \text{(nach Formel 17.4)}$$

b) Kombination 2: (max τ und das dazugehörige σ_x):

- diese Kombination wird hier rechnerisch nicht weiter verfolgt;

3.2 Schubspannung (Kap. 17.4.1.2)

$$\tau_m = \frac{Q_z}{A_{Steg}} = \frac{61,3}{48,6 \cdot 1,3} = 1,0 \text{ kN/cm}^2 > 0,5 \max \tau$$

3.3 Normalspannung σ_z am Längsrand (Kap. 17.4.1.2)

Aus Radlasten sind diese Spannungen entsprechend Kap. 14.4.2.1 zu ermitteln. Dort ist die Spannung mit $\bar{\sigma}_z$ bezeichnet.

$$\sigma_{z,1} = \frac{1,2 \cdot 60}{(2 \cdot 5,425 + 5) \cdot 1,3} = 3,5 \text{ kN/cm}^2 \text{ (Druck)}$$

(nach Formel 14.30)

die Verteilungslänge c nach Formel 14.29 wird

$$c = 2 \cdot 5,425 + 5 = 15,85 \text{ cm}$$

3.4 Vergleichsspannung

$$\sigma_v = \sqrt{3,2^2 + 3,5^2 - 3,2 \cdot 3,5 + 3 \cdot 1,0^2} = 3,8 \text{ kN/cm}^2$$

(nach Formel 17.10)

4. Berechnung der vorhandenen rechnerischen Beulsicherheit (Kap. 17.6)

4.1 Berechnung der idealen Einzelbeulspannung

Bezugsspannung $\sigma_e = \dfrac{\pi^2 \cdot 21000}{12(1-0,3)^2} \cdot \left(\dfrac{1,3}{48,6}\right)^2 = 25,2 \text{ kN/cm}^2$

(nach Formel 17.14)

4.2 Bestimmung der Beulwerte und der idealen Einzelbeulspannung

nach Tab. 17.2: $k_{\sigma z} = 24 \rightarrow \sigma_{x,1,Ki} = 24 \cdot 25,2 = 604,8 \text{ kN/cm}^2$

nach Tab. 17.3: $k_{\sigma z} = 0,36 \rightarrow \sigma_{z,1,Ki} = 0,36 \cdot 25,2 = 9,1 \text{ kN/cm}^2$

nach Tab. 17.5: $k_\tau = 5,3 \rightarrow \tau_{Ki} = 5,3 \cdot 25,2 = 133,6 \text{ kN/cm}^2$

4.3 Berechnung der idealen Beulvergleichsspannung $\sigma_{V,Ki}$ und der Beulspannung $\sigma_{V,K}$

nach Formel 17.22, weil $\frac{3,2 \cdot 5,3}{1,0 \cdot 24} = 0,71 < 1,0$

$$\sigma_{V,Ki} = \frac{3,8}{\dfrac{2 + \dfrac{3,2 \cdot 5,3}{1,0 \cdot 24}}{4} \cdot \dfrac{3,5}{9,1} + \sqrt{\left(\dfrac{2 - \dfrac{3,2 \cdot 5,3}{1 \cdot 24}}{4} \cdot \dfrac{3,5}{9,1}\right)^2 + \left(\dfrac{1}{133,6}\right)^2}}$$

$$= 9,9 \text{ kN/cm}^2 \leq 0,6 \cdot 24 = 14,4 \text{ kN/cm}^2$$

nach Formel 17.26 wird

$$\sigma_{V,K} = \sigma_{V,Ki} = 9,9 \text{ kN/cm}^2$$

4.4 Berechnung der Grenzspannung σ_G

nach Formel 17.27 wird

$$\sigma_G = \sigma_{V,K} = 9,9 \text{ kN/cm}^2$$

4.5 Berechnung der vorhandenen rechnerischen Beulsicherheit

nach Formel 17.29 wird vorh $\nu_B^* = \frac{9,9}{4,4} = 2,25$

5. Berechnung der erforderlichen Beulsicherheit erf ν_B^*

Vereinfacht darf die erforderliche Beulsicherheit erf ν_B^* nach Zeile 2 Tab. 17.6 verwendet werden.

Lastfall H: erf $\nu_B^* = 1,7 < 2,25 =$ vorh ν_B^*

Beulsicherheit ausreichend.

Obwohl die Sicherheit gegen Beulen in diesem Beispiel ausreicht, sollen Kranbahnen nicht ohne aussteifende Querschotten ausgeführt werden. Der Abstand der Querschotten untereinander sollte 1/4 der Spannweite nicht übersteigen. In diesem Beispiel $\frac{7,0}{4} = 1,75$ m.
Bei Hängebahnen oder Kranbahnen von Hänge- oder Deckenkranen sind Querschotten nicht möglich, da die Laufräder auf dem unteren Flansch laufen.

18. Kippsicherheitsnachweis für Krane und Kranbahnen

- Stabilitätsnachweis Biegedrillknicken

18.1 Einführung - Nachweis nach Theorie II. Ordnung

Im Entwurf der neuen Stabilitätsvorschrift DIN E18800 Teil 2 wurde der übergeordnete Begriff des Biegedrillknickens eingeführt. Hierunter versteht man das Instabilwerden eines Stabes bei gleichzeitiger Verbiegung und Verdrehung. Es entsteht eine räumliche Verformungskurve mit Verschiebungen in beiden Hauptachsen und gleichzeitig eine Verdrehung δ um die Stabachse. Wird ein Stab wie hier ohne Normalkraft beansprucht, spricht man vom Kippen. Unter dem Kippen versteht man das räumliche Instabilwerden eines Stabes bei Biegung ohne Normalkraft.
Der Begriff Biegedrillknicken wird für alle Versagensarten angewendet, die bei Verdrehungen der Stabachse auftreten. Die Art der Belastung spielt dabei keine Rolle.

Bei der Berechnung und Konstruktion von Kranen und Kranbahnträgern sind nach DIN 4132 und DIN 15012 neben den vertikalen Belastungen, horizontal wirkende Seitenlasten, z.B. aus Kranfahren (Schräglauf, Massenkräfte usw.), zu berücksichtigen. Durch diese ausmittig angreifenden Seitenlasten werden die Träger nicht nur auf zweiachsige Biegung beansprucht, sondern gleichzeitig einer Torsionsbeanspruchung ausgesetzt.
Die meisten Verfahren für den Nachweis der Kippsicherheit setzen bestimmte Dinge voraus, die bei der heutigen Berechnung der Krane und Kranbahnen nicht mehr verwendet werden können. Sehr verbreitet ist die Bedingung, daß die vertikale und horizontale Belastungen affin sind, d.h. die horizontale und die vertikale Momentenlinie müssen die gleiche Form haben. Dieser Nachweis funktionierte mit der zurückgezogenen DIN 120 einwandfrei, da die horizontalen Kräfte über die Radlasten ermittelt wurden, z.B. $H = R/7$. Nach den derzeitigen DIN-Normen müssen die Horizontalkräfte aus der Anordnung der Massen beim Beschleunigen und Verzögern berechnet werden. Außerdem spielen die Anordnungen und die Art der Führungselemente des Krans auf der Spurschiene eine wesentliche Rolle. So kann beim Nachweis einer Kranbahn z.B. vorkommen, daß die beiden vertikalen Lasten aus den Laufrädern des Krans gleich groß sind, die horizontale Last aber nur aus einer Kraft besteht. Das bedeutet, daß die Momentenlinie infolge vertikaler Belastung (Eigengewicht ausgenommen) trapezförmig, die Momentenlinie infolge horizontaler Belastung dreieckförmig ist (siehe Kap. 12).

Die am Obergurt oder Untergurt des Querschnitts angreifenden Seitenlasten bewirken außerdem eine Verformung des Trägers (Bild 18.1). Diese Verformung hat für das Ausweichen des auf Druck beanspruchten Trägerteils eine ähnliche Wirkung, wie eine horizontal angreifende Last auf das Knicken einer eingespannten Stütze (Bild 18.2).

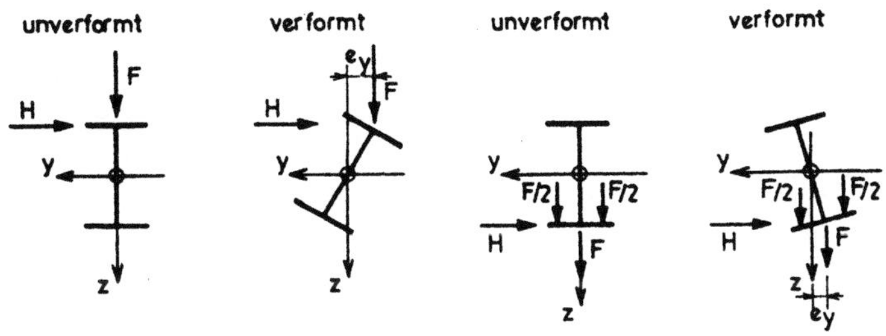

Bild 18.1 Kippen, Verformung

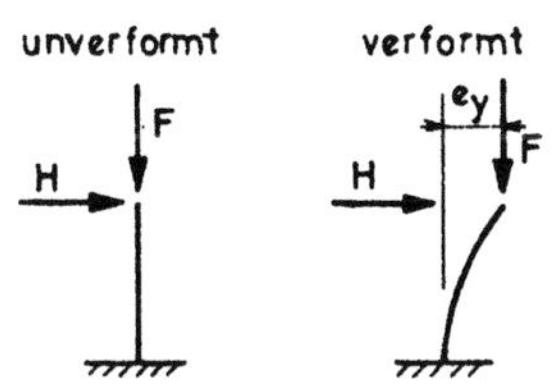

Bild 18.2 Knicken, Verformung

Das bedeutet, daß durch die horizontal angreifenden Lasten (Seitenlasten) eine Verformung erzeugt wird, die für die Vertikallasten einen Hebelarm e_y erzeugen. Dadurch verändern sich die Schnittgrößen, wodurch wiederum die Verformungen e_y verändert werden usw.. Deshalb wählt man für die rechnerische Behandlung des vorliegenden Kipp-Problems am sinnvollsten ein Verfahren nach Theorie II. Ordnung. Das heißt ein Verfahren, bei dem die Verformungen bei der Ermittlung der Schnittgrößen berücksichtigt werden.

Wird der Kippsicherheitsnachweis nach Theorie II. Ordnung geführt, kann auf den allgemeinen Spannungsnachweis verzichtet werden, da die Spannungsermittlung nach Theorie II. Ordnung die Spannungsermittlung des allgemeinen Spannungsnachweises mit einschließt. Voraussetzung ist allerdings, daß die "lokalen Spannungen" durch Radlasteinleitung in den Obergurt oder in den Untergurt (s. Kap. 14) zusätzlich zu den Spannungen nach Theorie II. Ordnung berücksichtigt werden.

18.2 Berechnung

Für den Nachweis der Kippsicherheit nach Theorie II. Ordnung liegen für verschiedene Belastungsarten Lösungen vor, die z.B. in /21 Tafel 7.29/ übersichtlich zusammengestellt sind. Für die Verwendung der o.g. Tafel sei darauf hingewiesen, daß die Lösungen der einzelnen Belastungsarten keinesfalls überlagert werden dürfen, da sie nach Theorie II. Ordnung ermittelt wurden.

Bei der Berechnung von Trägern für Krane und Kranbahnen gibt es folgende Besonderheiten, die die direkte Anwendung o.g. Lösungen z.T. stark einschränken

- zur Trägermitte unsymmetrische Belastung
- mehrere Einzellasten
- unterschiedliche Größen der Einzellasten.

In /20/ wurde ein Verfahren gewählt, das unterschiedlich große Einzellasten in horizontaler und vertikaler Richtung zuläßt. Die Momentenlinie infolge vertikaler Beanspruchung und die Momentenlinie infolge horizontaler Beanspruchung müssen allerdings affin sein. D.h. alle Einzellasten, welche in vertikaler Richtung auf den Träger einwirken, müssen im gleichen Verhältnis zu den horizontalen Einzellasten stehen.
Außerdem müssen die vertikalen Lasten an der gleichen Stelle wie die horizontalen Lasten wirken. Diese Bedingungen sind im Kran- und Kranbahnbau, wie unter 18.1 beschrieben, nicht vorhanden.

Im Folgenden soll ein iteratives Verfahren vorgestellt werden, das die Kippspannungen bzw. die Kippsicherheiten hinreichend genau berechnen läßt. Dabei werden die gleichmäßig verteilten Eigengewichtslasten der Träger in die Einzellasten mit eingerechnet. Bei Kranen und Kranbahnen ist dies ohne weiteres zulässig, da der Anteil aus Eigengewicht von den Gesamtspannungen immer sehr klein ($\leqq$ 10 %) sein wird. Dabei wird die Verdrehung des Profiles (Winkel δ_0) einmal mit der St. Venant-Torsion berechnet und im Vergleich dazu mit dem tatsächlichen Verlauf der St. Venant-Torsion und der Wölbkrafttorsion. Siehe hierzu auch /22/, /30/, /32/ und /58/.
Die Spannungen aus Wölbkrafttorsion werden erst zuletzt bei der Ermittlung der Kippspannung berechnet.

Dieses Verfahren hat den Vorteil, daß die horizontale und vertikale Beanspruchung nach Richtung, Lage und Größe nicht voneinander abhängen müssen.

Grundsätzlich gilt

- Sicherheit gegen Kippen im Lastfall H: $\gamma = 1{,}71$
- Sicherheit gegen Kippen im Lastfall HZ: $\gamma = 1{,}5$. (18.1)

Die Radlasten sind mit den dynamischen Beiwerten zu multiplizieren.
Im Kran- und Kranbahnbau ist beim Kippsicherheitsnachweis immer der Lastfall HZ maßgebend, also eine Untersuchung des Trägers mit den größten Horizontallasten.
Das Verfahren eignet sich sowohl für oben als auch für unten am Träger eingeleitete horizontale und vertikale Lasten. Das Profil des untersuchten Trägers kann jede beliebige Form besitzen. Es müssen nur die Querschnittswerte bekannt sein bzw. berechnet werden können. Besonders durch den Einsatz von elektronischen Datenverarbeitungsanlagen ist dieses iterative Verfahren recht unkompliziert. Bei kippsicheren Trägern sind nur wenige Rechnungsdurchgänge notwendig, um ein gesichertes Ergebnis zu erhalten.
Das Verfahren ist einfach und übersichtlich. Rechenfehler werden kompensiert und das Verfahren kann auch bei Durchlaufträgern angewendet werden.

Anhand eines Beispieles soll die Vorgehensweise erläutert werden:

Beispiel 18.1 Kranbahnträger, Lastfall HZ (s. Tab. 12.1); die Beanspruchungsgruppe sei B4, dadurch müssen die vertikalen Radlasten exzentrisch mit dem Wert $e_y = b_s/4$ in die Führungsschiene eingeleitet werden (b_s = Schienenkopfbreite).

18.2.1 System:

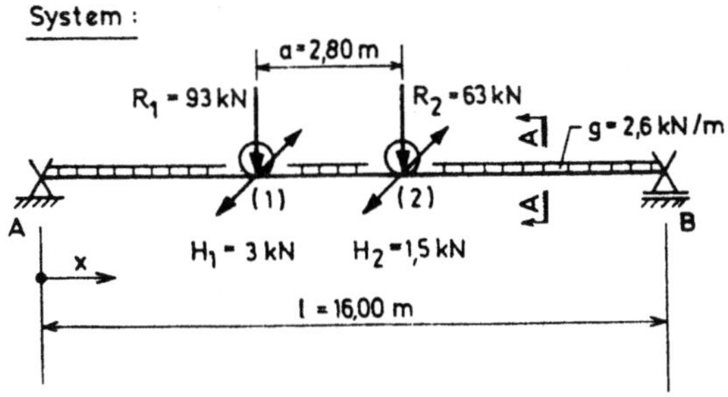

Belastungen:
R_1, R_2 einschl. Schwingbeiwert und Sicherheitsfaktor
g, H_1, H_2 einschl. Sicherheitsfaktor

Bild 18.3 System zum Beispiel 18.1

Der Nachweis der tatsächlichen Sicherheit gegen Kippen wird am Ende geführt (siehe Kap. 18.2.9). Obwohl die Berechnung nach der Elastizitätstheorie geführt wird, müssen die Belastungen zuvor alle um den Sicherheitsbeiwert γ vergrößert werden. Dies ist deshalb notwendig, um auch die Verformung und damit die Vergrößerung der Schnittkräfte durch den Sicherheitsfaktor mit zu erfassen.

Dabei gilt dann:

$$\bar{\gamma}_{HZ} = \frac{\beta_S \cdot (\text{Streckgrenze})}{\sigma_{Kipp}} \geq 1{,}0 \quad (18.2)$$

18.2.2

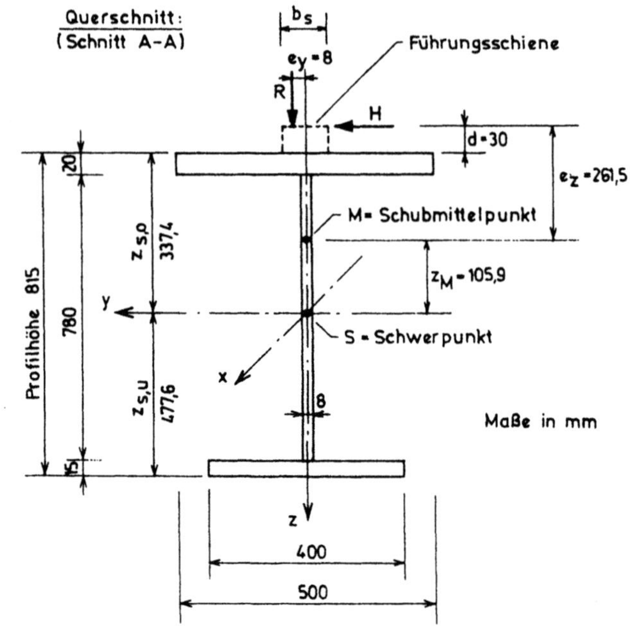

Bild 18.4 Querschnitt mit Kraftangriff

18.2.3 Belastung:

Eigengewicht (ohne dyn.Beiwert einschl. γ) $g \cong 2{,}6$ kN/m

Radlasten: einschl. Schwingbeiwert ϕ_S und Sicherheitsfaktor γ $= \overline{R}_1 = 80$ kN

$\overline{R}_2 = 50$ kN

Horizontallasten einschl. γ $\quad H_1 = 3$ kN; $\quad H_2 = 1{,}5$ kN

Bemerkung: Das Eigengewicht g wird in die Radlasten $\overline{R}_1$ und $\overline{R}_2$ eingerechnet.

$$\Sigma Rg = 0{,}625 \cdot g \cdot \ell \tag{18.3}$$

$$Rg_1 = Rg_2 = \frac{1}{2} \cdot \Sigma Rg \tag{18.4}$$

$$\Sigma Rg = 0{,}625 \cdot 2{,}6 \cdot 16 = 26 \text{ kN}$$

$$Rg_1 = Rg_2 = \frac{1}{2} \cdot 26 = 13 \text{ kN}$$

$$R_1 = \overline{R}_1 + Rg_1 \tag{18.4a}$$

$$R_2 = \overline{R}_2 + Rg_2 \tag{18.4b}$$

$$R_1 = 80 + 13 = 93 \text{ kN (einschl. } \phi_S \text{ und } \gamma)$$

$$R_2 = 50 + 13 = 63 \text{ kN (einschl. } \phi_S \text{ und } \gamma)$$

18.2.4 Berechnung der Querschnittswerte

(Führungsschiene bleibt bei der Berechnung der Querschnittswerte unberücksichtigt)
Es werden hier alle Querschnittswerte ermittelt, auch die, die für die Weiterberechnung im Kippsicherheitsnachweis nicht unbedingt notwendig sind.

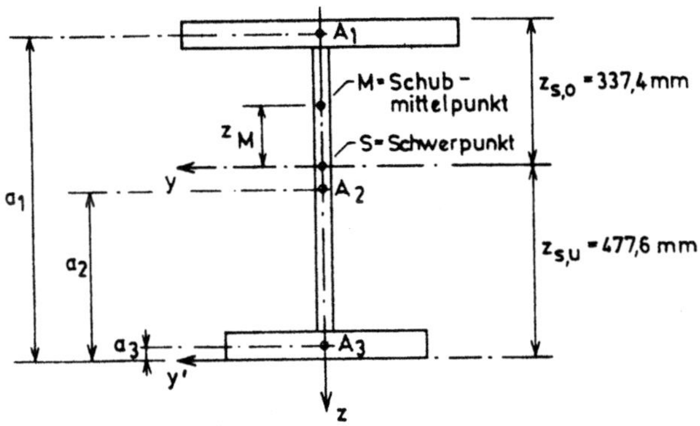

Bild 18.5 Querschnitt Randabstände

Bestimmung der Randabstände zum Schwerpunkt:

$$z_{s,u} = \frac{\sum_{i=1}^{n} \cdot A_i \cdot a_i}{\Sigma A_i} \qquad (18.5)$$

A_i = Einzelfläche

a_i = Abstand von y' bis Schwerpunkt der Einzelfläche

$$z_{s,o} = \text{Profilhöhe} - z_{s,u} \qquad (18.6)$$

$$z_{s,u} = \frac{50\cdot 2\cdot 80{,}5 + 78\cdot 0{,}8\cdot 40{,}5 + 40\cdot 1{,}5\cdot 0{,}75}{50\cdot 2 + 78\cdot 0{,}8 + 40\cdot 1{,}5} = 47{,}76 \text{ cm}$$

$$z_{s,o} = 81{,}5 - 47{,}76 = 33{,}74 \text{ cm}$$

Bemerkung: Die nachfolgenden Formeln gelten nur für den dargestellten Querschnitt. Weitere Formeln für andere Querschnittsformen finden sich in DIN 4114 Bl. 2, Ri 7.521 und Ri 10.12. Bei der Berechnung ist jedoch zu beachten, daß dort noch das alte x-y-Koordinatensystem verwendet wird.

Weitere Möglichkeiten siehe /1/ und /36/.

Für gewalzte Stahlprofile können die benötigten Querschnittswerte direkt abgelesen werden in /1/, /20/, /47/ und /60/.

$$(h - e) = z_{s,u} - \frac{t_2}{2} \qquad (18.7)$$

$$h = \text{Profilhöhe} - \frac{t_1}{2} - \frac{t_2}{2} \qquad (18.8)$$

$$e = h - (h - e)$$

Polares Flächenmoment 2. Grades:

$$J_i = \frac{J_y \cdot J_z}{J_y - J_z} \qquad (18.9)$$

$$J_1 = \frac{t_1 \cdot b_1{}^3}{12} \qquad (18.10)$$

$$J_2 = \frac{t_2 \cdot b_2{}^3}{12} \qquad (18.11)$$

Auf den Schubmittelpunkt M bezogenen Wölbwiderstand:

$$C_M = \frac{J_1 \cdot J_2}{J_1 + J_2} \cdot h^2 \qquad (18.12)$$

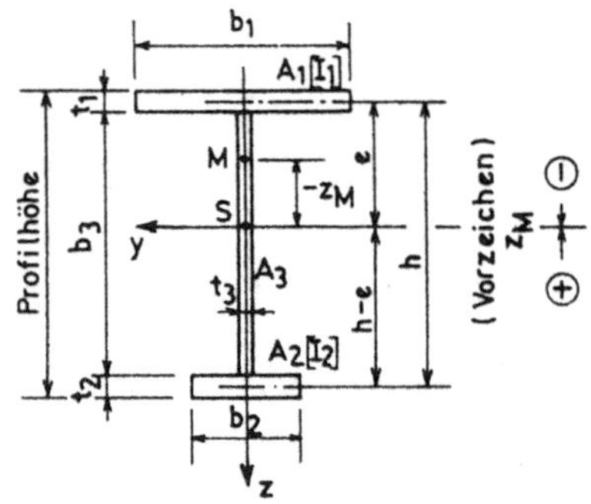

Bild 18.6 Querschnitt, Querschnittswerte

Torsionsflächenmoment 2. Grades(früher auch mit Drillwiderstand J_D bezeichnet):

$$J_T = \frac{1}{3} \cdot (b_1 \cdot t_1{}^3 + b_2 \cdot t_2{}^3 + b_3 \cdot t_3{}^3) \qquad (18.13)$$

Abstand zwischen Schubmittelpunkt M und Schwerpunkt S:

$$z_M = \frac{J_2 \cdot (h - e) - J_1 \cdot e}{J_z} \qquad (18.14)$$

$$r_y = \frac{1}{J_y}\left[-z_M \cdot J_z + A_1 \cdot e^3 - A_2 \cdot (h-e)^3 + \frac{t_3}{4}\left(e^4 - (h-e)^4\right)\right] \qquad (18.15)$$

$$S = r_y + 2 \cdot z_M \qquad (18.16)$$

Einheitsverwölbung bei Lage der Drehachse in M. Das Torsionsmoment wirkt links drehend. Bei anderen Kippachsen siehe hierzu /35/ und /61/.

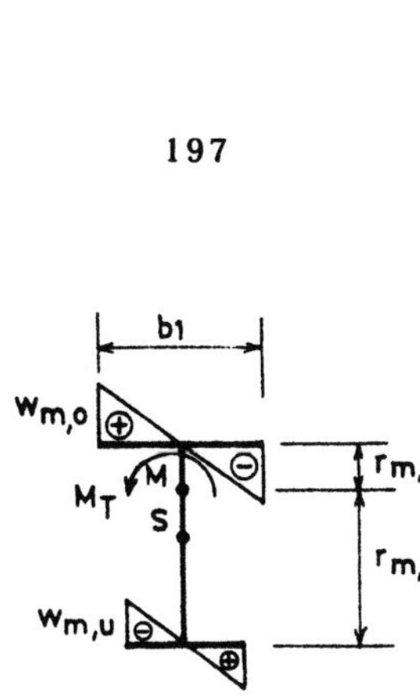

Bild 18.7 Einheitsverwölbung

$$r_{m,o} = e - |z_M| \tag{18.17}$$

$$w_{m,o} = r_{m,o} \cdot \frac{b_1}{2} \tag{18.18}$$

$$r_{m,u} = h - r_{m,o} \tag{18.19}$$

$$w_{m,u} = r_{m,u} \cdot \frac{b_2}{2} \tag{18.20}$$

nach Steiner:

$$J_y = \sum_{i=1}^{n} J_{y,i} + \sum_{i=1}^{n} A_i \cdot a_i^2 \tag{18.21}$$

$$J_z = \sum_{i=1}^{n} J_{z,i} \tag{18.22}$$

$$W_{y,u} = \frac{J_y}{z_{s,u}} \tag{18.23}$$

$$W_{y,o} = \frac{J_y}{z_{s,o}} \tag{18.24}$$

$$J_z = \sum_{i=1}^{n} J_{z,i} \tag{18.25}$$

$$W_{z,o} = \frac{J_z}{b_1/2} \tag{18.26}$$

$$W_{z,u} = \frac{J_z}{b_2/2} \tag{18.27}$$

$$h - e = 47{,}76 - \frac{1{,}5}{2} = 47{,}01 \text{ cm}$$

$$h = 81{,}5 - \frac{1{,}5}{2} - \frac{2}{2} = 79{,}75 \text{ cm}$$

$$e = 79{,}75 - 47{,}01 = 32{,}74 \text{ cm}$$

$$J_y = \frac{1}{12}\cdot 50\cdot 2^3 + \frac{1}{12}\cdot 40\cdot 1{,}5^3 + \frac{1}{12}\cdot 0{,}8\cdot 31{,}74^3 + \frac{1}{12}\cdot 0{,}8\cdot 46{,}26^3 + 50\cdot 2\cdot$$

$$32{,}74^2 + 40\cdot 1{,}5\cdot 47{,}01^2 + 0{,}8\cdot 31{,}74\cdot 15{,}87^2 + 0{,}8\cdot 46{,}26\cdot 23{,}13^2$$

$$= 274.757 \text{ cm}^4$$

$$W_{y,u} = \frac{274757}{47,76} = 5753 \text{ cm}^3$$

$$W_{y,o} = \frac{274757}{33,74} = 8143 \text{ cm}^3$$

$$J_z = \frac{2 \cdot 50^3}{12} + \frac{1,5 \cdot 40^3}{12} + \frac{78 \cdot 0,8^3}{12} = 28837 \text{ cm}^4$$

$$W_{z,o} = \frac{28837}{25} = 1153 \text{ cm}^3$$

$$W_{z,u} = \frac{28837}{20} = 1442 \text{ cm}^3$$

$$J_i = \frac{274757 \cdot 28837}{274757 - 28837} = 32218 \text{ cm}^4$$

$$J_1 = \frac{2 \cdot 50^3}{12} = 20833 \text{ cm}^4$$

$$J_2 = \frac{1,5 \cdot 40^3}{12} = 8000 \text{ cm}^4$$

$$C_M = \frac{20833 \cdot 8000}{20833 + 8000} \cdot 79,75^2 = 36.763.204 \text{ cm}^6$$

$$J_T = \frac{1}{3} \cdot (50 \cdot 2^3 + 78 \cdot 0,8^3 + 40 \cdot 1,5^3) = 191,6 \text{ cm}^4$$

$$z_M = \frac{8000(47,01) - 20833 \cdot 32,74}{28837} = -10,59 \text{ cm}$$

Der Wert ist negativ, deshalb liegt er oberhalb der y-Achse.

$$r_{m,o} = 32,74 - 10,59 = 22,15 \text{ cm}$$

$$w_{m,o} = 22,15 \cdot \frac{50}{2} = 554 \text{ cm}^2$$

$$r_{m,u} = 79,75 - 22,15 = 57,6 \text{ cm}$$

$$w_{m,u} = 57,6 \cdot \frac{40}{2} = 1152 \text{ cm}^2$$

18.2.5 Berechnung der Schnittkräfte am nicht verformten System (Grundschritt) nach Theorie I. Ordnung

a1) $R = R_1 + R_2$ (18.28)

$R = 93 + 63 = 156$ kN

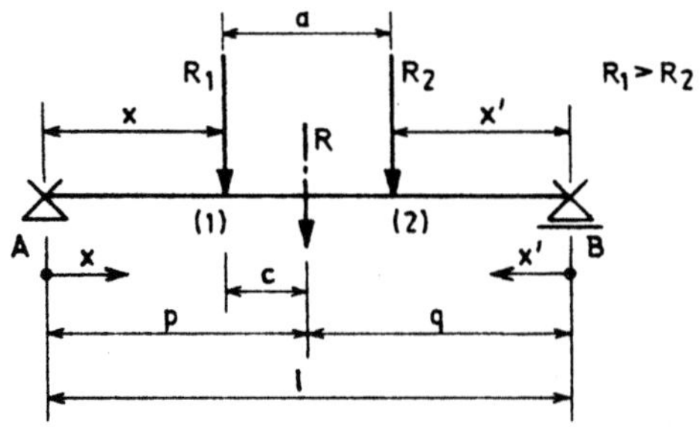

Bild 18.8 System zum Beispiel 18.1 Bestimmung des max. Feldmomentes

$$c = \frac{R_2 \cdot a}{R} \quad (18.29)$$

$$= \frac{63 \cdot 2{,}8}{156} = 1{,}13 \text{ m}$$

bei $c \leq \frac{\ell}{2}$:

$$\max M_y = R \cdot \frac{(\ell - c)^2}{4 \cdot \ell} \quad (18.30)$$

Stelle des max Momentes M_y:

$$x = \frac{\ell - c}{2} \quad (18.31)$$

bei $c > \frac{\ell}{2}$:

$$\max M_y = R_1 \cdot \frac{\ell}{4} \quad (18.32)$$

an der Stelle $x = \frac{\ell}{2}$:

$$\max M_y = 156 \cdot \frac{(16 - 1{,}13)^2}{4 \cdot 16} = 539 \text{ kNm}$$

$$x = \frac{16 - 1{,}13}{2} = 7{,}44 \text{ m}$$

vertikale Auflagerkräfte:

$$p = c + x \quad (18.33)$$

$$q = \ell - p \quad (18.34)$$

$p = 1{,}13 + 7{,}44 = 8{,}57$ m

$q = 16 - 8{,}57 = 7{,}43$

$$A_z = R \cdot \frac{q}{\ell} \quad (18.35)$$

$$B_z = R \cdot \frac{p}{\ell} \quad (18.36)$$

$$A_z = 156 \cdot \frac{7{,}43}{16} = 72{,}4 \text{ kN}$$

$$B_z = 156 \cdot \frac{8{,}57}{16} = 83{,}6 \text{ kN}$$

$$M_{y(1)} = \max M_y \quad (18.37)$$

$$x' = \ell - x - a \quad (18.38)$$

$x' = 16 - 7{,}44 - 2{,}8 = 5{,}76$ m

$$M_{y(2)} = x' \cdot B_z \quad (18.39)$$

$$= 5{,}76 \cdot 83{,}6 = 481{,}5 \text{ kNm}$$

a2) an derselben Stelle wird das max. Moment M_z bestimmt

$$H = H_1 + H_2 \qquad (18.40)$$

$$H = 3 + 1{,}5 = 4{,}5 \text{ kN}$$

$$\max M_z = H \cdot \frac{(\ell - c)^2}{4 \cdot \ell} \qquad (18.41)$$

$$M_{z(1)} = \max M_z = 4{,}5 \cdot \frac{(16 - 1{,}13)^2}{4 \cdot 16} = 15{,}55 \text{ kNm}$$

horizontale Auflagerkräfte

$$A_y = H \cdot \frac{q}{\ell} \qquad (18.42)$$

$$B_y = H \cdot \frac{p}{\ell} \qquad (18.43)$$

$$A_y = 4{,}5 \cdot \frac{7{,}43}{16} = 2{,}09 \text{ kN}$$

$$B_y = 4{,}5 \cdot \frac{8{,}57}{16} = 2{,}41 \text{ kN}$$

$$M_{z(2)} = x' \cdot B_y \qquad (18.44)$$

$$= 5{,}76 \cdot 2{,}41 = 13{,}88 \text{ kNm}$$

Bemerkung: Das maximale Moment M_z tritt an der Stelle $x = \frac{\ell - c}{2}$ mit $c = \frac{H_2 \cdot a}{H}$ auf, in diesem Beispiel bei

$$x = \frac{16 - \frac{1{,}5 \cdot 2{,}8}{4{,}5}}{2} = 7{,}53 \text{ m}$$

Korrekterweise müßte zunächst untersucht werden, ob an der Stelle $x = 7{,}44$ m oder $x = 7{,}53$ m die max. Spannungen

$$\sigma_x = \frac{M_y}{W_y} + \frac{M_z}{W_z} \quad \text{auftreten.}$$

Aus Gründen der Übersichtlichkeit wird hierauf verzichtet.

a3) Torsionsmoment M_T. Dieses Moment wird errechnet aus den äußeren Kräften und ihrem Abstand zum Schubmittelpunkt M. Alle äußeren auf einen Träger einwirkende Kräfte erzeugen Torsionsmomente M_T, wenn sie nicht durch den Schubmittelpunkt M gehen.

Torsionsmoment an der Stelle (1)

$$M_{T,1} = H_1 \cdot e_z + R_1 \cdot e_y \qquad (18.45)$$

Torsionsmoment an der Stelle (2)

$$M_{T,2} = H_2 \cdot e_z + R_2 \cdot e_y \qquad (18.46)$$

Senkrechter Abstand zwischen Wirkungslinie der Horizontalkraft H und dem Schubmittelpunkt M

$$e_z = z_{s,o} + d - |z_M| \quad (18.47)$$

$$e_z = 33{,}74 + 3 - 10{,}59 = 26{,}15 \text{ cm}$$

Gemäß Vorzeichendefinition in DIN 1080 sind diese beiden Torsionsmomente positiv. Sie wirken in Richtung der x-Achse rechtsherum drehend.

Die "Rechte Hand-Regel" besagt, daß ein Moment dann positiv ist, wenn es in Richtung der Fingerspitzen der rechten Hand wirkt. Der Daumen der rechten Hand zeigt dabei in Richtung der positiven Achse.

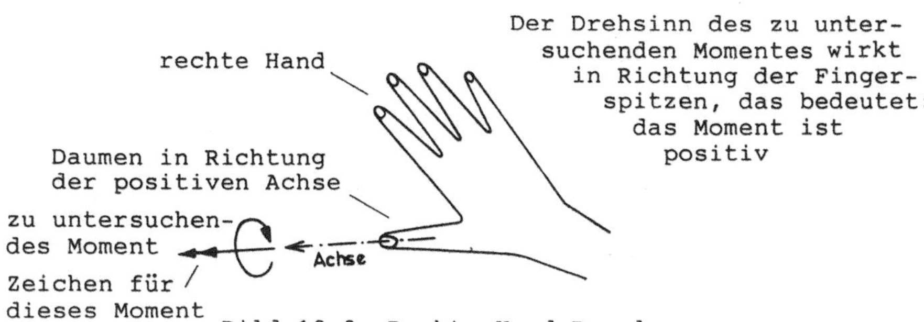

Bild 18.8a Rechte-Hand-Regel zur Bestimmung des Vorzeichens eines Momentes

$$M_{T,1} = 3 \cdot 26{,}15 + 93 \cdot 0{,}8 = +152{,}8 \text{ kNcm} = +1{,}53 \text{ kNm}$$

$$M_{T,2} = 1{,}5 \cdot 26{,}15 + 63 \cdot 0{,}8 = +89{,}6 \text{ kNcm} = +0{,}9 \text{ kNm}$$

Der Verlauf des Torsionsmomentes M_x infolge M_T entlang des Stabes AB wird allgemein wie folgt ermittelt (siehe auch /63/ und /64/):

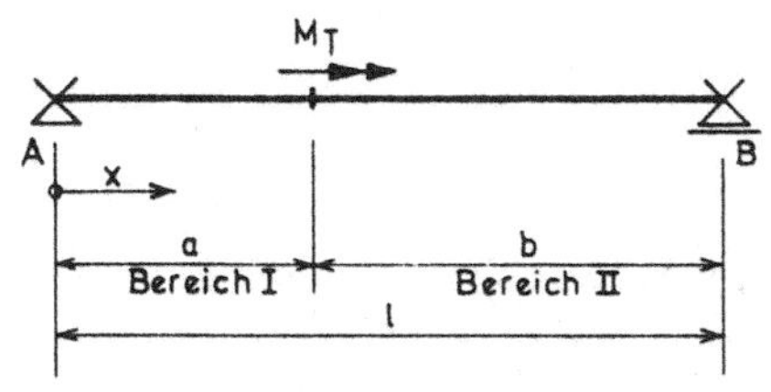

Bild 18.9 Torsionsmoment

Torsionsmomentenfläche /65/ entlang des Stabes

Bereich I:

$$M_{x,I} = +M_T \cdot \frac{b}{\ell} \qquad (18.48)$$

Bereich II:

$$M_{x,II} = -M_T \cdot \frac{a}{\ell} \qquad (18.49)$$

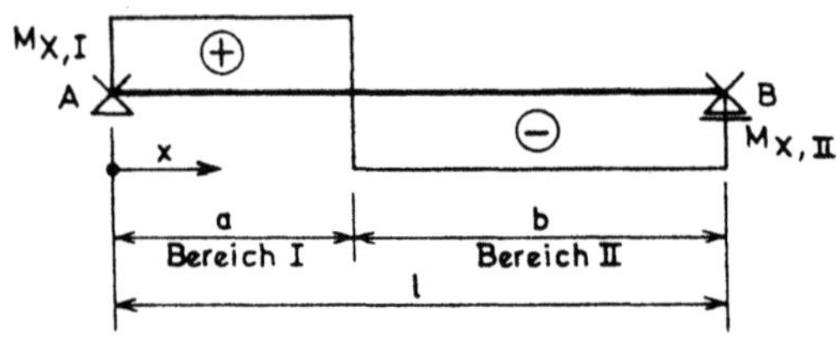

Bild 18.10 Torsionsmomentenfläche M_x infolge M_T

wobei gilt: $\int M_{x,I}\, d_x = \int M_{x,II}\, d_x$ (18.50)

infolge $M_{T,1} = +1,53$ kNm

Bereich I:

$$M_{x,I} = +1,53 \cdot \frac{8,56}{16} = +0,82 \text{ kNm}$$

Bereich II:

$$M_{x,II} = -1,53 \cdot \frac{7,44}{16} = -0,71 \text{ kNm}$$

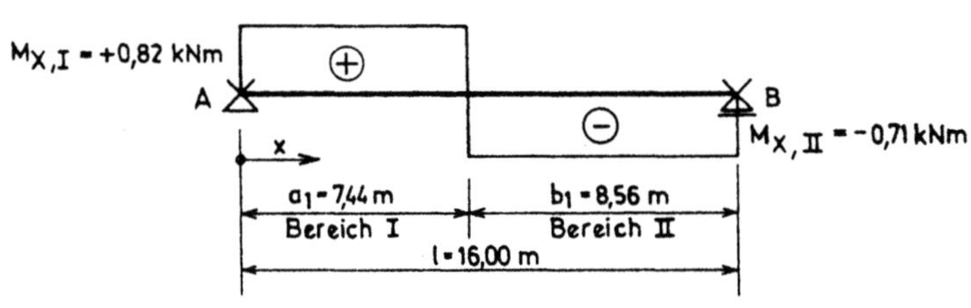

Bild 18.11 Torsionsmomentenfläche M_x infolge $M_{T,1}$

infolge $M_{T,2} = 0,90$ kNm :

$$M_{x,I} = 0,90 \cdot \frac{5,76}{16} = +0,32 \text{ kNm}$$

$$M_{x,II} = -0,90 \cdot \frac{10,24}{16} = -0,58 \text{ kNm}$$

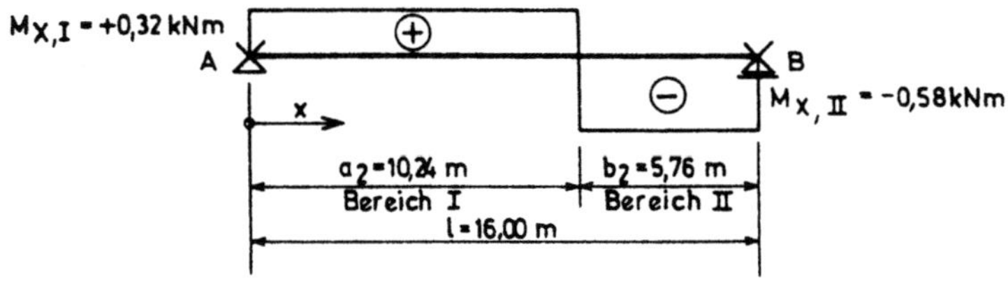

Bild 18.12 Torsionsmomentenfläche M_x infolge $M_{T,2}$

Überlagert ergibt sich folgende Torsionsmomentenfläche M_x

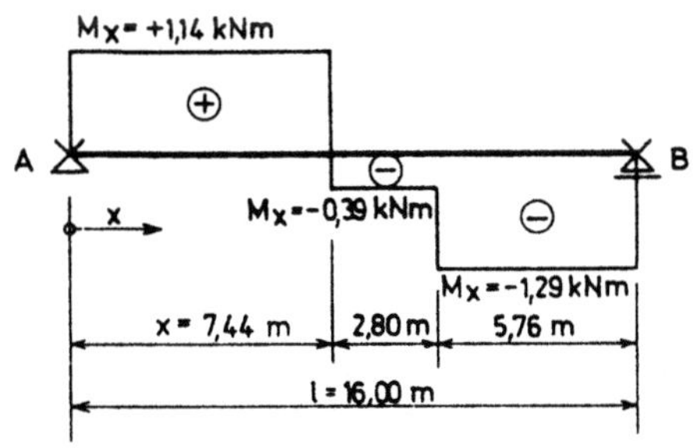

Bild 18.13 Torsionsmomentenfläche M_x infolge $M_{T,1}$ und $M_{T,2}$

In diesen Momentenflächen sind die St.Venantsche-Torsion $M_x^{St.V}$ und die Wölbkrafttorsion M_x^w enthalten (siehe Kap. 14.3.6).

Allgemein gilt:

$$M_x = M_x^{St.V} + M_x^w \tag{18.51}$$

18.2.6 Berechnung der Verformung des Trägers infolge der Schnittkräfte nach Kap. 18.2.5

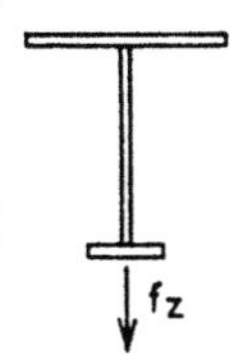

Bild 18.14

An der Stelle des max. Momentes

$x = 7,44$ m $\widehat{=}$ Stelle (1)

wichtig: Nach der Verformung bleiben die Wirkungslinien der Vertikalkräfte vertikal und der Horizontalkräfte horizontal erhalten.

Es werden nacheinander folgende Verformungen des Stabes errechnet:

b1) Durchbiegung f_z in Richtung der z-Achse infolge R_1 und R_2

b2) Durchbiegung f_y in Richtung der y-Achse infolge H_1 und H_2 ; dabei werden die Schubverformungen infolge Q vernachlässigt.

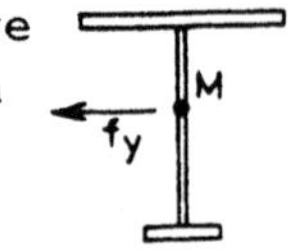

Bild 18.15

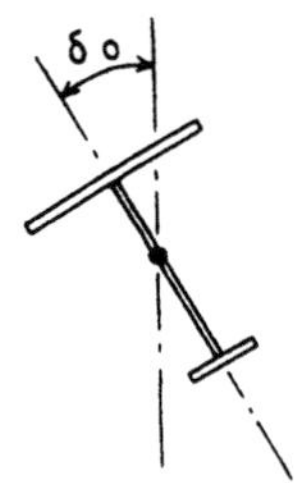

b3) Verdrehung um den Schubmittelpunkt M infolge $M_{T,1}$ und $M_{T,2}$

Bild 18.16

Ob die Verformungen mit Tabellen oder mit anderen Rechenverfahren ermittelt werden, spielt keine Rolle. Hier im Beispiel wird die Arbeitsgleichung verwendet /1/:

18.2.6.1 Berechnung der Durchbiegung f_z

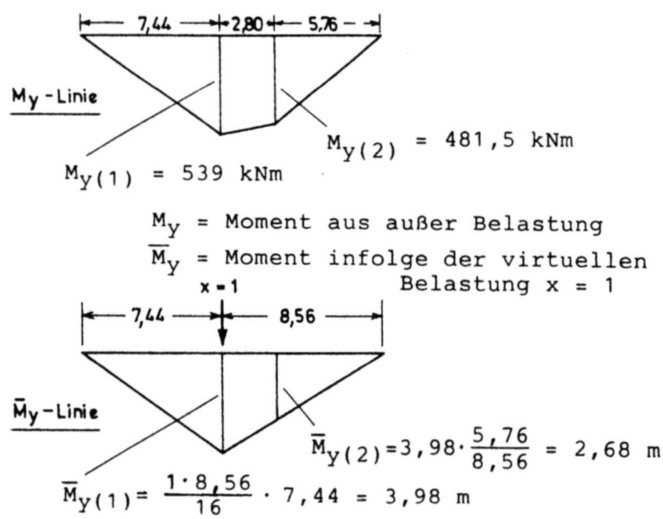

Bild 18.17 Momentenlinie M_y und $\overline{M}_y$

$$E \cdot J_y \cdot f_z = \int M_y \cdot \overline{M}_y \cdot d_x \qquad (18.52)$$

$$= \frac{1}{3} \cdot 7{,}44 \cdot 539 \cdot 3{,}98 + \frac{1}{6} \cdot 2{,}8 \cdot (2 \cdot 539 \cdot 3{,}98 + 539 \cdot 2{,}68 + 481{,}5 \cdot 3{,}98 + 2 \cdot 481{,}5 \cdot 2{,}68) + \frac{1}{3} \cdot 5{,}76 \cdot 481{,}5 \cdot 2{,}68 = 12573 \text{ kNm}^3$$

$$f_z = \frac{12573 \cdot 10^6 \text{ kNcm}^3}{21000 \text{ kN/}_{\text{cm}^2} \cdot 274757 \text{ cm}^4} = 2{,}18 \text{ cm}$$

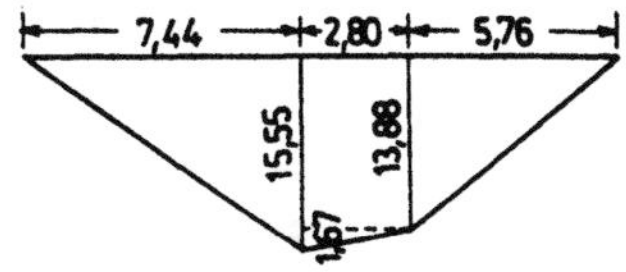

Bild 18.18 M_z-Fläche

18.2.6.2 Berechnung der Durchbiegung f_y

M_z - Linie

$M_{z,(1)} = 15{,}55$ kNm

$M_{z,(2)} = 13{,}88$ kNm

$\overline{M}_z$-Linie = dies sind die gleichen Werte wie bei der M_y-Linie, da die gleiche Stelle untersucht wird;

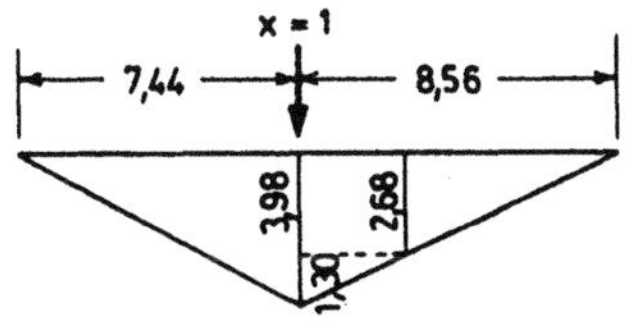

$\overline{M}_{z,(1)} = 3{,}98$ m

$M_{1,(2)} = 2{,}68$m

Bild 18.19 $\overline{M}_z$-Fläche

$$E \cdot J_z \cdot f_y = \int M_z \cdot \overline{M}_z \cdot d_x \qquad (18.53)$$

$$E \cdot J_z \cdot f_y = \frac{1}{3} \cdot 15{,}55 \cdot 3{,}98 \cdot 7{,}44 + 2{,}8 \cdot 13{,}88 \cdot 2{,}68 + \frac{1}{3} \cdot 1{,}3 \cdot 1{,}67 \cdot 2{,}8 + \frac{1}{3} \cdot 13{,}88 \cdot 2{,}68 \cdot 5{,}76$$

$$= 153{,}5 + 104{,}16 + 2{,}02 + 71{,}42$$

$$= 331{,}1 \text{ kNm3}$$

$$f_y = \frac{331 \cdot 10^6 \text{ kNcm}^3}{21000 \text{ kN/}_{\text{cm}^2} \cdot 28837 \text{ cm}^4} = 0{,}55 \text{ cm}$$

18.2.6.3 Berechnung der Verdrehung δ_0

Dieser Drehwinkel δ_0 an der Stelle x = 7,44 m infolge der Torsionsmomente $M_{T,1}$ und $M_{T,2}$ kann wieder mit der Arbeitsgleichung ermittelt werden.

Würde bei der Berechnung des Drehwinkels δ_0 mit der reinen Torsion (St. Venant-Torsion) ohne die Berücksichtigung der Wölbsteifigkeit $E \cdot C_M$ gerechnet werden, so würde der Drehwinkel δ_0 zu groß ausfallen (siehe folgende Berechnung). Damit wären die anschließenden Ermittlungen der zusätzlichen Schnittkräfte infolge Verformung zu groß. Deshalb muß besonders bei hohen Profilen mit einer relativ kleinen Drillsteifigkeit $G \cdot J_T$ die Momentenlinie M_x (Momentenlinie infolge der Torsionsmomente M_T) in die Momentenlinie $M_x^{St.V}$ und in die Momentenlinie M_x^{w} aufgeteilt und entsprechend integriert werden.

18.2.6.3.1 Berechnung der Verdrehung δ_0 ohne Berücksichtigung der Wölbsteifigkeit

Ohne Berücksichtigung der Wölbsteifigkeit ergibt sich der zu große Drehwinkel δ_0 an der Stelle x = 7,44 m im Bogenmaß.

$$\delta_0 = \frac{M_x}{G \cdot J_t} \cdot x \qquad (18.54)$$

G = Schubmodul Stahl: G = 8100 kN/cm²

J_t = Torsionsflächenmoment 2. Grades (früher Drillwiderstand J_D)

$$\delta_0 = \frac{114 \text{ kNcm}}{8100 \text{ kN/cm}^2 \cdot 191{,}6 \text{ cm}^4} \cdot 744 \text{ cm} = 0{,}055$$

oder mit der Arbeitsgleichung:

$$\delta_0 \cdot G \cdot J_t = \int \overline{M}_x \cdot M_x \cdot d_x \qquad (18.55)$$

$\overline{M}_x$ = Torsionsmoment infolge der virtuellen Belastung x = 1

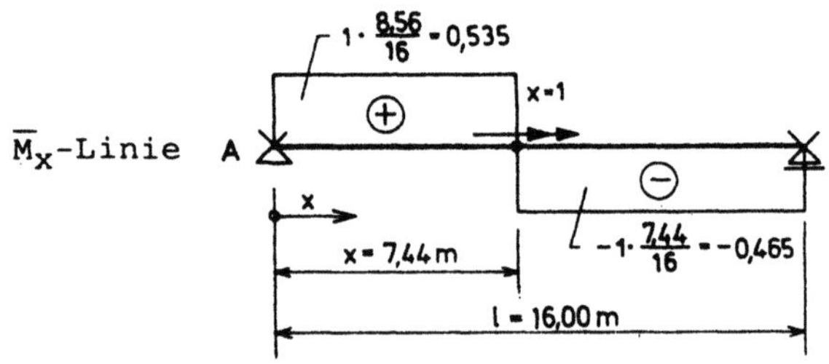

Bild 18.20 $\overline{M}_x$-Fläche infolge x = 1

$$\delta_0 \cdot G \cdot J_t = 7{,}44 \cdot 1{,}14 \cdot 0{,}535 + 2{,}8 \cdot (-0{,}39) \cdot (-0{,}465) + 5{,}76 \cdot (-0{,}465) \cdot (-1{,}29)$$

$$= 8{,}48 \text{ kNm}^2$$

$$\delta_0 = \frac{84800 \text{ kNcm}^2}{8100 \text{ kN/cm}^2 \cdot 191{,}6 \text{ cm}^4} = 0{,}055$$

$$\text{in Altgrad: } \delta_0^{\circ} = \frac{180}{\pi} \cdot \delta_0 = \frac{180}{\pi} \cdot 0{,}055 = 3{,}15^{\circ}$$

Dieser Winkel ist, wie im Nachfolgenden noch zu sehen ist, zu groß (etwa um 35 %), weil die Wölbsteifigkeit der Flansche bei dem offenen drillweichen Profil nicht berücksichtigt wurde.

Bei geschlossenen Profilen (wölbfreie Querschnitte siehe Kap. 14.2), wie z.B. bei geschweißten Kastenträgern, kann der Drehwinkel in der oben gezeigten Form ermittelt werden, da bei diesen Arten von Profilen keine oder nur geringe Wölbkrafttorsion auftritt. Das iterative Verfahren (siehe Kap. 18.2.7) muß trotzdem durchlaufen werden, da die Torsionsmomente sich mit der Verformung verändern.

18.2.6.3.2 Berechnung der Verdrehung δ_0 mit Berücksichtigung der Wölbsteifigkeit

Für verschiedene Belastungsfälle kann die Vedrehung auch nach /98/ ermittelt werden.

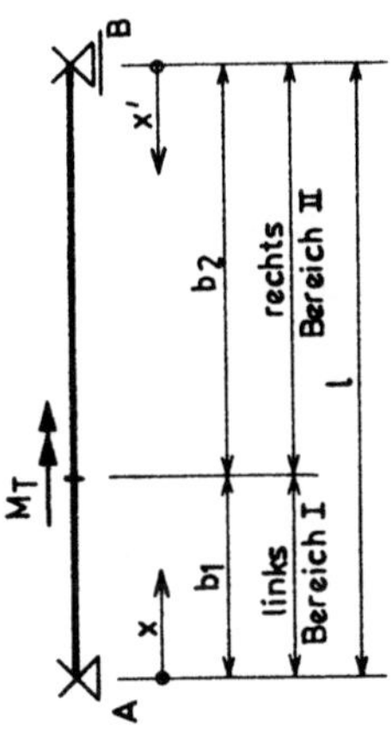

Tabelle 18.1

Bereich I	Bereich II	Schnittgröße
$M_x = M_T \frac{b_2}{\ell}$	$M_x = M_T \frac{b_1}{\ell}$	Torsionsmoment M_x
$M_x^{StV} = M_T\left(\frac{b_2}{\ell} - \frac{\sinh\lambda \cdot b_2}{\sinh\lambda \cdot \ell} \cdot \cosh\lambda \cdot x\right)$	$M_x^{StV} = M_T\left(-\frac{b_1}{\ell} + \frac{\sinh\lambda \cdot b_1}{\sinh\lambda \cdot \ell} \cdot \cosh\lambda \cdot x'\right)$	St.Venant-Torsion
$M_x^{w} = M_T \frac{\sinh\lambda \cdot b_2}{\sinh\lambda \cdot \ell} \cdot \cosh\lambda \cdot x$	$M_x^{w} = M_T\left(-\frac{\sinh\lambda \cdot b_1}{\sinh\lambda \cdot \ell} \cdot \cosh\lambda \cdot x'\right)$	Wölbkrafttorsion
$M_w(x) = \frac{M_T}{\lambda} \frac{\sinh\lambda \cdot b_2}{\sinh\lambda \cdot \ell} \cdot \sinh\lambda \cdot x$	$M_w(x) = \frac{M_T}{\lambda} \frac{\sinh\lambda \cdot b_1}{\sinh\lambda \cdot \ell} \cdot \sinh\lambda \cdot x'$	Wölbbimoment

Dabei wird das Torsionsmoment M_x (siehe Bild 18.11 M_x infolge $M_{T,1}$ und Bild 18.12 M_x infolge $M_{T,2}$) aufgeteilt in die Momentenfläche der

- reinen St. Venant-Torsion $M_x^{St.V}$
- und der Wölbkrafttorsion M_x^{w} entsprechend den Formeln in Tab. 18.1.

Lösungen wurden bereits in /33/ und /67/ vorgestellt. Siehe hierzu auch Kap. 14.3.

$$M_x = M_x^{St.V} + M_x^{w} \tag{18.56}$$

$$\lambda = \sqrt{\frac{G \cdot J_T}{E \cdot C_M}} \tag{18.57}$$

Hierin bedeutet:

λ = Abklingfaktor $\left[\frac{1}{cm}\right]$

$G = \frac{E}{2\,(1+\mu)}$ kN/cm² Schubmodul (18.58)

G_{Stahl} = 8100 kN/cm²

μ = Querdehnzahl $\mu_{Stahl} \cong 0{,}3$

E = Elastizitätsmodul kN/cm² E_{Stahl} = 21000 kN/cm²

J_T = Torsionsflächenmoment 2. Grades cm⁴
(Torsionswiderstand)
für Walzprofile und andere Querschnitte siehe /1/

C_M = Wölbwiderstand [cm⁶] Querschnittswert;
für Walzprofile siehe /1/

$$\lambda = \sqrt{\frac{8100\ \text{kN/cm}^2 \cdot 191{,}6\ \text{cm}^4}{21000\ \text{kN/cm}^2 \cdot 36763204\ \text{cm}^6}} = 1{,}42 \cdot 10^{-3}\ \frac{1}{cm}$$

Um später die Integrale lösen zu können, werden an folgenden Stellen $M_x^{St.V}$ und M_x^{w} bestimmt:

x = 0 m; x = 7,44 m; x = 10,24 m; x = ℓ = 16 m

getrennt für die Belastungstorsionsmomente:

$M_{T,1}$ = 1,53 kNm und $M_{T,2}$ = 0,9 kNm

<u>Infolge $M_{T,1}$ = 153 kNcm:</u>

a) <u>An der Stelle x = 0</u> (alles in cm, kNcm)

$$M^{St.V}_{x,x=0} = 153 \cdot \frac{856}{1600} - \frac{\sinh(1{,}42\cdot10^{-3}\cdot856)}{\sinh(1{,}42\cdot10^{-3}\cdot1600)} \cdot \cosh(1{,}42\cdot10^{-3}\cdot0)$$

$$= 82 - 153 \cdot \frac{1{,}538}{4{,}798} \cdot 1 = 32{,}96 \sim 33\ \text{kNcm}$$

$$M^{w}_{x,x=0} = M_{x,x=0} - M^{St.V}_{x,x=0} \tag{18.59}$$

$$= 82 - 33 = 49\ \text{kNcm}$$

b) <u>An der Stelle x = 7,44 m</u>

$$M_{x,x=7,44}^{St.V} = 82 - 153 \cdot \frac{1,538}{4,798} \cdot \cosh(1,42 \cdot 10^{-3} \cdot 744)$$
$$= 82 - 49,04 \cdot 1,611$$
$$= 82 - 79,00 = 3 \sim 0 \text{ kNcm}$$

c) <u>An der Stelle x = 10,24 m</u> (Bereich II)

$$M_x^{St.V} = 153 - \frac{744}{1600} + \frac{\sinh(1,42 \cdot 10^{-3} \cdot 744)}{\sinh(1,42 \cdot 10^{-3} \cdot 1600)}$$
$$\cdot \cosh(1,42 \cdot 10^{-3} \cdot 576)$$
$$= -71 + 153 \cdot \frac{1,264}{4,798} \cdot 1,354$$
$$= -71 + 54,6 = -16,4 \sim -16 \text{ kNm}$$
$$M_x^{w} = -71\,|-16| = -55 \text{ kNcm}$$

d) <u>An der Stelle x = ℓ = 16 m</u> (Bereich II)

$$M_x^{St.V} = -71 + 153\,\frac{1,264}{4,798}\;1 = -30,7 = -31 \text{ kNcm}$$
$$M_x^{w} = -71\,|-31| = -40 \text{ kNcm}$$

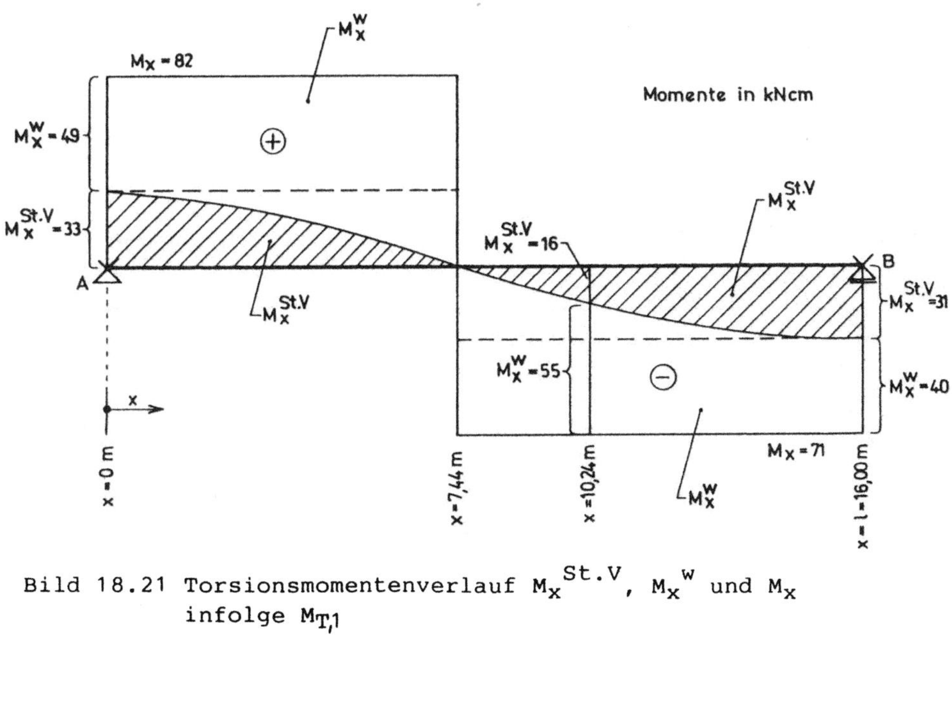

Bild 18.21 Torsionsmomentenverlauf $M_x^{St.V}$, M_x^{w} und M_x infolge $M_{T,1}$

Infolge $M_{T,2}$ = 90 kNcm:

a) An der Stelle x = 0 m

$$M_x^{St.V} = 90\left(\frac{576}{1000} - \frac{\sinh(1,42\cdot10^{-3}\cdot576)}{\sinh(1,42\cdot10^{-3}\cdot1600)}\cdot\cosh(1,42\cdot10^{-3}\cdot0)\right)$$

$$= 32 - 90\cdot\frac{0,912}{4,798}\cdot1 = 32 - 17 = +\ 15 \text{ kNcm}$$

$$M_x^{w} = 32 - 15 = 17 \text{ kNcm}$$

b) An der Stelle x = 7,44 m

$$M_x^{St.V} = 32 - 90\cdot\frac{0,912}{4,798}\cdot\cosh(1,42\cdot10^{-3}\cdot744)$$

$$= 32 - 90\cdot0,19\cdot1,611 = +\ 5 \text{ kNcm}$$

$$M_x^{w} = 32 - 5 = 27 \text{kNcm}$$

c) An der Stelle x = 10,24 m

$$M_x^{St.V} \cong 0$$

$$M_x^{w} = 32 \text{ kNcm}$$

d) An der Stelle x = ℓ = 16 m (Bereich II)

$$M_x^{St.V} = 90\left(-\frac{1024}{1600} + \frac{\sinh(1,42\cdot10^{-3}\cdot1024)}{\sinh(1,42\cdot10^{-3}\cdot1600)}\cdot\cosh(1,42\cdot10^{-3}\cdot0)\right)$$

$$= -\ 58 + 90\cdot\frac{2,023}{4,798}\cdot1 = -\ 20 \text{ kNcm}$$

$$M_x^{w} = 58 - 20 = 38 \text{ kNcm}$$

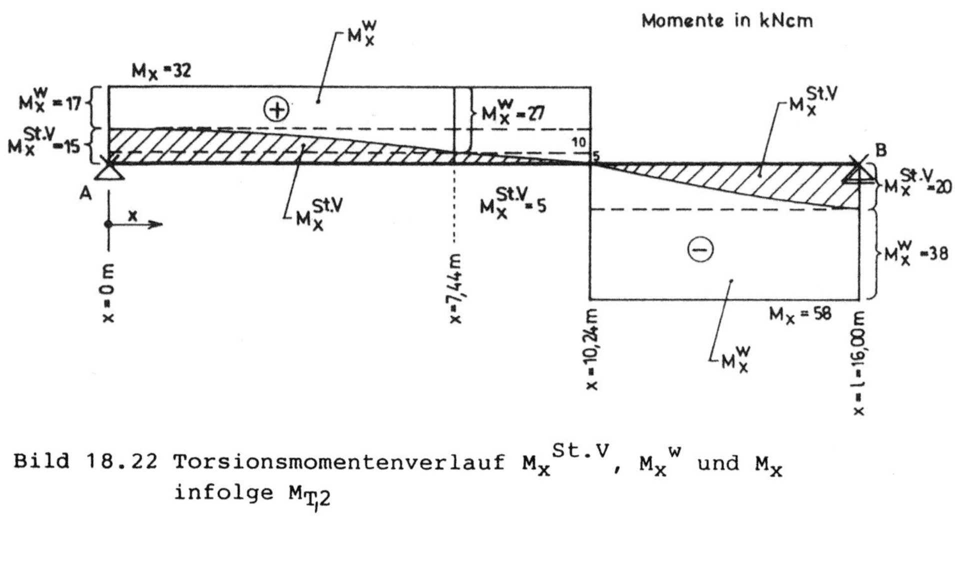

Bild 18.22 Torsionsmomentenverlauf $M_x^{St.V}$, M_x^{w} und M_x infolge $M_{T,2}$

Bestimmung des Drehwinkels δ_0 an der Stelle x = 7,44 m

Die Arbeitsgleichung lautet:

$$\overline{1}\cdot\delta_0 = \int_0^{\ell}\left[\frac{M_x^{St.V}\cdot\overline{M}_x}{G\cdot J_T} + \frac{M_x^{w}\cdot\overline{M}_x}{E\cdot C_M\cdot\frac{\pi^2}{\ell^2}\sin\frac{\pi\cdot x}{\ell}}\right]dx \qquad (18.60)$$

G = Schubmodul

J_T = Torsionsflächenmoment 2. Grades (Querschnittswert)

C_M = Drillwiderstand (Querschnittswert)

δ_0 = Drehwinkel

E = Elastizitätsmodul

$M_x^{St.V}$ = Torsionsmoment St. Venant

M_x^{w} = Torsionsmoment Wölbkraft

$\overline{M}_x$ = Torsionsmoment x = 1 der virtuellen Belastung

Der Faktor $\sin\frac{\pi\cdot x}{\ell}$ im 2. Term wird für x = 7,44 bei ℓ = 16 m

$$\sin\frac{\pi\cdot 7{,}44}{16} = 0{,}994 \sim 1{,}0$$

deshalb kann man mit genügender Genauigkeit rechnen:

$$\overline{1}\cdot\delta_0 = \int_0^{\ell}\left[\frac{M_x^{St.V}\cdot\overline{M}_x}{G\cdot J_T} + \frac{M_x^{w}\cdot\overline{M}_x}{E\cdot C_M\cdot\frac{\pi^2}{\ell^2}}\right]dx \qquad (18.61)$$

Das bedeutet letztendlich, daß die Winkel an der Stelle x = 7,44 und an der Stelle $x = \frac{\ell}{2} = \frac{16}{2} = 8{,}0$ m etwa gleich groß sind. Sollen andere Stellen untersucht werden, so ist jeweils mit dem Wert $\sin\frac{\pi\ x}{\ell}$ zu überprüfen (nach Formel 18.60). Die Momentenlinie $\overline{M}_x$ infolge der virtuellen Belastung $M_x = 1$ (siehe Bild 18.20) muß dann für die zu untersuchende Stelle ermittelt werden. Mit genügend genauer Näherung darf für die Lösung der Integrale die St.Venant-Torsion als Sinusfunktion $Z = i\cdot\sin\frac{\pi}{2}\cdot\xi$ angenommen werden, die der Wölbkrafttorsion als Cosinusfunktion $Z = i\,(1 - \cos\frac{\pi}{2}\cdot\xi)$. Diese Integrale wurden bereits in /30/ und /66/ ermittelt.

Tabelle 18.2 Integraltabellen

Werte der Integrale $\int M_i \cdot M_k \cdot dx = \ell \cdot$ Tafelwert			
Bereichslänge l	Rechteck M_k	Dreieck M_k	M_k
$Z = i \cdot \sin\frac{\pi}{2} \cdot \xi$	$\frac{2}{\pi} M_i M_k$	$\frac{4}{\pi^2} M_i M_k$	$\frac{2,283}{\pi^2} M_i M_k$
$Z = i(1 - \cos\frac{\pi}{2} \cdot \xi)$	$\frac{3,586}{\pi^2} M_i M_k$	$\frac{2,653}{\pi^2} M_i M_k$	$\frac{0,934}{\pi^2} M_i M_k$

$\int$ = Vorzahl $\cdot M_i \cdot M_k \cdot \ell$, wobei ℓ die Bereichslänge ist;
Weitere Lösungen siehe /66/.

$$G \cdot J_T = 8100 \text{ kN/cm}^2 \cdot 191,6 \text{ cm}^4 = 1551960 \text{ kNcm}^2$$

$$E \cdot C_M \cdot \frac{\pi^2}{\ell^2} = 21000 \text{ kNcm}^2 \cdot 36763204 \text{ cm}^6 \cdot \frac{\pi^2}{1600^2 \text{cm}^2} = 2976400 \text{ kNcm}^2$$

infolge $M_{T,1}$ wird die Verdrehung an der Stelle x = 7,44 m:

$$\delta_{0,1} = \frac{\frac{2}{\pi} \cdot 744 \cdot 0,535 \cdot 33}{G \cdot J_T} + \frac{\frac{2}{\pi} \cdot 856 \cdot (-0,465) \cdot (-31)}{G \cdot J_T}$$

$$+ \frac{49 \cdot 0,535 \cdot 744}{E \cdot C_M \cdot \frac{\pi^2}{\ell^2}} + \frac{40\ 0,465\ 856}{E \cdot C_M \cdot \frac{\pi^2}{\ell^2}}$$

$$+ \frac{\frac{3,586}{\pi^2} \cdot 744 \cdot 33 \cdot 0,565}{E \cdot C_M \cdot \frac{\pi^2}{\ell^2}} + \frac{\frac{3,586}{\pi^2} \cdot 856 \cdot (-31) \cdot (-0,465)}{E \cdot C_M \cdot \frac{\pi^2}{\ell^2}}$$

$$= \frac{8362 + 7855}{1551960} + \frac{19504 + 15922 + 5040 + 4483}{2976400}$$

$$= 0,02555$$

infolge $M_{T,2}$ wird die Verdrehung an der Stelle x = 7,44 m:

$$\delta_{0,2} = \frac{744\cdot 5\cdot 0{,}535}{G\cdot J_T} + \frac{\frac{2}{\pi}\cdot 744\cdot 10\cdot 0{,}535}{G\cdot J_T} + \frac{\frac{2}{\pi}\cdot 280\cdot(-0{,}465)\cdot(+5)}{G\cdot J_T}$$

$$+ \frac{\frac{2}{\pi}\cdot(-20)\cdot(-0{,}465)\cdot 576}{G\cdot J_T} + \frac{17\cdot 0{,}535\cdot 744}{E\cdot C_M\cdot \frac{\pi^2}{\ell^2}}$$

$$+ \frac{\frac{3{,}586}{\pi^2}\cdot 10\cdot 0{,}535\cdot 744}{E\cdot C_M\cdot \frac{\pi^2}{\ell^2}} + \frac{(10+17)\cdot(-0{,}465)\cdot 280}{E\cdot C_M\cdot \frac{\pi^2}{\ell^2}}$$

$$+ \frac{\frac{3{,}586}{\pi^2}\cdot 280\cdot 5\cdot(-0{,}465)}{E\cdot C_M\cdot \frac{\pi^2}{\ell^2}} + \frac{\frac{3{,}586}{\pi^2}\cdot(-20)\cdot(-0{,}465)\cdot 576}{E\cdot C_M\cdot \frac{\pi^2}{\ell^2}}$$

$$+ \frac{(-38)\cdot(-0{,}465)\cdot 576}{E\cdot C_M\cdot \frac{\pi^2}{\ell^2}}$$

$$= \frac{1990 + 2534-414+3410}{1551960} + \frac{6767+1446-3515-236+1946+10178}{2976400}$$

$$= 0{,}01042$$

Gesamter Drehwinkel δ_0 an der Stelle x = 7,44 m

$$\delta_0 = \delta_{0,1} + \delta_{0,2} \qquad (18.62)$$

$$= 0{,}01042 + 0{,}02555 = 0{,}03597$$

in Grad: $\delta_0 = \frac{180}{\pi}\cdot\delta_0 = \frac{180}{\pi}\cdot 0{,}03597 = 2{,}06^\circ$

Vergleicht man diesen Winkel δ_0 = 0,03597 mit dem Winkel δ_0, der errechnet wurde aus der reinen St.Venant-Torsion, er betrug

$$\delta_0 = 0{,}055 \longrightarrow \delta_0 = 3{,}15^\circ$$

so erkennt man folgendes:

1. der Winkel ist um etwa 35 % kleiner
2. der relativ einfach zu ermittelnde Winkel infolge der St.Venant-Torsion ist immer größer als der tatsächliche Winkel.

Das bedeutet, daß für ein schnelles Abschätzen der Kippsicherheit für ein Profil, das ohnehin kippsicher ist, die einfache Berechnung ausreicht. Häufig sind für die Dimensionierung eines Profiles andere Kriterien maßgebend als die Kippsicherheit; die Kippsicherheit muß aber dennoch nachgewiesen werden.

Es soll nicht vergessen werden, daß das Verfahren damit noch nicht abgeschlossen ist. Der so ermittelte Verdrehwinkel wurde ermittelt mit den Schnittkräften nach Theorie I. Ordnung. Jetzt müssen aufgrund der Verformung neue Schnittkräfte ermittelt werden, die wiederum zu einer Vergrößerung des Drehwinkels führen.

18.2.7 Schrittweise Berechnung der endgültigen Verdrehung δ_0 am verformten System

Es tritt eine Veränderung der Schnittkräfte infolge der Verformungen aus Kap. 18.2.6 (Theorie II. Ordnung) ein.

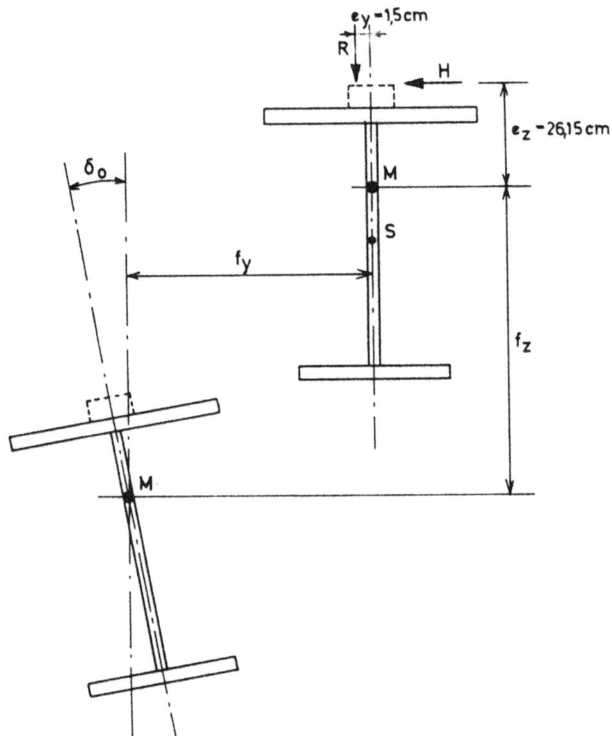

Bild 18.23 Verformung des Profiles

Bei kleinen Drehwinkeln darf davon ausgegangen werden, daß sich die vertikalen und die horizontalen Lasten am verformten System nicht verändern. Lediglich die Torsionsmomente werden infolge des zunehmenden Hebelarmes e_y größer und damit auch der Drehwinkel δ_0. Das bedeutet, wenn der endgültige Drehwinkel δ_0 bekannt ist, können die Schnittkräfte am verformten System bestimmt werden. Damit sind auch die maximalen Spannungen am verformten Träger zu ermitteln.

Der Drehwinkel δ_0 hängt, wie bereits gezeigt, ausschließlich von den Torsionsmomenten $M_{T,1}$ und $M_{T,2}$ ab. Die beiden Torsionsmomente haben sich durch die Verformung aus Kap. 18.2.6 verändert. Bei dem hier gezeigten Angriff der Kräfte oberhalb des Schubmittelpunktes M werden die Torsionsmomente größer. Wird der Unterflansch belastet, ist dies anders. Dort versuchen die vertikalen Lasten das Profil zu stabilisieren. D.h. der Wert $\delta_0 \cdot e_z$ wird in die untere Formel negativ eingesetzt.

An der Stelle x = 7,44 m wird:

1. Schritt:
$$M_{T,1}{}^1 = H_1 \cdot e_z + R_1(e_y + f_y + \delta_0 \cdot e_z) \quad (18.63)$$
$$= 3 \cdot 26{,}15 + 93(0{,}8 + 0{,}55 + 0{,}03597 \cdot 26{,}15)$$
$$= 291{,}47$$

$$\Delta M_{T,1}{}^1 = M_{T,1}{}^1 - M_{T,1} \quad (18.64)$$
$$= 291{,}47 - 153 \cong 139$$

Da die Elastizitätsgleichung gilt, wird der Winkel δ_0^1 um denselben Faktor verändert wie die Torsionsmomente:

$$\delta_0{}^1 = \delta_0 \cdot \left(1 + \frac{\Delta M_{T,1}{}^1}{M_{T,1}}\right) \quad (18.65)$$
$$= 0{,}03597 \cdot \left(1 + \frac{139}{153}\right) = 0{,}0686$$

2. Schritt:
$$M_{T,1}{}^2 = 3 \cdot 26{,}15 + 93(0{,}8 + 0{,}55 + 0{,}0686 \cdot 26{,}15) \cong 371$$
$$\Delta M_{T,1}{}^2 = 371 - 153 = 218$$
$$\delta_0{}^2 = 0{,}03597 \cdot \left(1 + \frac{218}{153}\right) = 0{,}0872$$

3. Schritt:
$$M_{T,1}{}^3 = 3 \cdot 26{,}15 + 93(0{,}8 + 0{,}55 + 0{,}0872 \cdot 26{,}15) = 416$$
$$\Delta M_{T,1}{}^3 = 416 - 153 = 263$$
$$\delta_0{}^3 = 0{,}03597 \cdot \left(1 + \frac{263}{153}\right) = 0{,}0978$$

4. Schritt:
$$M_{T,1}{}^4 = 78{,}45 + 125{,}55 + 93 \cdot 26{,}15 \cdot 0{,}0978 = 442$$
$$\Delta M_{T,1}{}^4 = 442 - 153 = 289$$
$$\delta_0{}^4 = 0{,}03597 \cdot \left(1 + \frac{289}{153}\right) = 0{,}1039$$

5. Schritt:
$$M_{T,1}{}^5 = 204 + 2432 \cdot 0{,}1039 = 456$$
$$\Delta M_{T,1}{}^5 = 456 - 153 = 303$$
$$\delta_0{}^5 = 0{,}03597 \cdot \left(1 + \frac{303}{153}\right) = 0{,}107$$

Man erkennt die Näherung.
Der Drehwinkel wird sich etwa bei $\delta_0 = 0{,}11$ einstellen.

18.2.8 Ermittlung der Druckspannung nach Theorie II. Ordnung

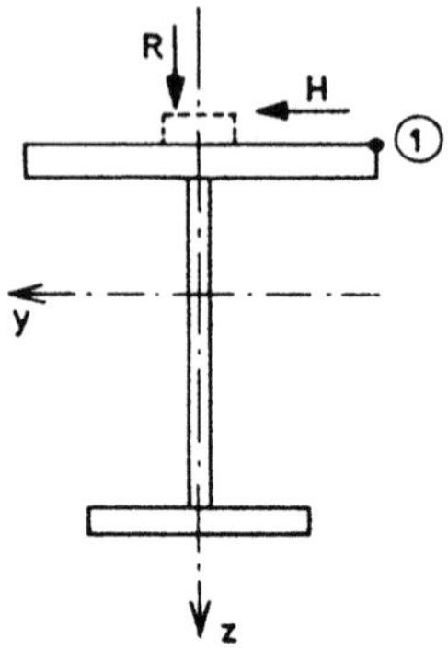

Bild 18.24 Ermittelte Druckspannung am Pkt. ①

Im Punkt ① wird die größte Druckspannung entstehen. Ihre Größe ermittelt sich mit

$$\sigma_x^{II} = - \frac{M_y - \delta_0 \cdot M_z}{W_y} - \frac{M_z + \delta_0 \cdot M_y}{W_z} + E \cdot W_{m,0} \cdot \delta_0'' \qquad (18.65)$$

δ_0'' kann hinreichend genau mit

$$\delta_0'' = - \delta_0 \cdot \frac{\pi^2}{l^2} \qquad (18.66)$$

angesetzt werden (siehe /20/, /21/ u. /32/)

somit gilt:

$$\sigma_x^{II} = - \frac{M_y - \delta_0 \cdot M_z}{W_{y,0}} - \frac{M_z + \delta_0 \cdot M_y}{W_{z,0}} - E \cdot W_{m,0} \cdot \delta_0 \cdot \frac{\pi^2}{\ell^2} \qquad (18.67)$$

E = Elastizitätsmodul in kN/cm²

ℓ = Spannweite in cm

$W_{m,0}$ = Einheitsverwölbung nach Formel 18.18 in cm²

M_y, M_z = Momente in kNcm

δ_0 = Drehwinkel im Bogenmaß

$W_{y,0}$, $W_{z,0}$ = Wiederstandsmoment für den entsprechenden Punkt

An der Stelle x = 7,44 m wird die max. Druckspannung im Punkt ① :

$$\sigma_x^{II} = - \frac{53900 - 0{,}11 \cdot 1555}{8143} - \frac{1555 + 0{,}11 \cdot 53900}{1153}$$

$$- 21000 \text{ kN/cm}^2 \cdot 554 \text{ cm}^2 \cdot 0{,}11 \cdot \frac{\pi^2}{1600^2}$$

$$= - 6{,}6 - 6{,}5 - 4{,}9 = - 18{,}0 \text{ kN/cm}^2$$

18.2.9 Nachweis der Kippsicherheit nach Theorie II. Ordnung

Nachweis mit der Stahlsorte St 37 nach Gleichung 18.2

$$\bar{\gamma}_{HZ} = \frac{\beta_S}{\sigma_{Kipp}} = \frac{\beta_S}{\sigma_x II} = \frac{24\ \text{kN/cm}^2}{18\ \text{kN/cm}^2} = 1{,}33 > 1{,}0$$

Die tatsächliche Sicherheit gegen Kippen ist größer, da in die Belastung (siehe 18.2.1) bereits der Sicherheitsfaktor von $\gamma = 1{,}5$ mit eingerechnet wurde. In diesem Fall beträgt sie $\gamma = 1{,}33 \cdot 1{,}5 = 1{,}995$.

Bei der Stahlsorte St 52 beträgt die tatsächliche Sicherheit $\gamma = \frac{36}{18} \cdot 1{,}5 = 3{,}0$.

Diese Spannung kann infolge Theorie II. Ordnung an jeder Stelle des Querschnitts errechnet werden. Darauf wird hier verzichtet.

Das hier gezeigte Verfahren ist dann relativ problemlos anzuwenden, wenn bereits tabellierte Querschnittswerte vorhanden sind und wenn, wie es im Kranbau oft vorkommt, nur eine Horizontalkraft eingesetzt werden muß, d.h. wenn die Momentenlinie aus der Horizontalkraft dreiecksförmig ist.

18.3 Vereinfachter Kippnachweis nach DIN 4114

(um auf den allgemeinen Spannungsnachweis verzichten zu können)

Nach DIN 4114 Teil 1 Abschn. 15 wird der Kippnachweis eines Trägers als gedrückter Stab durchgeführt. Der Obergurt eines Trägers wird an den Auflagern als gelenkig gelagert und durch eine Gabellagerung gehalten (Eulerfall 2), $c = sk = \ell$).

Als gedrückter Stab wird nur das obere Fünftel des Trägers angesehen.

Der Nachweis erfolgt senkrecht zur z-Achse, mit dem schwarzen Querschnittsanteil des Bildes 18.25.

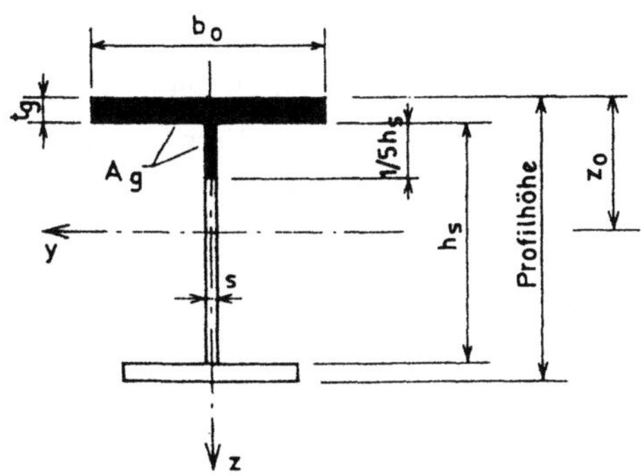

Bild 18.25

h_s = Steghöhe

A_g = Querschnittsfläche des Druckgurtes

$J_{z,g}$ = Trägheitsmoment des Druckgurtes bezogen auf die z-Achse

$i_{z,g}$ = Trägheitsradius des Druckgurtes bezogen auf die z-Achse; für Walzprofil siehe /1/

c = Entfernung der seitlich unverschieblich festgehaltenen Punkte des Druckgurtes

Die Knicklänge s_k wird mit

$$c = s_k = \beta \cdot \ell \qquad (18.68)$$

in Rechnung gestellt. Für β wird der Wert β = 1,0 angesetzt, obwohl für die unterschiedlichen Momentenbeanspruchungen DIN 4114 Bl. 2 Ri 7.7 Tafel 5 Abminderungen für β vorgesehen sind. Es muß hier allerdings gesagt werden, daß die DIN 4114 ausdrücklich von Achsialkräften ausgeht, die bei 2-achsiger Biegung nur in Verbindung mit zusätzlichen Momenten entlang des Stabes erzielt werden können. Man vermeide auch eine scheinbare Sicherheit durch eine übertriebene Rechengenauigkeit zu erzielen.
Es soll besonders daran erinnert werden, daß im Kran und Kranbahnbereich die horizontalen und die vertikalen Momentenlinien und somit auch Normalkraftverläufe entlang des Stabes unterschiedliche Formen haben ($N = \int \sigma \, dF$).
Ferner soll noch bemerkt werden, daß die Horizontallasten keine statischen Lasten sind, sondern einem Wechsel in der Lage des Angriffspunktes entlang des Stabes und in der Größe und Richtung unterworfen sind.

Dieses hier gezeigte Verfahren ist einfach. Es gestattet die Berücksichtigung von horizontalen Lasten. Mit ihm sind auch komplizierte Querschnitte auf ihre Kippsicherheit zu untersuchen.
Von einer Abminderung der Knicklänge durch den Faktor β nach den Tafeln 5 der DIN 4114 Blatt 2 wird abgeraten, da die Verhältnisse viel komplizierter sind, als sie in der Tafel 5 erfaßt werden konnten.

<u>Für I-Profile gilt:</u>

$$J_{z,g} = \frac{1}{12} \cdot t_g \cdot b_0^3 + \frac{1}{12} \cdot \left(\frac{1}{5} h_s\right) \cdot s^3 \qquad (18.69)$$

$$A_g = A_{Gurtplatte} + \frac{1}{5} A_{Steg} \qquad (18.70)$$

$$i_{z,g} = \sqrt{\frac{J_{z,g}}{A_g}} \qquad (18.71)$$

$$\lambda = \frac{c}{i_{z,g}} \qquad (18.72)$$

wenn gilt: $i_{z,g} \geq \frac{c}{40}$ (18.73)

dann darf ein Kippnachweis entfallen;

bei $i_{z,g} < \frac{c}{40}$ (18.74)

muß nachgewiesen werden, daß

$$\max \sigma_D \leq \frac{1{,}14 \cdot \text{zul}\ \sigma_D}{\omega} \quad \text{ist.} \tag{18.75}$$

Hierin bedeutet:

$\max\sigma_D$ = max. auftretende Druckspannung innerhalb des gedrückten Querschnittes (schwarzer Bereich des Bildes 18.25)

ω = Knickzahl abhängig von der Stahlsorte, der Schlankheit λ und der Querschnittsart; z.B. Tafeln in DIN 4114 oder /1/

$\text{zul}\,\sigma_D$ = zulässige Druckspannung (s. Kap. 10) entsprechend dem untersuchten Lastfall (s. Tab. 12.1); bei Kranen und Kranbahnen ist der Lastfall HZ bei der Kippuntersuchung maßgebend!
St 37: $\text{zul}\,\sigma_D$ = 16 kN/cm²; St 52: $\text{zul}\,\sigma_D$ = 24 kN/cm².

$$\max \sigma_D = \sigma_{x,0} + \frac{\max M_z}{W_{z,g}} \tag{18.76}$$

$$W_{z,g} = \frac{J_{z,g}}{\frac{b_0}{2}} \tag{18.77}$$

$$\sigma_{x,0} = \frac{M_y}{W_{y,0}} \tag{18.78}$$

$$W_{y,0} = \frac{J_y}{z_0} \tag{18.79}$$

18.3.1 Beispiel

Beispiel 18.2 Es wird dieser im Kap. 18.2 vereinfachte Nachweis für das Beispiel 18.1 durchgeführt. Aus Beispiel 18.1 werden folgende Ergebnisse übernommen:

Theorie I. Ordnung:

$\max M_y$ = 539 kNm

$\max M_z$ = 15,55 kNm

c = 16 m

$W_{y,o}$ = 8143 cm³

$\sigma_{x,0} = \frac{53900}{8143} = 6{,}62$ kN/cm²

s = 78 cm; $\frac{1}{5}\,h_s$ = 15,6 cm

t_g = 2 cm; s = 0,8 cm; b_0 = 50 cm

neu gerechnet werden muß:

$$A_g = 50 \cdot 2 + 15{,}6 \cdot 0{,}8 = 112{,}5 \text{ cm}^2$$

$$J_{z,g} = \frac{1}{12} \cdot 2 \cdot 50^3 + \frac{1}{12} \cdot 15{,}6 \cdot 0{,}8^3 = 20834 \text{ cm}^4$$

$$W_{z,g} = \frac{20834}{\frac{50}{2}} = 833{,}4 \text{ cm}^3$$

$$i_{z,g} = \sqrt{\frac{20834}{112{,}5}} = 13{,}6 \text{ cm} < \frac{1600}{40} = 40$$

Ein Nachweis ist erforderlich!

$$\lambda = \frac{1600}{13{,}6} = 117{,}6 \sim 118 < 250$$

$$\omega_{St37} = 2{,}35; \quad \omega_{St52} = 3{,}53$$

max. Eckspannung (Druck)

$$\max\sigma_D = 6{,}62 + \frac{1555}{833{,}4} = 8{,}49 \text{ kN/cm}^2$$

Nachweis für St 37:

$$\max\sigma_D = 8{,}49 > \frac{1{,}14 \cdot 16}{2{,}35} = 7{,}76 \text{ kN/cm}^2$$

das bedeutet, daß die Kippsicherheit nicht gewährleistet ist.

Nachweis für St 52:

$$\max\sigma_D = 8{,}49 > \frac{1{,}14 \cdot 24}{3{,}53} = 7{,}75 \text{ kN/cm}^2$$

das bedeutet, daß die Kippsicherheit auch in St 52 nicht gewährleistet ist.

Man erkennt aus den beiden oben errechneten zulässigen Kippspannungen (7,76 kN/cm^2 für St 37 und 7,75 kN/cm^2 für St 52) wie geringfügig sie sich bei den beiden Stahlsorten verändern. Dieser Effekt wird durch die Knickzahlen der beiden Stähle erzielt.

Bei der Berechnung der Kippsicherheit im Beispiel 18.1 ist zu erkennen, daß eine ausreichende Kippsicherheit für beide Stahlsorten vorhanden ist.

Der Nachweis nach DIN 4114 liegt auf der sicheren Seite. Es empfiehlt sich deshalb immer zuvor den vereinfachten Kippsicherheitsnachweis nach Kap. 18.2 zu führen.

In der DIN E18800 Teil 2, welche in einiger Zeit die DIN 4114 ablösen wird, sind ähnliche vereinfachte Nachweise zugelassen. Es wird sicherlich noch einige Jahre dauern, bis diese z.Zt. noch im Entwurf vorliegende Norm von den Innenministerien der Länder bauamtlich eingeführt ist.

19. Schwingungen von Krananlagen - Gebrauchsfähigkeitsnachweis

19.1 Allgemeines

Die Stahltragwerke der Krane bilden zusammen mit den entsprechenden Massenkräften, Eigengewicht und Hublast, elastische Systeme, welche unter dynamischen Wirkungen zu Schwingungen angeregt werden können. Bei großen Schwingungsamplituden und niedrigen Frequenzen kann die Gebrauchsfähigkeit einer Krananlage eingeschränkt sein.
Als dynamische Wirkung sind in erster Linie die Stöße zu betrachten, welche beim Anheben der Last und wiederholtem Bremsen erzeugt werden können. Besonders kritisch wird es, wenn die Wiederholungszeit dieser Vorgänge mit der Eigenschwingungszeit der Krananlage übereinstimmt. In diesem Fall kann bei kleiner Dämpfung das Phänomen der Resonanz entstehen, wobei die Schwingungsamplituden der Krananlage derart wachsen, daß die Gebrauchsfähigkeit oder sogar die Standsicherheit der Konstruktionen gefährdet wird. Um folgenschwere Fehleinschätzungen zu vermeiden, darf also der Konstrukteur das Schwingungsverhalten der Krane nicht außer acht lassen und mit dem Argument operieren, daß bei der statischen Berechnung die dynamische Wirkung der Lasten durch entsprechende Beiwerte berücksichtigt ist.

Die Schwingungsanfälligkeit der Krananlagen hängt im wesentlichen von der Schlankheit ihres Stahltragwerkes ab. In Anerkennung dieser Tatsache, kann man durch eine Überdimensionierung "sehr steife" Konstruktionen schaffen. Dabei treten keine nennenswerten Schwingungsamplituden auf. Die Krankonstruktion wird aber unnötig verteuert.

Das Hauptziel der dynamischen Untersuchung ist, die Eigenfrequenz der Schwingungen der Krananlage zu ermitteln und diese mit der Frequenz der möglichen dynamischen Erregung zu vergleichen. Liegt die Eigenfrequenz der Anlage im Frequenzbereich der Schwingung, muß die Konstruktion steifer ausgebildet werden, um Resonanz zu vermeiden. Ist die Eigenfrequenz größer als die Erregerfrequenz, so liegt der Fall von "hoher Abstimmung" vor, und es können keine nennenswerten Schwingungen auftreten.

In diesem Kapitel werden Schwingungen nur in vertikaler Richtung (in Richtung der z-Achse) untersucht. Um diesen Rechenannahmen gerecht zu werden, müssen bestimmte Verformbarkeitsverhältnisse zwischen horizontaler (y-Achse) und vertikaler (z-Achse) Richtung vorhanden sein.
Allgemein gilt

$$\text{Verformbarkeit} = \frac{J\ [cm^4]}{\ell\ [cm]} \qquad (19.1)$$

J = Flächenmoment 2. Grades (Trägheitsmoment)
ℓ = freie Länge des zu untersuchenden Stabes.

Es soll sein

$$\frac{J_y}{\ell_y} \leqq \frac{J_z}{\ell_z} \cdot 15 \qquad (19.2)$$

Wird die horizontale Steifigkeit J_z/ℓ_z kleiner als der oben geforderte Wert, so besteht die Gefahr, daß zusätzliche horizontale Schwingungen sich den vertikalen Schwingungen überlagern.

19.2 Grundbegriffe

Ein elastisches System, das zum Schwingen angeregt werden kann, bezeichnet man als Schwinger.
Jedes elastische System besitzt so viele Eigenfrequenzen, wie die Zahl seiner Freiheitsgrade als Schwinger beträgt. Die dynamischen Freiheitsgrade eines Schwingers stellen die minimale Anzahl von Deformationsparametern (Verschiebungen und Drehungen) dar, die zur vollständigen Beschreibung seiner Lage zu jedem Zeitpunkt seiner Bewegung notwendig sind. In /37/ und /94/ werden die mathematischen Zusammenhänge hergeleitet.
Ist nur eine einzige konzentrierte Masse vorhanden, so wird die Bewegung des Systems nur von einem Parameter bestimmt: der vertikalen Verschiebung U (siehe Bild 19.1).

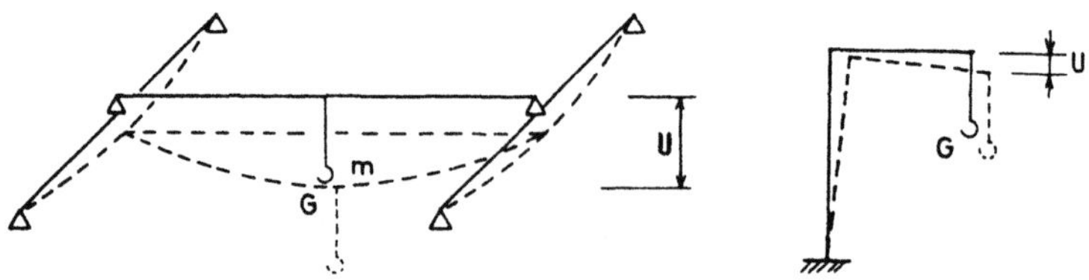

Bild 19.1

Dabei wird davon ausgegangen, daß die Verteilung des Eigengewichtes den Schwingungsvorgang der Anlage nicht nennenswert beeinflußt.
Eine Krananlage kann im allgemeinen auf einen Schwinger mit einem Freiheitsgrad (Einmassenschwinger) zurückgeführt werden.

Wird die Masse m angehoben und dann plötzlich gebremst, so gerät die Masse m im Anschluß daran in Schwingung. Bleibt der Verlauf dieser Schwingung immer gleich, d.h. es treten keine Störungen auf, liegt der Idealfall der freien, ungedämpften Schwingung vor. In Wirklichkeit hören die freien Schwingungen eines Tragwerks wegen der immer vorhandenen Widerstandskräfte früher oder später auf. Die Gesamtheit aller Kräfte, die sich der Bewegung des Schwingers entgegensetzen, wird als Dämpfung bezeichnet.
Die Größen, welche die freien Schwingungen des dynamischen Systems beschreiben, heißen Eigenwerte. Diese hängen von der Biegesteifigkeit K (in kN/cm) und der Masse m (in kg) des Schwingers ab und werden kaum von der Dämpfung beeinflußt. Diese Werte sind

- Eigenkreisfrequenz ω_0

$$\omega_0 = \sqrt{\frac{K}{m}} \quad [s^{-1}] \qquad (19.3)$$

- Eigenschwingzahl oder Periode T_0
  (die Zeit, die die Masse benötigt, um eine volle Schwingung auszuführen)

$$T_0 = \frac{2\pi}{\omega_0} \quad [s] \qquad (19.4)$$

- Eigenfrequenz f_0
  (Anzahl der Schwingungen in einer Zeiteinheit)

$$f_0 = \frac{\omega_0}{2\pi} = \frac{1}{T_0} \quad [Hz] \qquad (19.5)$$

1 Hz (Hertz) = 1 Schwingung je Sekunde

Bezeichnet man mit $U = \frac{G}{K} = \frac{m \cdot g}{K}$ die statische Durchbiegung des Systems unter der in Schwingungsrichtung angesetzten Masse m (s. Bild 19.1), so ergibt sich aus der Kreisfrequenz

$$\omega_0 = \sqrt{\frac{K}{m}} = \sqrt{\frac{g}{U}} = \frac{31{,}35}{\sqrt{U}} \qquad (19.6)$$

die Eigenfrequenz f_0 zu

$$f_0 = \frac{\omega_0}{2\pi} \cong \frac{5}{\sqrt{U}} \qquad (19.7)$$

dabei ist die Dimension für die Durchbiegung U in cm einzusetzen.

19.3 Berechnung der Eigenfrequenz von einigen Krantypen

Zur Berechnung der Eigenfrequenz von Krananlagen wird die Formel 19.7 benützt und zwar für

- Brückenkrane
- Säulenschwenkkrane
- Wandschwenkkrane
- Portalkrane.

Zur Ableitung der maximalen statischen Auslenkung U wurde das "Mohrsche Verfahren" /17/ angewandt. Weiterführende Literatur für Schwingungsberechnungen siehe /37/, /87/, /88/, /89/ und /90/.

19.3.1 Kran Typ 1 - Brückenkran

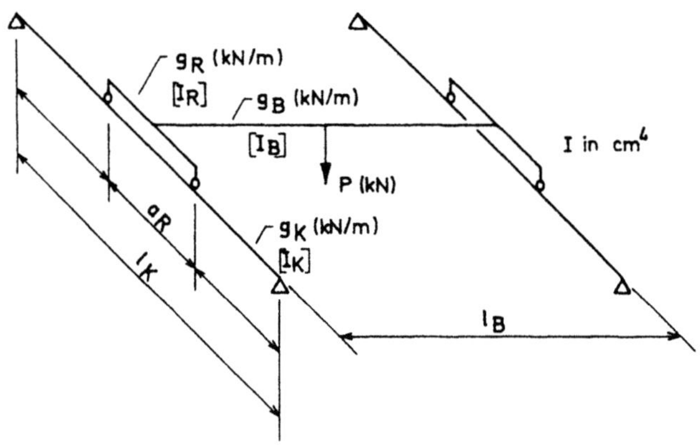

Bild 19.2

Geometriebeiwerte

$$\alpha = \frac{\ell_K - a_R}{2\,\ell_K} \quad ; \quad \varepsilon = 3\alpha - 4\alpha^3 \qquad (19.8)$$

$$\frac{a_R}{\ell_B} = \alpha_1 \quad ; \quad \frac{I_R}{I_B} = \beta_1 \qquad (19.9)$$

$$\frac{\ell_K}{\ell_B} = \alpha_2 \quad ; \quad \frac{I_K}{I_B} = \beta_2 \qquad (19.10)$$

Lastbezeichnungen und Beiwerte

$$G_B = g_B \ell_B \quad [kN] \qquad (19.11)$$

$$G_R = g_R a_R \quad [kN] \qquad (19.12)$$

$$G_K = g_K \ell_K \quad [kN] \qquad (19.13)$$

$$\frac{G_B}{2} + G_R = G_{B,R} \quad [\mathrm{kN}] \tag{19.14}$$

$$\frac{G_K}{G_B} = \gamma_2 \quad ; \quad \frac{G_{B,R}}{G_B} = \gamma_1 \tag{19.15}$$

Durchbiegung an der Stelle der Last P

$$U = U_G + U_P \tag{19.16}$$

$$U_G = \frac{5\ell_B^3 \, G_B}{384EI_B} \cdot \partial_g \quad ; \quad U_P = \frac{P\ell_B^3}{48EI_B} \cdot \partial_p \tag{19.17}$$

$$\partial_g = 1 + 2\,\frac{\alpha_2^3}{\beta_2}\cdot\gamma_2 + 3{,}2\,\frac{\alpha_2^3}{\beta_2}\cdot\varepsilon\gamma_1 \tag{19.18}$$

$$\partial_p = 1 + \frac{\alpha_1^3}{\beta_1} + \frac{\alpha_2^3}{\beta_2}\cdot\varepsilon \tag{19.19}$$

$$U = \frac{P\ell_B^3}{48EI_B}\cdot\eta_1 \quad ; \quad \eta_1 = \frac{5}{8}\cdot\frac{G_B}{P}\,\partial_g + \partial_p \tag{19.20}$$

Eigenfrequenz

$$f_0 \cong \frac{5}{\sqrt{U}} = \frac{5}{\sqrt{\frac{P\ell_B^3}{48EI_B}\cdot\eta_1}} = 34{,}6\sqrt{\frac{EI_B}{P\ell_B^3\eta_1}} \quad [\mathrm{Hz}] \tag{19.21}$$

dabei sind für die Länge cm einzusetzen;

Beispiel 19.1 $\quad P = 70$ kN

Kranbahnträger: IPB 600, $I_B = 171000$ cm^4;

$\ell_B = 15$ m

$G_B = 2{,}13\cdot 15 = 32$ kN

Kopfträger: ▯ 260 x 140; $I_R = 4720$ cm^4; $a_R = 2{,}5$ m

$G_R = 0{,}42\cdot 2{,}5 = 1{,}05$ kN

Kranbahn: IPB 340; $I_K = 36660$ cm^4; $\ell_K = 6{,}0$ m

$G_K = 1{,}34\cdot 6 = 8{,}04$ kN

Last- und Geometriebeiwerte

$$G_{B,R} = \frac{32}{2} + 1{,}05 = 17{,}05 \text{ kN}$$

$$\gamma_1 = \frac{17{,}05}{32} = 0{,}53 \quad ; \quad \gamma_2 = \frac{8{,}04}{32} = 0{,}251$$

$$\alpha = \frac{6 - 2{,}5}{2\cdot 6} = 0{,}291$$

$$\varepsilon = 3\cdot 0{,}291 - 4\cdot 0{,}251^3 = 0{,}811$$

$$\alpha_1 = \frac{2,5}{15} = 0,166 \quad ; \quad \alpha_2 = \frac{6}{15} = 0,40$$

$$\beta_1 = \frac{4720}{171000} = 0,0276 \quad ; \quad \beta_2 = \frac{36660}{171000} = 0,214$$

$$\partial_g = 1 + 2\,\frac{0,4^3}{0,214}\,0,251 + 3,2\,\frac{0,4^3}{0,214}\,0,811 \cdot 0,53$$

$$= 1 + 0,150 + 0,411 = 1,56$$

$$\partial_p = 1 + \frac{0,166^3}{0,0276} + \frac{0,40^3}{0,214}\,0,811 = 1 + 0,165 + 0,242$$

$$= 1,407$$

$$\eta_1 = \frac{5}{8} \cdot \frac{32}{70} \cdot 1,56 + 1,407 = 1,85$$

Eigenfrequenz

$E = 2,1 \cdot 10^4$ kN/cm^2 - es ergibt sich:

$$f_0 = 34,6 \sqrt{\frac{2,1 \cdot 10^4 \cdot 171000}{70 \cdot 1500^3 \cdot 1,85}} = 3,13 \text{ Hz}$$

vernachlässigt man das Eigengewicht der Anlage, so ergibt sich:

$$\partial_g = 0$$

$$\eta_1 = \partial_p = 1,407$$

$$f_p = 34,6 \sqrt{\frac{2,1 \cdot 10^4 \cdot 171000}{70 \cdot 1500^3 \cdot 1,40}} = 3,60 \text{ Hz}$$

19.3.2 Kran Typ 2 - Säulenschwenkkran

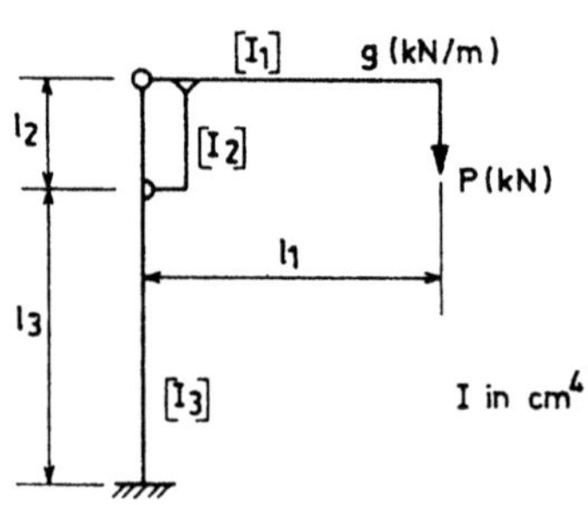

Bild 19.3

Geometriebeiwerte

$$\frac{\ell_2}{\ell_1} = \beta_1 \quad ; \quad \frac{\ell_3}{\ell_1} = \beta_2 \qquad (19.22)$$

$$\frac{I_2}{I_1} = \alpha_1 \quad ; \quad \frac{I_3}{I_1} = \alpha_2 \qquad (19.23)$$

Lastbezeichnungen und Beiwerte

$$G = g\ell_1 \quad [kN] \qquad (19.24)$$

Durchbiegung an der Stelle der Last P

$$U = U_G + U_P \qquad (19.25)$$

$$U = \frac{G\ell_1^3}{8EI_1} \cdot \partial_g + \frac{P\ell_1^3}{3EI_1} \cdot \partial_P \qquad (19.26)$$

$$\partial_g = 1 + \frac{4}{3} \cdot \frac{\beta_1}{\alpha_1} + \frac{4}{3} \cdot \frac{\beta_1}{\alpha_2} + \frac{4\,\beta_2}{\alpha_2} \qquad (19.27)$$

$$\partial_P = 1 + \frac{\beta_1}{\alpha_1} + \frac{\beta_1}{\alpha_2} + \frac{3\beta_2}{\alpha_2} \qquad (19.28)$$

$$U = \frac{P\ell_1^3}{3EI_1} \cdot \eta_2 \quad ; \quad \eta_2 = \partial_P + \frac{G}{8P} \cdot \partial_g \qquad (19.29)$$

Eigenfrequenz

$$f_0 = \frac{5}{\sqrt{\frac{P\ell_1^3}{3EI_1} \cdot \eta_2}} = 8{,}66 \sqrt{\frac{EI_1}{P\ell_1^3 \eta_2}} = 1255 \sqrt{\frac{I_1}{P\ell_1^3 \eta_2}} \; [Hz] \qquad (19.30)$$

Beispiel 19.2 $P = 3{,}5$ kN; $g = 0{,}376$ kN/m;

Kragarm: $\ell_1 = 3{,}80$ m

2 IPE 180; $I_1 = 2640\ cm^3$

Verbindungsträger: $\ell_2 = 1{,}0$ m

$I_2 = I_1 = 2640\ cm^3$

Säule: $\ell_2 + \ell_3 = 3{,}20$ m; $\ell_3 = 2{,}20$ m

Rohr: 323,9/5,6; $I_3 = 7094\ cm^4$

Last- und Geometriebeiwerte

$$\alpha_1 = \frac{2640}{2640} = 1{,}0 \quad ; \quad \beta_1 = \frac{1}{3{,}8} = 0{,}263$$

$$\alpha_2 = \frac{7094}{2640} = 2{,}70 \quad ; \quad \beta_2 = \frac{2{,}3}{3{,}8} = 0{,}60$$

$$\partial_g = 1 + \frac{4}{3} \cdot \frac{0{,}263}{1} + \frac{4}{3} \cdot \frac{0{,}263}{2{,}70} + 4 \cdot \frac{0{,}60}{2{,}70} = 2{,}36$$

$$\partial_P = 1 + \frac{0{,}263}{1} + \frac{0{,}263}{2{,}70} + 3 \cdot \frac{0{,}60}{2{,}70} = 2{,}026$$

$$G = 4 \cdot 0{,}376 = 1{,}504 \text{ kN}$$

$$\eta_2 = 2{,}026 + \frac{1{,}504}{8 \cdot 3{,}5} 2{,}36 = 2{,}026 + 0{,}126 = 2{,}153$$

Eigenfrequenz

$$f_0 = 8{,}66 \sqrt{\frac{2{,}1 \cdot 10^4 \cdot 2640}{3{,}5 \cdot 380^3 \cdot 2{,}153}} = 3{,}17 \text{ Hz}$$

19.3.3 Kran Typ 3 - Wandschwenkkran

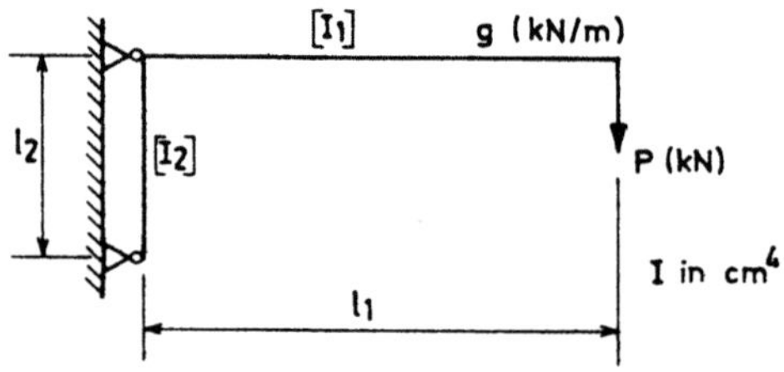

Bild 19.4

Geometriebeiwerte

$$\frac{\ell_2}{\ell_1} = \beta \qquad ; \qquad \frac{I_2}{I_1} = \alpha \tag{19.31}$$

Lastbezeichnungen

$$G = g\ell_1 \; [\text{kN}] \tag{19.32}$$

Durchbiegung an der Stelle der Last P

$$U = U_G + U_P \tag{19.33}$$

$$U = \frac{G\ell_1^3}{8EI_1} \cdot \partial_g + \frac{P\ell_1^3}{3EI_1} \cdot \partial_p \tag{19.34}$$

$$\partial_g = 1 + \frac{4}{3} \cdot \frac{\beta}{\alpha} \qquad ; \qquad \partial_p = 1 + \frac{\beta}{\alpha} \tag{19.35}$$

$$U = \frac{P\ell_1^3}{3EI_1} \cdot \eta_3 \qquad ; \qquad \eta_3 = \partial_p + \frac{G}{8P} \cdot \partial_g \tag{19.36}$$

Eigenfrequenz

$$f_0 = 8{,}66 \sqrt{\frac{EI_1}{P\ell_1^3 \eta_3}} \quad [\text{Hz}] \tag{19.37}$$

Beispiel 19.3

Es wird das Beispiel 19.2 übernommen, wobei $I_3 = \infty$

$\alpha = 1;\ \beta = 0{,}263;\ \alpha_2 = \infty$

$$\partial_g = 1 + \frac{4}{3}\cdot\frac{0{,}263}{1} = 1{,}35$$

$$\partial_p = 1 + \frac{0{,}263}{1} = 1{,}263$$

$$\eta_3 = 1{,}35 + \frac{1{,}504}{8\cdot 3{,}5}\ 1{,}263 = 1{,}35 + 0{,}067 = 1{,}42$$

Eigenfrequenz

$$f_0 = 8{,}66\ \sqrt{\frac{2{,}1\cdot 10^4\cdot 2640}{3{,}5\cdot 380^3\cdot 1{,}42}} = 3{,}90\ \text{Hz}$$

19.3.4 Kran Typ 4 - Portalkran

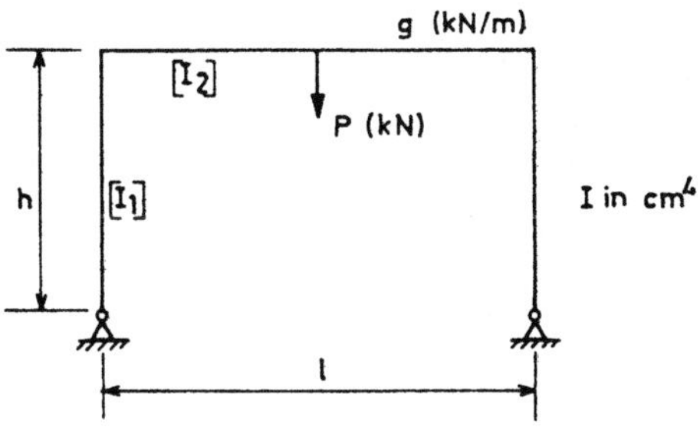

Bild 19.5

Geometriewerte

$$K = \frac{\ell_2}{\ell_1}\cdot\frac{h}{\ell}\ ;\quad N = 2K + 3 \tag{19.38}$$

Durchbiegung in der Feldmitte

$$U = U_G + U_P \tag{19.39}$$

$$U = \frac{P\ell^3}{48EI_2}\cdot\partial_p + \frac{5g\ {}^4}{384EI_2}\cdot\partial_g \tag{19.40}$$

$$\partial_p = 1 - \frac{9}{4N}\ ;\quad \partial_g = 1 - \frac{12}{5N} \tag{19.41}$$

$$U = \frac{P\ell^3}{48EI_2}\cdot\eta_4 \tag{19.42}$$

$$\eta_4 = \partial_p + \frac{5}{8}\cdot\frac{G}{P}\ \partial_g\ ;\ G = g\cdot\ell \tag{19.43}$$

Eigenfrequenz

$$f_0 \cong \frac{5}{\sqrt{\frac{P\ell^3}{48EI_2}\cdot\eta_4}} = 34{,}64\ \sqrt{\frac{EI_2}{P\ell^3\eta_4}} \tag{19.44}$$

Beispiel 19.4 $P = 50$ kN; $\ell = 6{,}0$ m; $I_2 = 25.170\ cm^4$; IPB 300
$h = 4{,}5$ m; $I_1 = 5.700\ cm^4$; IPB 200
$g = 1{,}17$ kN/m

Last- und Geometriebeiwerte

$$K = \frac{25170}{5700} \cdot \frac{4{,}5}{6} = 3{,}31$$

$$N = 2 \cdot 3{,}31 + 3 = 9{,}62$$

$$\partial_p = 1 - \frac{9}{4 \cdot 9{,}62} = 0{,}766$$

$$\partial_g = 1 - \frac{12}{5 \cdot 9{,}62} = 0{,}750$$

$$G = 1{,}17 \cdot 6 = 7{,}02 \text{ kN}$$

$$\eta_4 = 0{,}766 + \frac{5}{8} \cdot \frac{7{,}02}{50}\ 0{,}75 = 0{,}766 + 0{,}066 = 0{,}832$$

Eigenfrequenz

$$f_0 \cong 34{,}64 \sqrt{\frac{2{,}1 \cdot 10^4 \cdot 25170}{50 \cdot 600^3 \cdot 0{,}832}} = 8{,}88 \text{ Hz}$$

ohne das Eigengewicht zu berücksichtigen:

$$\eta_4 = \partial_p = 0{,}766$$

$$f_0 = 34{,}64 \sqrt{\frac{2{,}1 \cdot 10^4 \cdot 25170}{50 \cdot 600^3 \cdot 0{,}832}} = 8{,}4 \text{ Hz}$$

19.4 Dämpfung

Die Gesamtheit aller Widerstandskräfte, die sich der Bewegung eines schwingenden Systems entgegensetzen, wird als Dämpfung bezeichnet.

Die Dämpfung beeinflußt die Schwingungen von Maschinen und Bauteilen in mehrfacher Weise. Sie ist maßgebend für die Höhe der Resonanzamplituden und für die Dauer der Eigenschwingung (freie unerzwungene Schwingung).

Die Dämpfung tritt im Werkstoff auf (Baustoffdämpfung oder "Hystresis"), im Tragwerk an Fügestellen infolge Reibung zwischen verschiedenen Bauteilen, bei Verbindungen (strukturelle Dämpfung) an Kupplungen und Lagerungen, an den Oberflächen, durch die Einwirkung des umgebenden Mediums, wie z.B. Luft.

Es ist üblich, rechnerisch die Dämpfung durch eine geschwindigkeitsproportionale Dämpfungskraft zu berücksichtigen. Der Proportionalitätsfaktor heißt Dämpfungsfaktor "C".

Den Zusammenhang zwischen dem Dämpfungsfaktor C und den dynamischen Charakteristiken eines schwingenden Systems wird von dem Dämpfungsmaß D (Lehrsches Dämpfungsmaß oder Dämpfungsgrad) angegeben.

$$D = \frac{C}{2m\omega_0} \qquad (19.45)$$

Für Stahlkonstruktionen werden in der Praxis folgende Werte des Dämpfungsgrades D verwendet

Stahlkonstruktion verschraubt D = 1 %

Stahlkonstruktion verschweißt D = 0,4 %

Der Einfluß der Dämpfung auf die Schwingungen kann rechnerisch wie folgt erfaßt werden

- die Schwingungsamplitude $A_{(t)}$ wird mit zunehmender Zeit gesetzmäßig immer kleiner, wobei gilt

$$A(t) = A_0 \cdot e^{-\omega_0 \cdot D \cdot t} \qquad (19.46)$$

A_0 = Anfangsamplitude (cm)

ω_0 = Eigenkreisfrequenz (1/s)

t = Zeit (s)

- die Schwingungen bleiben periodisch;
  die Periode der gedämpften Schwingungen T_D ist etwas größer als die Periode der ungedämpften Schwingungen T.

$$T_D = \frac{T}{\sqrt{1 - D^2}} \qquad (19.47)$$

Weitere Angaben hierzu siehe /36/.

Da die Dämpfung gewöhnlicher Stahltragwerke gering ist, wird in der Praxis $T_D \cong T$ angenommen. Bei sehr großer Dämpfung D = 100% treten überhaupt keine Schwingungen mehr auf, sondern lediglich eine gedämpfte Bewegung (Aperiodische Dämpfung). Die Dämpfung ist abhängig vom Belastungszustand des Krans, siehe /86/.

Beispiel 19.5 Die Krananlage im Beispiel 19.1 ist eine verschraubte Konstruktion mit einem Dämpfungsmaß D $\cong$ 1 %. Zum Zeitpunkt t = 0 hat die Schwingungsamplitude den Wert A_0. Wie groß ist die Schwingungsamplitude nach einer Zeit t = 10 Sek.?

$$f_0 = 3{,}13 \text{ Hz} \quad ; \quad T_0 = \frac{1}{3{,}13} = 0{,}319$$

$$\omega_0 = \frac{2\pi}{T_0} = \frac{6{,}28}{0{,}319} = 19{,}7 \text{ rad} = 19{,}7 \text{ sec}^{-1}$$

$$A_{(t_1=10)} = A_0 \cdot e^{-19{,}7 \cdot 0{,}01 \cdot 10} = 0{,}14\ A_0$$

Die Periode der gedämpften Schwingung beträgt:

$$T_D = \frac{0{,}319}{\sqrt{1 - 0{,}01^2}} = 0{,}310 = T_0$$

19.5 Empfohlene niedrigste Eigenfrequenzen

Folgende Eigenfrequenzen sollten bei Krananlagen nicht unterschritten werden

Tab. 19.1 Niedrigste Eigenfrequenz

	bei Anforderung [1)] normal	erhöht
Brückenkran	≥ 2,5 Hz	≥ 5,0 Hz
Säulenschwenkkran	≥ 3,0 Hz	≥ 4,5 Hz
Wandschwenkkran	≥ 3,0 Hz	≥ 4,5 Hz
Portalkran	≥ 5,5 Hz	≥ 6,5 Hz

1) Anforderung an die Hub- und Senkbewegung beim Halt in Bezug auf das Schwingen.

19.6 Durchbiegung und Eigenfrequenz

In der zurückgezogenen DIN 120 für Krane und Kranbahnen war die Durchbiegung begrenzt. In den neuen DIN-Normen DIN 4132 und DIN 15018 ist dies nicht mehr der Fall. Wie aus den vorherigen Ausführungen zu ersehen, ist die Eigenfrequenz abhängig von der Durchbiegung. Die Darstellung und die Berechnung der Eigenfrequenz ist bei Krananlagen zutreffender, da es sich hierbei um dynamische Systeme handelt. Außerdem wird bei Brückenkranen der Kran und die Kranbahn als Ganzes erfaßt.

Die im Kap. 19.5 aufgeführten kleinsten Eigenfrequenzen sind Empfehlungen, die durch eine Anzahl von Messungen bei Krananlagen überprüft wurden.
Weitere Einzelheiten über Schwingungsberechnungen von Krananlagen sind in /36/ aufgeführt.
In den Schweizer Vorschriften /79/ für die Berechnung von Kranbahnen müssen beim Gebrauchsfähigkeitsnachweis folgende Bedingungen eingehalten werden:

a) Vertikale Durchbiegung der Kranbahnträger

Die vertikale Durchbiegung des Kranbahnträgers infolge der vertikalen Radlasten R_{max} ohne Stoßzuschlag darf höchstens betragen:

für Beanspruchungsgruppen B1 und B2	1/600 der Spannweite
für Beanspruchungsgruppen B3 und B4	1/700 der Spannweite
für Beanspruchungsgruppen B5 und B6	1/800 der Spannweite.

b) Horizontale Ausbiegung der Kranbahnträger

Die horizontale Ausbiegung des Kranbahnträgers infolge der horizontalen Lasten quer zur Kranbahn darf höchstens betragen:

für Beanspruchungsgruppen B1, B2 und B3	1/800 der Spannweite
für Beanspruchungsgruppen B4, B5 und B6	1/1000 der Spannweite.

c) Horizontale Ausbiegung der Kranbahnstützen

Die horizontale Ausbiegung der Kranbahnstützen quer zur Kranbahn auf der Höhe h der Kranbahnabstützung infolge der horizontalen Kranlasten oder infolge Windlasten W darf höchstens betragen:

für alle Beanspruchungsgruppen	1/300 der Höhe h

Die Differenz der horizontalen Ausbiegungen von 2 gegenüberliegenden Kranbahnstützen quer zur Kranbahn darf auf der Höhe der Kranbahnabstützungen nicht mehr als 20 mm betragen.

Dies ist eine Empfehlung und soll als Konstruktionshilfe verstanden werden.

20. Sicherheitsabstände

Siehe auch /6/, /8/ und /10/.

20.1 Allgemeine Sicherheitsabstände

Zur Vermeidung von Quetsch- und Scherstellen müssen die kraftbewegten äußeren Teile von Kranen (Umhüllende) zu den Teilen der Umgebung des Krans einen allge-

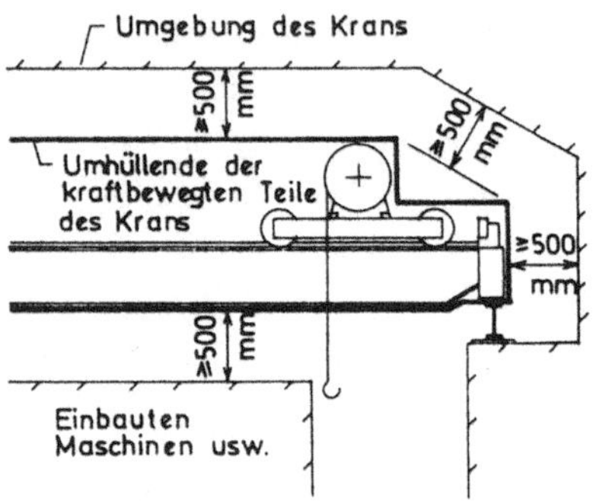

Bild 20.1 Allgemeine Sicherheitsabstände

meinen Sicherheitsabstand nach oben, unten und nach den Seiten von mindestens 500 mm haben (s. Bild 20.1). Als Umgebung des Krans ist im Sinne der Unfallverhütungsvorschriften anzusehen z.B. Gebäude und Gebäudeteile, Hallenstützen, Rohre, Maschinen, gelagertes Material, Gerüste, Lüftungskanäle und fest montierte Einrichtungsgegenstände wie Strahler, Schaltschränke und dgl. Nicht zur Umgebung des Krans gehören Kranbahnen und Auflagerkonsolen für Kranbahnen.

Zur "Umhüllenden" gehören nicht die Lastaufnahmemittel (Traversen, Lasthaken und Unterflasche), sowie Leinen- oder Kunststoffsäcke zur Aufnahme der Lastkette von Kettenzügen.

Die angegebenen Sicherheitsabstände sind Mindestmaße, die an keiner Stelle unterschritten werden dürfen. Da mit Toleranzen sowohl bei der Herstellung und Montage der Krananlage als auch bei der Errichtung des Gebäudes gerechnet werden muß, ist zu empfehlen, mit größeren Sicherheitsabständen zu planen, z.B. mit 550 mm, anstatt den geforderten 500 mm.

In speziellen Ausnahmefällen ist eine Abweichung dieser zuvor genannten allgemeinen Sicherheitsabstände nach oben und nach den Seiten hin möglich und erlaubt.

Eine Verringerung des allgemeinen Sicherheitsabstandes zwischen kraftbewegten Teilen des Krans und seiner Umgebung nach unten ist nicht gestattet. Hier gelten grundsätzlich 500 mm als erforderlicher Sicherheitsabstand.

Bei handbetätigten äußeren Teilen von Kranen (Umhüllende) kann auf Sicherheitsabstände verzichtet werden. Sie sollten allerdings 100 mm nicht unterschreiten.

20.2 Verkleinerung des allgemeinen Sicherheitsabstandes nach den Seiten hin

20.2.1 Sicherheitsabstand zur Seite

Ein Sicherheitsabstand nach der Seite hin ist außerhalb des Verkehrs- oder Arbeitsbereiches nicht erforderlich. Er sollte allerdings aus konstruktiven Gründen 100 mm nicht unterschreiten. Der Verkehrs- oder Arbeitsbereich reicht im allgemeinen bis auf eine Höhe von 2,50 m über Flur (s. Bild 20.2).

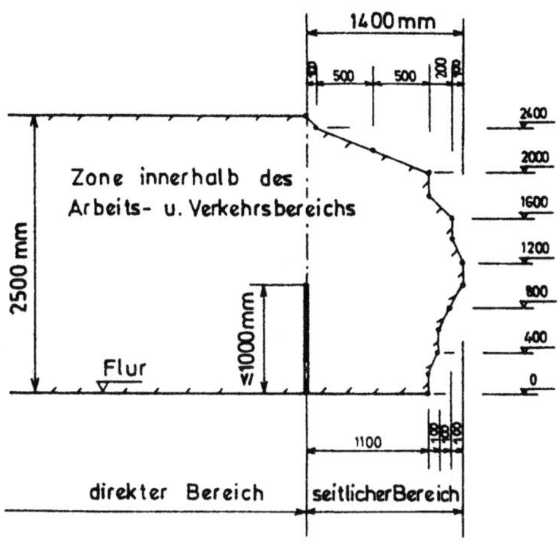

Bild 20.2 Allgemeiner Arbeits- und Verkehrsbereich nach DIN 31001 T 1

20.2.2 Sicherheitsabstand zwischen Geländer und Kran

Der Abstand zwischen Geländer, die der Abgrenzung des Verkehrs- oder Arbeitsbereiches dienen, und der "Umhüllenden" des Krans muß mindestens 100 mm betragen. Dabei ist darauf zu achten, daß das Geländer durchlaufend ist und

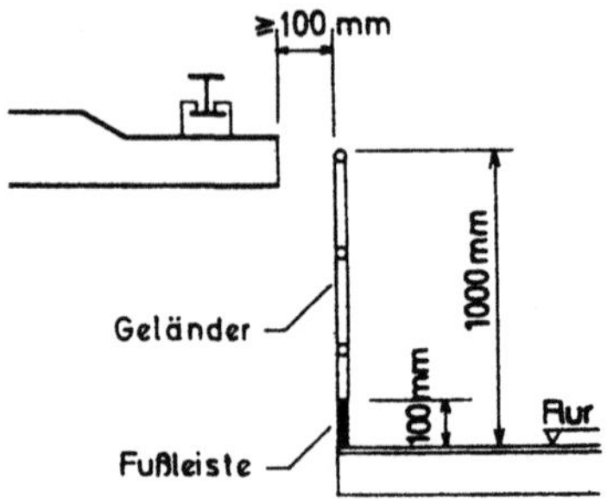

Bild 20.3 Sicherheitsabstand zwischen Kran und Geländer nach Kap. 20.2.2

mindestens 2 horizontale Zwischenstäbe besitzt (s. Bild 20.3). Senkrechte Stäbe beim Geländer sind nicht erlaubt.

20.2.3 Sicherheitsabstand Geländer auf der Krananlage

Befindet sich das Geländer auf der Krananlage, so darf der Abstand zwischen Geländer und der Umgebung 100 mm nicht unterschreiten. Das Geländer muß nach Kap. 20.2.2 ausgeführt sein.

20.3 Verminderung des allgemeinen Sicherheitsabstandes nach oben

Auf den allgemeinen Sicherheitsabstand von 500 mm nach oben kann bei den unter Kap. 20.3.1 bis Kap. 20.3.5 aufgeführten Ausnahmen verzichtet werden.
Aus konstruktiven Gründen sollte der Sicherheitsabstand 100 mm nicht unterschreiten.

20.3.1 Bei Schienenhängebahnen (Kap. 2.1)

20.3.2 Bei Deckenkranen, ausgenommen Hängekrane, bei denen die Laufschienen an den Hallenstützen hängend angeordnet sind (Kap. 2.4).

20.3.3 Bei flurbedienten Kranen unter ebenen Decken, sofern sich auf der Kranbrücke keine Bühnen, Laufstege oder dgl. befinden (Kap. 2.4).

20.3.4 Bei flurbedienten Einträger-Brückenkranen bis zu einer Tragfähigkeit von 10t sofern sich auf der Kranbrücke keine Bühnen, Laufstege oder dgl. befinden (Kap. 2.4).

20.3.5 Bei Stromführungen und deren Stützen

Bild 20.4

Flußdiagramm zur Ermittlung des Sicherheitsabstandes (Siab) zwischen kraftbewegten äußeren Teilen eines Krans und der Umgebung

(A) Ermittlung des Sicherheitsabstandes (Siab) nach unten

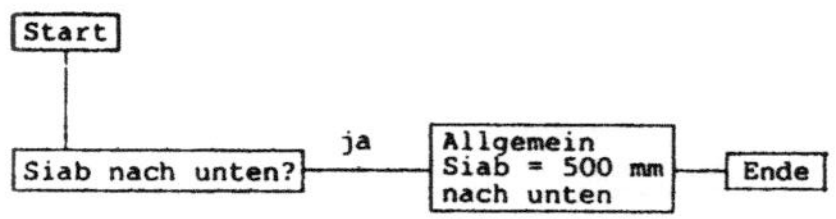

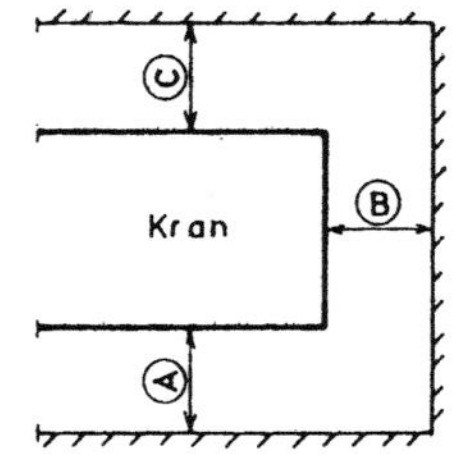

(B) Ermittlung des Sicherheitsabstandes (Siab) nach der Seite hin

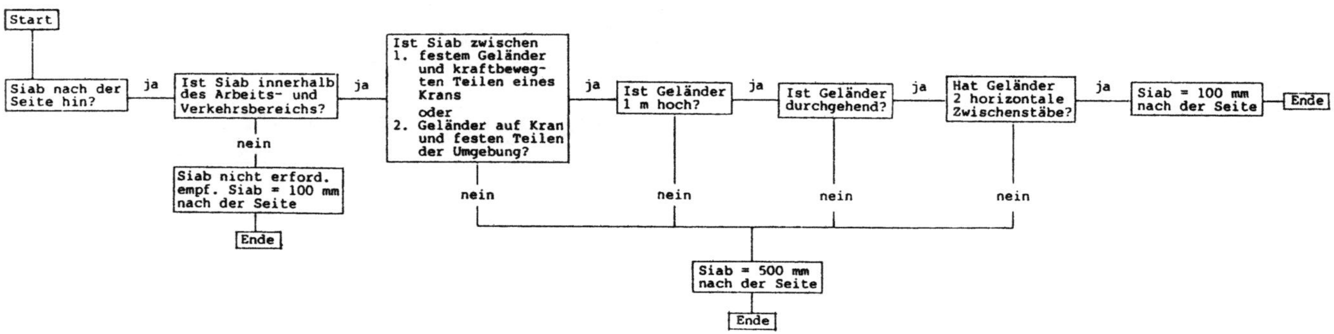

20.4 Flußdiagramm zur Ermittlung der Sicherheitsabstände

Anhand des folgenden Flußdiagramms (s. Bild 20.4) wird in einem einfachen Frage- und Antwortverfahren der Benutzer auf den richtigen Sicherheitsabstand hingeführt. Alle Ausnahmen für die Verminderung des allgemeinen Sicherheitsabstandes sind hierin berücksichtigt worden.

ff. Bild 20.4

Ⓒ Ermittlung des Sicherheitsabstandes (Siab) nach oben

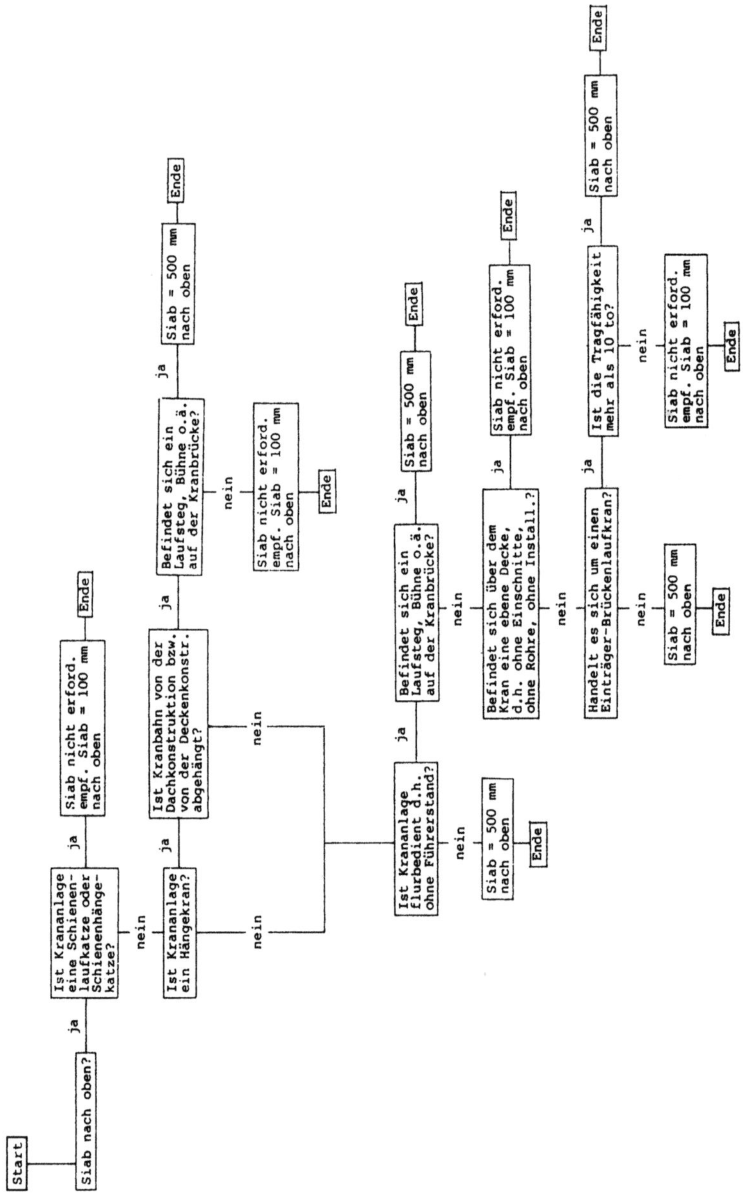

21. Konstruktionsmaße

21.1 Allgemeines

Mit Hilfe der Konstruktionsmaße und den Sicherheitsabständen (s. Kap. 20) soll Architekten, Statikern, Planern und Produktionsplanern die Möglichkeit gegeben werden, schnell die erforderlichen Konstruktionsmaße für Krane und Kranbahnen zu ermitteln. Dadurch können die zu erwartenden Hakenhöhen bei einem gegebenen Hallenquerschnitt oder umgekehrt die Hallenquerschnitte bei gegebenen Hakenhöhen konstruiert werden. Siehe hierzu auch /49/, /50/ und /51/.

Die folgenden Konstruktionsmaße entstammen den Angaben verschiedener Kranhersteller. Dadurch ist sichergestellt, daß bei Einhaltung der nachfolgenden Konstruktionsmaße der vorgesehene Kran, unabhängig vom Fabrikat, sicher eingebaut werden kann.

Bei den Konstruktionsmaßen wird davon ausgegangen, daß der Kran der Hubklasse H2 und der Beanspruchungsgruppe B3 entspricht.

21.2 Zweiträger-Brückenlaufkran

Konstruktionsmaße siehe Tab. 21.1.

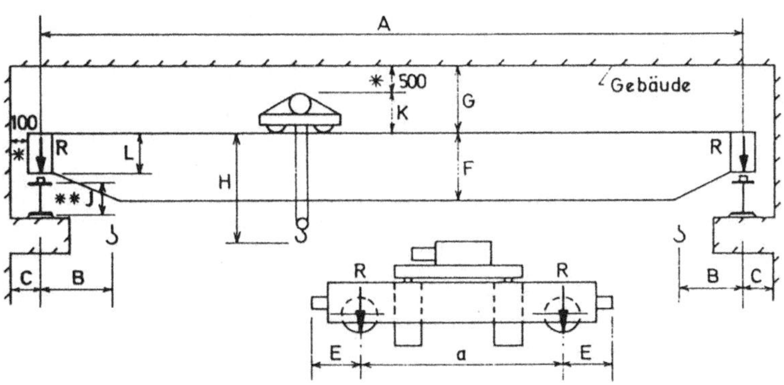

Bild 21.1 Zweiträger-Brückenlaufkran
* Sicherheitsabstände siehe Kap. 20
** siehe Kranbahnen Tab. 21.5

Tab. 21.1 Zweiträger-Brückenlaufkran
Konstruktionsmaße zu Bild 21.1

Traglast [2]	Spannweite	Anfahrmaß	Achsmaß	Radstand	Radlast R 1)	Radlast R 1)	Radüberstand	Trägerhöhe	Höhenmaß	Maß Lasthaken bis OK Brücke	Katzhöhe	Kopfträgerhöhe
P	A	B	C	a	max R	min R	E	F	G	H	K	L
t	m	mm	mm	m	kN	kN	mm	mm	mm	mm	mm	m
1	2	3	4	5	6	7	8	9	10	11	12	13
5,0	12	700	200	2,0	36,0	8,5	275	350	1050	300	550	300
	14	700		2,5	37,0	11,0	275	400		300	550	300
	16	700		2,5	38,0	12,5	275	450		300	550	300
	18	750		3,2	40,5	14,0	365	600		300	550	300
	20	750		3,2	42,5	15,5	365	700		300	550	300
	22	750		4,0	48,0	19,8	365	700		300	550	300
	24	750		4,0	50,5	22,3	365	800		300	550	300
	26	750		4,0	54,2	24,9	365	900		300	550	300
	28	750		4,0	59,8	30,1	365	1000		300	550	300
10,0	12	800	250	2,0	62,0	14,0	275	400	1200	400	700	350
	14			2,5	65,0	15,0	275	450		400	700	350
	16			2,5	66,0	15,5	275	700		400	700	350
	18			3,2	71,4	20,1	380	700		400	700	350
	20			4,0	73,4	21,6	400	800		400	700	350
	22			4,0	80,0	25,4	400	800		400	700	350
	24			4,0	82,1	27,1	400	950		400	700	350
	26			4,0	85,8	30,5	400	1000		400	700	350
	28			4,0	90,4	34,2	400	1100		400	700	350
16,0	12	900	260	2,5	95,0	20,0	300	500	1400	600	900	400
	14			3,2	98,0	21,5	380	700		600	900	400
	16			3,2	100,2	22,2	380	800		600	900	400
	18			3,2	103,4	24,1	380	900		600	900	400
	20			3,2	106,3	26,2	380	1000		600	900	400
	22			4,0	111,2	28,7	435	1100		600	900	400
	24			4,0	114,4	31,2	435	1200		600	900	400
	26			4,0	117,9	34,3	435	1300		600	900	400
	28			4,0	127,2	41,9	435	1300		600	900	400
20,0	12	1350	300	3,2	115,0	23,0	400	850	1600	1000	1100	500
	14			3,2	118,0	24,0	400	950		1000	1100	500
	16			3,2	122,0	25,5	400	1050		1000	1100	500
	18			3,2	129,0	27,0	400	1200		1000	1100	500
	20			3,2	132,0	30,0	400	1200		1000	1100	500
	22			4,0	137,0	32,0	450	1300		1000	1100	500
	24			4,0	142,0	36,0	450	1300		1000	1100	500
	26			4,0	147,0	40,0	450	1400		1000	1100	500
	28			4,0	153,0	49,0	450	1400		1000	1100	500

1) R ohne Eigen- und Hublastbeiwerte
2) Traglast des Krans in Tonnen ohne Hublastbeiwert

21.3 Einträger-Brückenlaufkran

Konstruktionsmaße siehe Tab. 21.2.

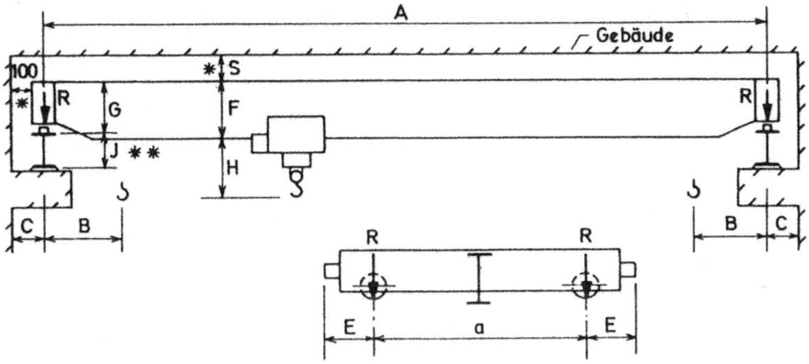

Bild 21.2 Einträger-Brückenlaufkran
* Sicherheitsabstände siehe Kap. 20
** siehe Kranbahnen Tab. 21.5

21.4 Einträger-Deckenkran, Hängekran

Konstruktionsmaße siehe Tab. 21.3.

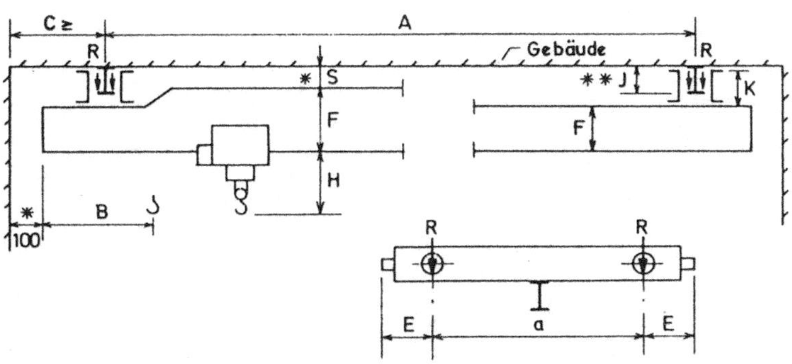

Bild 21.3 Einträger-Deckenkran, Hängekran
* Sicherheitsabstände siehe Kap. 20
** siehe Kranbahnen Tab. 21.6

Tab. 21.2 Einträger-Brückenlaufkran
Konstruktionsmaße zu Bild 21.2

Traglast 2)	Spannweite	Anfahrmaß	Abst. Gebäude Kranbahnachse	Radstand	Radlast R 1)	Radlast R 1)	Radüberstand	Trägerhöhe	Kopfträgerhöhe	Maß lasthaken bis UK Brücke
P	A	B	C	a	max R	min R	E	F	G	H
t	m	mm	mm	m	kN	kN	mm	mm	mm	mm
1	2	3	4	5	6	7	8	9	10	11
	8	550		1,6	13,0	3,8		350		
	10	550		1,6	13,5	4,0		350		
	12	550		2,0	14,3	4,8	290	450	350	
1,6	14	550	200	2,5	15,0	5,3		450		
	16	700		2,5	15,5	5,8		450		700
	18	700		2,5	17,3	7,5		550		
	20	750		2,5	18,3	8,8		550		
	22	750		4,0	20,8	10,0	380	650	500	
	24	750		4,0	22,5	12,8		650		
	8	700		1,6	22,8	5,5		350		
	10	700		1,6	23,8	5,5		350		
	12	700	200	2,0	24,5	6,3		450	350	
	14	750		2,5	25,3	6,8	290	550		
3,2	16	750		2,5	26,3	7,5		550		750
	18	800		3,2	28,8	10,0		650		
	20	900		3,2	31,0	12,0		750		
	22	900	240	4,0	32,3	13,3	380	750	500	
	24	900		4,0	33,3	14,3		850		
	8	700		1,6	33,3	6,5		350		
	10	700		1,6	34,0	6,7		450		
	12	750		2,0	35,3	7,3	290	550	350	
	14	750	200	2,5	36,5	7,8		550		
5,0	16	800		2,5	37,5	8,8		650		850
	18	900		3,2	40,5	11,8		750		
	20	900		3,2	41,5	12,8		750		
	22	900	240	4,0	43,5	14,5	380	750	500	
	24	900		4,0	46,0	16,8		750		
	8	800		2,0	39,0	7,0		450		
	10	800		2,0	40,5	7,3		450		
	12	800		2,0	41,8	7,8		550		
	14	850	200	2,5	42,8	8,8	290	650	350	
6,3	16	850		2,5	44,0	9,5		650		850
	18	1000		3,2	46,5	12,0		750		
	20	1000		3,2	48,0	13,5		850		
	22	1000	240	4,0	51,0	16,5	380	850	500	
	24	1000		4,5	51,8	17,0		950		
	8	900		2,0	61,5	13,0		650		
	10	950	200	2,0	63,0	13,5		750		
	12	950		2,0	65,5	14,0		750		
10,0	14	950		3,2	68,0	16,0	380	750	500	900
	18	1000	240	3,2	70,0	16,5		850		
	20	1100		4,0	72,5	17,5		1000		
	21	1100		4,0	73,5	18,8		1000		

1) R ohne Eigen- und Hublastbeiwerte
2) Traglast des Krans in Tonnen ohne Hublastbeiwert

Tab. 21.3 Einträgerdecken- oder Hängekran
Konstruktionsmaße zu Bild 21.3

Traglast [2]	Spannweite	Maß Lasthaken bis UK Brücke	Trägerhöhe	Kopfträger	Anfahrmaß	Radstand	Anzahl Laufräder	Radlast R [1]		Achsmaß	Radüberstand
P	A	H	F	K	B	a		max R	min R	C	E
t	m	mm	mm	mm	mm	m		kN	kN	mm	mm
1	2	3	4	5	6	7	8	9	10	11	12
	8		360			1,6		5,8	2,0	550	170
	10		360			1,6		6,0	2,2		170
0,5	12	600	360	140	650	2,5	2	7,1	3,3		230
	14		400			2,5		8,2	4,4		230
	8		360			1,6		9,0	2,0		170
	10		400			1,6		9,3	2,3		170
1,0	12	600	400	140	650	2,5	2	10,7	3,7	550	230
	14		400			2,5		12,4	5,4		230
	8		360	140		1,6		9,1	2,1		170
	10	650	400	140	650	1,6	2	9,5	2,5	550	170
1,25	12		400	180		2,5		10,9	3,7		230
	14		450	180		2,5		12,5	5,4		230
	8		360			1,6		12,0	2,3		
	10		400			1,6		13,0	3,0		
1,6	12	700	400	180	650	2,5	2	14,7	4,7	550	230
	14		450			2,5		15,6	6,5		
	8		400			1,6		21,7	3,2		
	10		450			1,6		22,7	4,2		
3,2	12	750	500	200	975	2,5	2	23,7	5,2	600	230
	14		600			2,5		24,8	6,3		
	8		500					33,6	4,6		230
	10		600					34,4	5,4		260
5,0	12	850	750	260	975	2,5	4	35,8	6,8	600	260
	14		800					36,8	7,8		260
	8		700					39,9	4,8		
6,3	10	850	750	260	1055	2,5	4	41,4	5,9	600	260
	12		850					42,6	7,1		

1) ohne Eigen- und Hublastbeiwerte
2) Traglast des Krans in Tonnen ohne Hublastbeiwert

Tab. 21.4 Gewichte der Laufkatzen und Kranbrücken

Traglast[1]	Katzgewicht: Unterflanschkatze	Katzgewicht: Zweischienen Katze	Spannweite A	Brückengewicht: Eintr.	Brückengewicht: Zweitr.
t	t	t	m	t	t
1	2	3	4	5	6
			8	1,8	
			10	2,0	
			12	2,3	
			14	2,7	
1,6	0,5		16	2,8	
			18	3,0	
			20	3,5	
			22	3,8	
			24	5,2	
			26	6,4	
			8	2,4	
			10	2,8	
			12	3,4	4,5
			14	3,5	5,7
			16	3,9	5,8
5,0	0,8	0,9	18	5,2	5,9
			20	6,0	6,7
			22	6,5	7,6
			24	7,5	9,7
			26		10,7
			28		11,7
			8	2,7	
			10	3,3	
			12	3,5	
			14	3,7	
6,3	1,0		16	5,0	
			18	5,6	
			20	6,9	
			22	7,5	
			24	8,3	
			8	3,8	
			10	4,2	
			12	4,7	5,5
			14	5,3	6,2
			16	6,0	6,9
10,0	1,4	1,4	18	7,2	7,7
			20	8,2	8,8
			22	9,1	10,6
			24		11,7
			26		13,6
			28		16,4
			12		7,0
			14		7,9
			16		8,9
			18		10,4
16,0		2,0	20		12,4
			22		13,8
			24		15,6
			26		17,8
			28		20,1
			12		7,9
			14		8,7
			16		10,0
			18		12,0
20,0		2,5	20		13,6
			22		15,3
			24		17,3
			26		19,0
			28		21,3

1) Traglast in Tonnen ohne Hublastbeiwert

Tab. 21.5 Kranbahnen für Brückenlaufkrane

Tabelle für:

- Kranbahnträger als HE-B (IPB)-Profil (DIN 1025)
- Stahlgüte St 37
- Beanspruchungsgruppen B1, B2, B3
- Hubklasse H1, H2
- Durchbiegungsbeschränkung auf 1/750 · ℓ
- Schwingbeiwert ϕ_S = 1.2

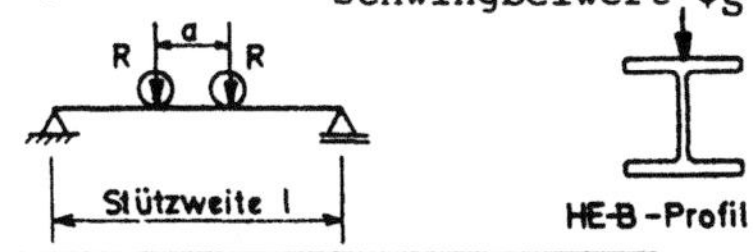

Radlast R 1)	Radstand a	Profil HE-B Stützweite ℓ 5,0 m	6,0 m	7,5 m
kN	m			
1	2	3	4	5
10	1,6	180	200	240
	2,0	180	200	220
	2,5	180	200	220
15	1,6	200	220	260
	2,0	200	220	240
	2,5	180	220	240
20	1,6	200	240	260
	2,0	200	240	260
	2,5	200	220	260
25	1,6	220	240	280
	2,0	220	240	280
	2,5	200	240	280
30	1,6	240	260	300
	2,0	220	260	300
	2,5	220	240	280
	3,2	220	240	280
	4,0	220	240	280
35	1,6	240	280	300
	2,0	240	260	300
	2,5	240	260	300
	3,2	220	240	300
	4,0	220	240	280
40	1,6	260	280	320
	2,0	260	280	320
	2,5	240	280	300
	3,2	240	260	300
	4,0	240	260	300
45	1,6	280	300	340
	2,0	260	300	320
	2,5	260	280	320
	3,2	240	280	320
	4,0	240	260	300
50	1,6	280	300	360
	2,0	280	300	360
	2,5	260	300	340
	3,2	260	280	320
	4,0	260	280	300
55	2,0	280	320	400
	2,5	280	300	360
	3,2	280	300	340
	4,0	260	300	320
60	2,0	300	340	400
	2,5	280	320	400
	3,2	280	300	360
	4,0	280	300	340

Radlast R 1)	Radstand a	Profil HE-B Stützweite ℓ 5,0 m	6,0 m	7,5 m
kN	m			
6	7	8	9	10
65	2,0	300	360	450
	2,5	300	340	450
	3,2	300	320	450
	4,0	280	300	360
70	2,0	320	400	500
	2,5	300	360	450
	3,2	300	320	450
	4,0	300	320	400
75	2,5	320	400	500
	3,2	300	340	450
	4,0	300	340	450
80	2,5	320	400	500
	3,2	320	360	500
	4,0	300	360	450
85	2,5	340	450	550
	3,2	320	400	500
	4,0	320	360	500
90	2,5	360	450	600
	3,2	340	400	550
	4,0	320	400	500
95	2,5	400	500	650
	3,2	360	450	600
	4,0	340	400	500
100	2,5	400	500	700
	3,2	360	450	650
	4,0	340	450	550
110	3,2	400	500	800
	4,0	400	500	650
120	3,2	450	550	900
	4,0	400	500	800
130	3,2	500	600	1000
	4,0	450	600	900
140	3,2	500	650	-
	4,0	500	650	1000
150	3,2	550	800	-
	4,0	500	700	-
160	3,2	650	900	-
	4,0	550	800	-
170	3,2	700	900	-
	4,0	600	900	-
180	3,2	800	1000	-
	4,0	650	1000	-
190	3,2	900	-	-
	4,0	700	-	-
200	3,2	1000	-	-
	4,0	800	-	-

1) Radlast ohne Eigen- und Hublastbeiwerte

Beispiel 21.1 Radstand a = 3,20 m; Radlast R = 45 kN;
Stützweite ℓ = 6,0 m → HE-B 280 Kranbahn.

Bei der Berechnung der Profile wurde der Schwingbeiwert ϕ_S, die Horizontalkräfte (Kransystem EFF) und das Eigengewicht berücksichtigt.

Tab. 21.6 Kranbahn für Decken-Hängelaufkrane

Tabelle für:

- Kranbahnträger als I-Profile (DIN 1025)
- Stahlgüte St 37
- Beanspruchungsgruppen B1, B2, B3
- Hubklasse H1, H2
- Durchbiegungsbeschränkung auf auf 1/750 · ℓ
- Schwingbeiwert Φ_S = 1.2

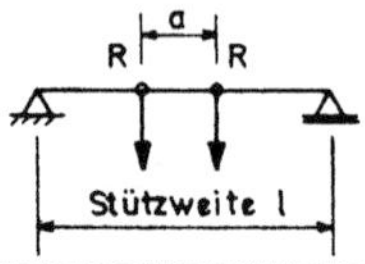

I-Profil

Radlast R 1) kN	Radstand a m	Profil I-Träger Stützweite ℓ 4,0 m	5,0 m	6,0 m	7,5 m	Radlast R 1) kN	Radstand a m	Profil I-Träger Stützweite ℓ 4,0 m	5,0 m	6,0 m	7,5 m
1	2	3	4	5	6	7	8	9	10	11	12
	1,6	180	200	220	260		1,6	300	340		
6,0	2,0	160	200	220	240	22	2,0	300	340	360	400
	2,5	160	180	220	240		2,5	280	320		
	1,6	180	220	240	260		1,6	320	360	400	450
7,0	2,0	180	200	220	240	24	2,0	300	340	400	450
	2,5	180	200	220	260		2,5	280	320	360	400
	1,6	200	220	240	280		1,6	320	360		
8,0	2,0	200	220	240	260	26	2,0	320	360		
	2,5	180	200	240	260		2,5	300	340	400	
	1,6	200	240	260	280		1,6	340	400		
9,0	2,0	200	220	240	280	28	2,0	320	360		450
	2,5	200	220	240	280		2,5	320	360		
	1,6	220	240	260	300		1,6	360	400	450	
10	2,0	220	240	260	300	30	2,0	340	400	400	
	2,5	200	220	260	280		2,5	320	360	400	
	1,6	240	260	280	320		1,6	400	450		
12	2,0	220	260	280	320	35	2,0	360	400	450	500
	2,5	220	240	280	320		2,5	340	400		
	1,6	260	280	300	340		1,6	400	450		
14	2,0	240	280	300	340	37,5	2,0	360	450		
	2,5	240	260	300	320		2,5	360	400		
	1,6	260	300	320	360		1,6	400	450	500	500
16	2,0	260	300	320	360	40	2,0	400	450	450	500
	2,5	240	280	300	340		2,5	360	400	450	-
	1,6	280	320	340	400		1,6	450	450	-	-
18	2,0	280	300	340	360	45	2,0	400	450	500	-
	2,5	260	300	320	360		2,5	400	450	500	-
	1,6	300	320	360			1,6	450	500	-	-
20	2,0	280	320	340	400	50	2,0	450	500	500	-
	2,5	280	300	340			2,5	400	450	500	-

1) ohne Eigen- und Hublastbeiwerte

Beispiel 21.2 Radstand a = 2,00 m; Radlast R = 24 kN; Stützweite ℓ = 5,0 m → I 340 Kranbahn.

Bei der Ermittlung der Profile der Kranbahn wurden der Schwingbeiwert Φ_S, die Horizontalkräfte und das Eigengewicht berücksichtigt.

22. Prüfung von Krananlagen

22.1 Allgemeines

Vor der ersten Inbetriebnahme müssen an Krananlagen verschiedene Prüfungen durchgeführt werden. Man unterscheidet zwischen der Vorprüfung, der Bauprüfung und der Abnahmeprüfung. Die Vor- und Bauprüfung liegt in der Regel in der Verantwortung des Herstellers, die Durchführung der Abnahmeprüfung fällt im allgemeinen in den Verantwortungsbereich des Betreibers. Durchgeführt werden diese drei einmaligen Prüfungen von Sachverständigen. Die wiederkehrenden Prüfungen an Krananlagen können von Sachkundigen oder von Sachverständigen durchgeführt werden. Die wiederkehrenden Prüfungen müssen je nach Bedarf, jedoch mindestens ein Mal jährlich durchgeführt werden.

Außerdem unterscheidet man noch bei Kranen die Nachprüfung (siehe Kap. 22.5), die Prüfung nach wesentlichen Änderungen (siehe Kap. 22.6), die Typenprüfung (siehe Kap. 22.11) und die Teil-Vorprüfung (siehe Kap. 22.12).

Die Prüfung von Krananlagen vor der ersten Inbetriebnahme (Vor-, Bau- und Abnahmeprüfungen) und nach wesentlichen Änderungen (Vor-, Bau- und Abnahmeprüfungen) sind vorgeschrieben bei:

- allen Kranen, die kraftbetrieben sind und
- bei hand- und teilkraftbetätigten Kranen, die eine Tragfähigkeit von mehr als 1000 kg besitzen.

Als kraftbetriebene Krane werden Krane bezeichnet, die mehr als eine Bewegung kraftbetätigt durchführen, d.h. die Bewegung erfolgt über einen elektrischen, hydraulischen oder pneumatischen Antrieb.
Auf die Abnahmeprüfung kann verzichtet werden, wenn die Krananlage den Nachweis der Typenprüfung besitzt. Dieser Verzicht ist allerdings nur möglich für Krane, die das Herstellerwerk betriebsbereit verlassen, z.B. Turmdrehkrane, Autokrane und Mobilkrane.

Bei Krananlagen, die in Gebäuden eingebaut werden, müssen diese Abnahmeprüfungen auch bei einem typgeprüften Kran durchgeführt werden.

22.2 Vorprüfung

Die Vorprüfung wird in der Regel durch einen Sachverständigen des Herstellerwerks durchgeführt. Es handelt sich hierbei um die Prüfung der Festigkeitsberechnung der Krananlage und der Kranbahn einschließlich der Stützkonstruktionen. Was bei der Vorprüfung im Detail alles geprüft wird, ist in /43/ aufgeführt.

Für die Vorprüfung müssen prüffähige Unterlagen vorhanden sein. Es handelt sich hierbei um

- Konstruktionszeichnungen (Detailzeichnungen, Zusammenstellungszeichnungen mit Angaben über Schweißnähte, Form und Güte),
- Stücklisten mit erforderlichen Maßen und Werkstoffangaben,
- übersichtliche und prüfbare Berechnung mit den erforderlichen Spannungs- und Sicherungsnachweisen,
- Stromlaufpläne, eventuell Hydraulikpläne oder Pneumatikpläne,
- Betriebsanleitungen.

Spannungsmessungen mittels Dehnungsmeßstreifen sind als Ergänzung zur Berechnung gestattet. Eine Ausarbeitung der Ergebnisse ist beizulegen.

Von anderen Stellen bereits geprüfte Unterlagen, z.B. die des Prüfingenieurs für die Kranbahn und die Weiterleitung der Kräfte im Gebäude bis zum Fundament, können vom Sachverständigen zur Prüfung herangezogen werden. Der Sachverständige trägt jedoch in jedem Fall die Verantwortung für die Richtigkeit der Lastannahmen, der Ausgangswerte, sowie für die Vollständigkeit der Berechnung. Die Richtigkeit der Berechnung darf er voraussetzen. Der Sachverständige hat die geprüften Unterlagen in einer Liste aufzuführen und muß die geprüften Unterlagen mit seinem Prüfvermerk versehen.

Die geprüften Unterlagen sind vom Sachverständigen, vom Hersteller oder vom Betreiber des Krans für die Lebensdauer des Krans, längstens jedoch 15 Jahre, aufzubewahren. Der Sachverständige hat eine 15-jährige Aufbewahrungspflicht für die Prüfergebnisse.

Im Bereich der Vor-, Bau- und Abnahmeprüfung ergeben sich gewisse Kollisionen der Verantwortungsbereiche zwischen den Prüfingenieuren für Baustatik und den

Sachverständigen für die Prüfung und Abnahme von Krananlagen. Bei baugenehmigungspflichtigen Krananlagen (siehe Kap. 23) obliegt die Prüfung der Standsicherheit eines Gebäudes den Prüfingenieuren. Die Kranbahnen sind fest mit dem Gebäude verbunden und leiten Kräfte in das Gebäude ein, die bis in den Baugrund weiterverfolgt werden müssen. Die Prüfingenieure prüfen deshalb die Kranbahn mit. Die Nahtstelle befindet sich also zwischen dem Sachverständigen und dem Prüfingenieur an der Führungsschiene der Kranbahn. Da die Prüfingenieure meistens auch mit der Überprüfung der Konstruktion beauftragt sind, wird ein Teil der Bauprüfung ebenfalls durch die Prüfingenieure durchgeführt. Nicht geprüft werden von den Prüfingenieuren z.B. elektrische Anlagen, die zur Kranbahn gehören, sowie Fahrbahnbegrenzungen (Puffer), die erst später eingebaut werden. Dem Sachverständigen wird deshalb geraten, eine Gesamtabnahme der Kranbahn bei der Abnahmeprüfung durchzuführen.

Wie aus den vorherigen Zeilen hervorgeht, hat der Sachverständige in jedem Falle die Verantwortung für die Richtigkeit der Lastannahmen und der Ausgangswerte für die Berechnung, obwohl sie durch einen Prüfingenieur geprüft wurde. Der Grund liegt darin, daß bei der Aufstellung der statischen Berechnung meist die endgültige Krankonstruktion noch nicht feststeht, so daß diese Daten unbedingt nochmals überprüft werden müssen.

Anders verhält es sich bei Krananlagen, welche nicht baugenehmigungspflichtig sind. Dort ist in aller Regel der Prüfingenieur nicht eingeschaltet. Hier obliegt die volle Verantwortung dem Sachverständigen.

Die Vorprüfung umfasst

- Prüfung der Festigkeitsberechnung und Einstufung in Hubklassen und Beanspruchungsgruppen,
- Prüfung des Standsicherheitsnachweises; bei bereits geprüften Standsicherheitsnachweisen muß die Richtigkeit der Lastannahme, Einstufung der Krane nach Hubklassen und Betriebsfestigkeitsklassen, Einstufung der Triebwerke nach DIN 15020 "Grundsätze für Seiltriebe" überprüft werden,
- Überprüfung der Berechnung auf Erfassung eventueller Montage- und Rüstzustände; sind die Berechnungen

mit Computeranlagen erstellt worden, muß eine Kontrolle der Ergebnisse des Programms durch eine Vergleichsrechnung durchgeführt werden. Außerdem müssen die Ein- und Ausgabewerte bei der Berechnung geprüft werden,

- Prüfung der Ausführungszeichnungen auf Übereinstimmung mit den Berechnungsunterlagen,
- Überprüfung der Ausführungszeichnungen auf Einhaltung der Unfallverhütungsvorschriften, insbesondere auf die Einhaltung der Vorschriften über Scher- und Quetschstellen,
- Prüfung der Betriebsanleitung, Stromlaufpläne, Hydraulikpläne und Motorkenndaten.

Baugruppen und Bauteile, die bereits von anderen Sachverständigen überprüft wurden (z.B. durch eine Teilprüfung), bedürfen keiner nochmaligen Vorprüfung, z.B. Hebezeuge, Kopfträger oder ähnliches.

22.3 Bauprüfung

Die Bauprüfung erfolgt in der Regel im Herstellerwerk des Krans. Sie umfaßt

- Prüfung auf Übereinstimmung der Ausführung des Krans mit den geprüften Unterlagen aus der Vorprüfung,
- Prüfung, ob der Hersteller einen großen Eignungsnachweis nach DIN 18800 für das Schweißen von Kranen und Kranbahnen besitzt,
- Prüfung der Fertigung der Konstruktionsteile entsprechend den Regeln der Technik; hierzu gehört auch die Feststellung, ob Aufzeichnungen und Unterlagen über zerstörungsfreie Prüfungen vorhanden sind, sofern diese entsprechend der Berechnung erforderlich waren,
- Prüfung des Vorhandenseins der Werksprüfzeugnisse für Werkstoffe, Seile, Lasthaken, Hakengeschirre, Räder usw.

Bauteile oder Baugruppen, die bereits von anderen Sachverständigen gemäß § 28 der Unfallverhütungsvorschrift Krane (VBG9) einer Bauprüfung unterzogen worden sind, bedürfen keiner nochmaligen Bauprüfung, z.B. Hebezeuge, Kopfträger oder ähnliches.

22.4 Abnahmeprüfung

Die Abnahmeprüfung muß bei allen Kranen durchgeführt werden, mit Ausnahme von hand- oder teilkraftbetätigten Kranen mit einer Tragfähigkeit bis einschließlich 1000 kg.
Als teilkraftbetätigt gelten Krane, bei denen nur eine Bewegung kraftbetätigt erfolgt.

Die Abnahmeprüfung erfolgt in der Regel am Standort des Betreibers. Die Abnahmeprüfung muß vor der ersten Inbetriebnahme am betriebsbereiten Kran erfolgen. Dabei muß dafür gesorgt werden, daß bei der Prüfung niemand mehr gefährdet wird, als nach den Umständen unvermeidbar ist.

Die Durchführung der Abnahmeprüfung obliegt in der Regel dem Betreiber, d.h. der Betreiber muß diese Abnahmeprüfung veranlassen.

Die Prüfung erfolgt nach den anerkannten Regeln der Technik, siehe hierzu DIN 15030 und /44/.

Die Abnahmeprüfung umfaßt

- Prüfung der elektrischen Einrichtungen gemäß den VDE-Richtlinien,
- Prüfung auf Einhaltung der Unfallverhütungsvorschriften
  a) Prüfung der Sicherheitseinrichtungen,
  b) Prüfung der Sicherheitsmaßnahmen hinsichtlich Vollständigkeit, Eignung und Wirksamkeit,
  c) Prüfung der Sicherheitsabstände,
- Durchführung einer Probebelastung mit der 1,25-fachen Nennlast; die Verwendung eines Dynamometers, das zwischen Kran und Bodenverankerung angesetzt ist und die Prüflast ersetzen soll, ist nicht zulässig,
- Kontrolle des Prüfbuches auf Vollständigkeit bezüglich der Eintragungen und Bescheinigungen,
- Kontrolle der geprüften Unterlagen auf Übereinstimmung mit der ausgeführten und montierten Anlage.

22.5 Nachprüfung

Wurden bei den Prüfungen (Vorprüfung, Bauprüfung oder Abnahmeprüfung) erhebliche Mängel, die die Sicherheit beeinträchtigen, festgestellt, so ist die Beseitigung der Mängel nachzuprüfen; erforderlichenfalls ist die Probebelastung bei der Nachprüfung der Mängel aus der Abnahmeprüfung zu wiederholen.

22.6 Prüfung nach wesentlichen Änderungen

Wurde eine Krananlage wesentlich abgeändert, so sind Vor-, Bau- und Abnahmeprüfungen wie zuvor beschrieben nochmals durchzuführen. In das Prüfbuch ist ein entsprechender Verweis einzutragen. In Zweifelsfällen entscheidet die zuständige Berufsgenossenschaft.

22.7 Wiederkehrende Prüfung

Krane sind entsprechend den Einsatzbedingungen und den betrieblichen Verhältnissen nach Bedarf, jährlich jedoch mindestens ein Mal, durch einen S a c h k u n d i g e n oder S a c h v e r s t ä n d i g e n prüfen zu lassen.

Der Prüfumfang ist in /43/ aufgeführt. Im einzelnen sind dies

a) Prüfung der Bauteile und mechanischen Einrichtungen
   - Kranbahnkonstruktion,
   - Aufstiege und Laufstege,
   - Kran- und Katzfahrbahn,
   - Krangerüst,
   - Katzkonstruktion,
   - Triebwerke,
   - Bremsen,
   - Schmierung,
   - Sicherheitsabstände, Schilder und Prüfbuch,
   - Fundamente, Verankerungen;

b) elektrische Ausrüstungen
   - Schalter und Betätigungseinrichtungen, Leitungen,
   - Stromverbraucher (Motoren, Signale und Heizungen),
   - Schutzmaßnahmen;

c) Tragmittel
   - Seile,
   - Rundstahlketten,
   - Laschenketten, Stahlgliederketten,
   - Lasthaken, Greifer, Zangen und sonstige Lastaufnahmeeinrichtungen.

22.8 Sachverständiger

Als Sachverständiger für die Prüfung von Kranen gelten neben den Sachverständigen der Technischen Überwachung nur die von den Berufsgenossenschaften ermächtigten Sachverständigen, siehe auch /43/.

22.9. Sachkundiger

Die Wiederkehrenden Prüfungen (s. Kap. 22.7) können auch von Sachkundigen durchgeführt werden. Als sachkundige Personen gelten neben den Sachverständigen die Betriebsingenieure, Maschinenmeister, Kranmeister oder hierfür besonders ausgebildetes Fachpersonal. Sie müssen ausreichend Erfahrung und Kenntnisse haben, um den sicheren Zustand eines Kranes zu beurteilen. Sie müssen die einschlägigen Unfallverhütungsvorschriften, die Richtlinien und die allgemein anerkannten Regeln der Technik beherrschen und damit so weit vertraut sein, daß sie den arbeitssicheren Zustand von Kranen beurteilen können. Ferner sollten sie Kenntnis von den einschlägigen Arbeitsschutzverordnungen und Arbeitsstättenrichtlinien haben.

22.10 Prüfbuch

Die Ergebnisse der Prüfungen müssen in das Kran-Prüfbuch eingetragen sein. Das Prüfbuch muß vom Betreiber auf Verlangen der Berufsgenossenschaften und der Gewerbeaufsicht vorgezeigt werden. Das Prüfbuch ist ein Dokument, vergleichbar mit dem Kraftfahrzeugbrief eines Pkws. Im Prüfbuch sind ferner die technischen Daten der Krananlage (Stammblatt) enthalten. Ferner müssen im Prüfbuch abgeheftet sein

a) Stromlaufpläne
b) Kran-Stammblatt
c) Haken-Stammblatt
d) Seil- oder Ketten-Stammblatt
e) Betriebsanleitungen
f) Berichte über die erstmalige Prüfung
g) Berichte über die regelmäßigen Prüfungen
h) Grundsätze für die Prüfung von Kranen
i) Festigkeitsberechnungen, Standsicherheitsnachweise.

22.11 Typenprüfung

Typenprüfungen können nur für Krane, die das Herstellerwerk verlassen, erteilt werden. Dies gilt z.B. für Turmdrehkrane, Autokrane und Mobilkrane. Siehe hierzu auch /45/.

22.12 Teil-Vorprüfung

Bei seriengefertigten Kranen oder Kranteilen, die nicht die Voraussetzung für eine Typenprüfung erfüllen, besteht die Möglichkeit eine Teil-Vorprüfung vorzunehmen. Diese muß nicht in jedem Einzelfall wiederholt werden; es genügt die Prüfbescheinigung des Sachverständigen, der die Teil-Vorprüfung durchgeführt hat. Ferner muß eine Bescheinigung eines Werksprüfers vorliegen über die Teil-Vorprüfung der Krananlage nach den geprüften Unterlagen. Die Durchführung einer Abnahmeprüfung (mit Ausnahme Kap. 22.4) nach der Fertigmontage ist vorgeschrieben.

23. Baugenehmigungsverfahren

Die Landesbauordnungen der einzelnen Bundesländer regeln die Baugenehmigungsverfahren. In diesem Genehmigungsverfahren wird unterschieden zwischen genehmigungsfreien und genehmigungspflichtigen Bauvorhaben. Danach werden ortsgebundene Krane und Krananlagen unterschiedlich behandelt. So gelten z.B. als baugenehmigungsfrei in Baden-Württemberg, Bayern und Nordrhein-Westfalen Krananlagen mit einer Tragfähigkeit bis zu 5 t, in Hessen bis zu 1 t. In Niedersachsen sind sämtliche Krananlagen ohne Einschränkung der Tragfähigkeit genehmigungspflichtige Bauvorhaben.
Dies gilt sowohl für Neubauten als auch für nachträglich einzubauende Krananlagen innerhalb und außerhalb von Gebäuden.

In aller Regel muß bei genehmigungspflichtigen Krananlagen eine prüffähige statische Berechnung erstellt werden, die von den Prüfämtern bzw. von Prüfingenieuren geprüft wird. Dabei beschränkt sich die statische Berechnung auf die Kranbahn und die durch die Kranbahn belasteten Teile des Gebäudes. Die notwendigen Angaben über die Lasten (vertikal und horizontal) auf die Kranbahn können anhand dieses Buches ermittelt werden. Der Kran selbst fällt in den Prüfungsbereich der von den Berufsgenossenschaften anerkannten Sachverständigen für die Prüfung von Kranen /15/ oder den Sachverständigen der Technischen-Überwachungsvereine.

24. Tabellen

Tab. 24.1 Zugelassene Überschreitungen der zulässigen Spannungen und Unterschreitungen der Beulsicherheiten

Lfd.Nr.	Sonderfall	zulässige Überschreitungen	zulässige Unterschreitungen
1	Abweichungen der Lastannahmen zusammen	3 % der zul. Spannungen	3 % der Sicherheiten
2	Ungewollte Änderungen der Stützbedingungen	10 % der zul. Spannungen	6 % der Sicherheiten
3	Bauzustände	10 % der zul Span. für Lastfall HZ	6 % der Sicherh. für Lastfall HZ

Tab. 24.2 Klemmlängen der hochfesten Schrauben nach DIN 6914 in mm

Länge	M 12	M 16	M 20	M 22	M 24	M 27	M 30	M 36
30	6-10	-	-	-	-	-	-	-
35	11-15	-	-	-	-	-	-	-
40	16-20	10-14	-	-	-	-	-	-
45	21-23	15-19	10-14	-	-	-	-	-
50	24-28	20-24	15-19	14-18	-	-	-	-
55	29-33	25-29	20-24	19-23	-	-	-	-
60	34-38	30-34	25-29	24-28	22-26	-	-	-
65	39-43	35-39	30-34	29-33	27-31	-	-	-
70	44-48	40-44	35-39	34-38	32-36	28-32	24-28	-
75	49-53	45-47	40-44	39-43	37-41	33-37	29-33	-
80	54-58	48-52	45-49	44-48	42-46	38-42	34-38	-
85	59-63	53-57	50-54	49-53	47-51	43-47	39-43	31-35
90	64-68	58-62	55-57	54-56	52-53	48-52	44-48	36-40
95	69-73	63-67	58-62	57-61	54-58	53-57	49-53	41-45
100	-	68-72	63-67	62-66	59-63	58-60	54-56	46-48
105	-	73-77	68-72	67-71	64-68	61-65	57-61	49-53
110	-	78-82	73-77	72-76	69-73	66-70	62-66	54-58
115	-	83-87	78-82	77-81	74-78	71-75	67-71	59-63
120	-	88-92	83-87	82-86	79-83	76-80	72-76	64-68
125	-	93-97	88-92	87-91	84-88	81-85	77-81	69-73
130	-	98-102	93-97	92-96	89-93	86-90	82-86	74-78
135	-	-	98-102	97-101	94-98	91-95	87-91	79-83
140	-	-	103-107	102-106	99-103	96-100	92-96	84-88
145	-	-	108-112	107-111	104-108	101-105	97-101	89-93
150	-	-	113-117	112-116	109-113	106-110	102-106	94-98
155	-	-	118-122	117-121	114-118	111-115	107-111	99-103
160	-	-	-	122-127	119-123	116-120	112-116	104-108
165	-	-	-	128-131	124-128	121-125	117-121	109-113
170	-	-	-	-	129-133	126-130	122-126	114-118
175	-	-	-	-	134-138	131-135	127-131	119-123
180	-	-	-	-	139-143	136-140	132-136	124-128
185	-	-	-	-	144-148	141-145	137-141	129-133
190	-	-	-	-	149-153	146-150	142-146	134-138
195	-	-	-	-	154-158	151-155	147-151	139-143
200	-	-	-	-	-	156-160	152-156	144-148

Tab. 24.3 Relative Einschaltdauer ED (%) bei verschiedenen Kranarten

Kranart - Brückenkrane	Triebwerk	ED %
Einfache Krane, Maschinenhauskrane, Montagekrane, Benutzungsdauer gering	Heben	25
	Katzfahren	25
	Kranfahren	25
Werkstattkrane, Lagerplatzkrane, Gießereilaufkrane	Heben	40
	Katzfahren	40
	Kranfahren	40
Gießkrane, Mischerkrane, Roheisenkrane, Schmiedekrane, Vergütekrane	Hauptheben	40
	Hilfsheben	60
	Hauptkatzfahren	40
	Hilfskatzfahren	40...60
	Kranfahren	40...60
Tiefofenkrane, Stripperkrane, Chargierkrane, Schrottmuldenkrane, Greiferkrane, Magnetkrane	Heben	40...60 1)
	Hilfsheben	40...60
	Drehen	40...60
	Blockfassen, Strippen	40
	Greifen	25
	Katzfahren	40...60
	Kranfahren	40...60

1) bei Tiefofenkranen bis 80 % ED

Literaturverzeichnis

Alle zitierten DIN-Normen und VDI-Richtlinien können vom Beuth Verlag GmbH Burggrafenstr. 8 - 10, 1000 Berlin 30 bezogen werden.

Alle FEM-Empfehlungen (Europäische Vereinigung der Fördertechnik) sind erhältlich beim Deutschen Nationalkomitee der FEM VDMA, Fachgemeinschaft Fördertechnik, Postfach 710109, D 6000 Frankfurt 71.

/1/ Wendehorst/Muth: Bautechnische Zahlentafeln, Stuttgart, 1986

/2/ DIN 15018 Teil 1: Krane; Grundsätze für Stahltragwerke, Berechnung, 11/84;
Teil 2: Krane; Stahltragwerke, Grundsätze für die bauliche Durchbildung und Ausführung, 11/84

/3/ DIN 4132: Kranbahnen; Stahltragwerke; Grundsätze für die Berechnung, bauliche Durchbildung und Ausführung, 2/81

/4/ DIN 15001 Teil 1: Krane; Begriffe, Einteilung nach der Bauart, 11/73
Teil 2: Krane; Begriffe, Einteilung nach der Verwendung, 7/75

/5/ VDI-Richtlinie 2411: Begriffe und Erläuterungen im Förderwesen, 6/70

/6/ Unfallverhütungsvorschrift "Krane", VBG 9, 4/83

/7/ Hannover, H.-O.: Fahrverhalten von Kranen, VDI, Düsseldorf, 1974

/8/ DIN 31001 Teil 1, Teil 3 und Teil 4 Sicherheitstechnische Maßnahmen an Gefahrenstellen, 11/84

/9/ VDI-Richtlinie 2494: Sinnbilder für Krananlagen, 1/67

/10/ Hannover, Mechthold, Tasche: Sicherheit bei Kranen; Erläuterungen zur Unfallverhütungsvorschrift, Düsseldorf, 1977

/11/ VDI-Richtlinie 3576: Schienen für Krananlagen; Schienenverbindungen, Schienenbefestigungen, Toleranzen, 12/76

/12/ VDI-Richtlinie 3571: Herstellungstoleranzen für Brückenkrane; Laufrad, Laufradlagerung und Katzfahrbahn, 8/77

/13/ FEM Sektion I: Berechnungsgrundlagen für Krane, Paris, 1974

/14/ Bierett G.: Berechnung und Gestaltung von Kranbahnen, Stahl u. Eisen 86

/15/ Liste der ermächtigten Sachverständigen von Kranen, Hauptverband der Berufsgenossenschaften, Bonn

/16/ Wellinger, Gimmel, Bodenstein: Werkstofftabellen der Metalle, Stuttgart, 1972

/17/ Stahlbau Handbuch 1, Köln, 1982

/18/ DIN 18800: Stahlbauten Teil 1 - Bemessung und Konstruktion, 3/81
E Teil 2 - Stabilitätsfälle, 12/80
Teil 7 - Herstellung, Eignungsnachweis zum Schweißen, 5/83

/19/ DASt-Richtlinie 010: Empfehlungen zum Vermeiden von Terrassenbrüchen in geschweißten Konstruktionen aus Baustahl, Deutscher Ausschuß für Stahlbau, 6/78

/20/ Hülsdünker A.: Kippsicherheitsnachweis bei I-Trägern, Düsseldorf, 1971

/21/ Petersen, Chr.: Statik und Stabilität der Baukonstruktionen, Braunschweig, 1980

/22/ Dabrowski: Zum Problem der gleichzeitigen Biegung und Torsion dünnwandiger Balken, Der Stahlbau Heft 4, 1960

/23/ Unfallverhütungsvorschrift VBG 9a: Lastaufnahmemittel, 4/79

/24/ Hofmann, Fr.: Seile, Ketten und Lastaufnahmemittel im Hebezeugbetrieb, Düsseldorf, 1967

/25/ VDI-Richtlinie 3305: Gefahrenkennzeichnung, 3/61

/26/ DIN 15020 Seiltriebe, 2/74

/27/ Ernst, H.: Die Hebezeuge, Band II Winden und Krane, Braunschweig, 1953

/28/ Zebisch, H.-J.: Fördertechnik 1 Hebezeuge, Würzburg, 1975

/29/ Dubbel: Taschenbuch für den Maschinenbau, 14. Auflage, Heidelberg, 1981

/30/ Lohse, G.: Kippen, Düsseldorf, 1980

/31/ DIN 4114: Stabilitätsfälle (Knickung, Kippung, Beulung), Teil 1, 7.52; Teil 2, 2.53

/32/ Dreher, W.: Ein Beitrag zur Berechnung des auf Biegung und Torsion beanspruchten Balkens mit I-Querschnitt, Diss. TH Stuttgart, 1963

/33/ Stahl im Hochbau Band 1 Teil 2, 14. Auflage, Düsseldorf, 1986

/34/ Bornscheuer, F.W., Anhäuser, L.: Tafeln der Torsionskenngrößen für die Walzprofile der DIN 1025 bis 1027, Der Stahlbau 3/1961, S. 47

/35/ Friemann, H.: Schub und Torsion in geraden Stäben, Düsseldorf, 1983

/36/ Scheffler, M., Dresig, H., Kurth, F.: Unstetigförderer 2, Fördertechnik, VEB Verlag, Berlin, 1984

/37/ Valtinat, G.: Stahlbau Handbuch 1, Kap. 6, Köln, 1982

/38/ FEM 9.341: Örtliche Trägerbeanspruchung, 10/83

/39/ Hannover, H.O., Reichwald, R.: Lokale Biegebeanspruchung von Träger-Unterflanschen, Fördern und Heben 32 (1982) Nr. 6 u. 8

/40/ Ernst: Die Hebezeuge, Bemessungsgrundlagen, Bauteile, Antriebe, Braunschweig, 1973

/41/ Hütte 1: Das Taschenbuch des Ingenieurs, 27. Aufl., Berlin 1979

/42/ Gregor: Der praktische Stahlbau, Band 2, Köln-Braunsfeld, 1976

/43/ Unfallverhütungsvorschrift Krane: Grundsätze für die Prüfung von Kranen durch Sachverständige bzw. Sachkundige, Bestell-Nr. ZH 1/27, 4/77

/44/ VDI-Richtlinie 2381: Abnahmeprüfung von Krananlagen, Merkblatt für Sachverständige, 4/80

/45/ Grundsätze für die Durchführung der Typenprüfungen von Kranen, Hauptverband der gewerblichen Berufsgenossenschaften e.V., Bonn

/46/ FEM 9.511: Einstufung der Triebwerke, 12/77

/47/ Scheer, J.: Die Berücksichtigung der Stegformungen bei der Wölbkrafttorsion von doppelt symmetrischen I-Profilen, Der Stahlbau 24, 1955 Heft 11

/48/ VDI-Richtlinie 3570: Überlastsicherungen von Kranen, 1/73

/49/ Merkblatt 354: Planung von Hallenlaufkranen für leichten und mittleren Betrieb, Beratungsstelle für Stahlverwendung, Düsseldorf

/50/ Stahl im Hochbau, 13. Aufl., Düsseldorf, 1967

/51/ Meyercordt, W.: Hebezeuge-Fiebel, Mainz, 1973

/52/ Hennies, K.: Beitrag zur Ermittlung der horizontalen Seitenkräfte in Brückenkrananlagen, Diss. TU Braunschweig, 1968

/53/ Hennies, K.: Seitenkräfte in Brückenkrananlagen infolge Schräglaufs des Krans, Stahl und Eisen 89 Nr. 8, S. 398, 1968

/54/ Hannover, H.-O.: Untersuchung des Fahrverhaltens der Brückenkrane unter Berücksichtigung von Störgrößen, Diss. TU Braunschweig 1970; Fachausschuß Ber. Nr. 5.012 (1971) VDEh/VDMA; gekürzte Fassung in Fördern und Heben 21/1971 Nr. 13 S. 767/778 und 22/1972 Nr. 5 S. 249/261

/55/ Pasternak, H.: Ein probabilistisches Modell der Seitenbelastung von Kranbahnen, Der Stahlbau 3/1987

/56/ Firma Wampfler: Gummipuffer, Prospekt 170, 2. Auflage, Wampfler GmbH, Rheinstr. 27, 7858 Weil am Rhein-Märkt

/57/ Oldewurtel, O.: Kinetik des Pufferstoßes, Ruhr-Universität Bochum, Institut für Konstruktionstechnik, Schriftenreihe Heft 83.1

/58/ Palme, E.: Kippnachweis für Kranbahnträger nach der Spannungstheorie II. Ordnung, Stahlbauseminar 1983

/59/ Zeller, W., Franke, A.: Das physikalische Rüstzeug des Ingenieurs, Darmstadt, 1976

/60/ Stahl im Hochbau Band 1 Teil 1, 14. Aufl., Düsseldorf, 1983

/61/ Roik, K.: Vorlesungen über Stahlbau, Berlin, München, Düsseldorf, 1978

/62/ Roik, K., Lindner, J.: Einführung in die Berechnung nach dem Traglastverfahren, Köln, 1979

/63/ Dreyer, G., Münder, E.: Festigkeitslehre und Elastizitätslehre, Darmstadt, 1968

/64/ Dreyer, G., Münder, E.: Formelsammlung u. Rechenbeispiele zur Festigkeitslehre, Darmstadt, 1970

/65/ Schneider, K.-J.: Bautabellen mit Berechnungshinweisen und Beispielen, Düsseldorf, 1984

/66/ Lohse, G.: Knicken und Spannungsberechnung nach Theorie II. Ordnung, Düsseldorf, 1979

/67/ Bornscheuer, F.W.: Beispiel und Formelsammlung zur Spannungsberechnung dünnwandiger Stäbe mit wölbbehindertem Querschnitt, Der Stahlbau 12/1952 und Der Stahlbau 1/1953

/68/ Wellinger, K., Dietmann, H.: Festigkeitsberechnung, Stuttgart, 1976

/69/ Verein Deutscher Eisenhüttenleute: Leitfaden für eine Betriebsfestigkeitsberechnung, Düsseldorf, 1985

/70/ Oxfort, I.K.: Beitrag zur Betriebsfestigkeitsuntersuchung von Stahlkonstruktionen bei beliebiger Form des Beanspruchungskollektives, Der Stahlbau 38, 8/1969, S. 240 ff

/71/ Buxbaum, O.: Betriebsfestigkeit, Düsseldorf, 1986

/72/ Oxfort, J.: Zur Biegebeanspruchung des Stegblechanschlußes infolge exzentrischer Radlasten auf dem Obergurt von Kranbahnträgern, Der Stahlbau 50, 7/1981

/73/ Bitzer, H.-A.: Entwurf und Berechnung von Kranbahnen nach DIN 4132, Merkblatt 154, Beratungsstelle für Stahlverwendung, Düsseldorf, 1982

/74/ Hahn, J.: Durchlaufträger, Rahmen, Platten und Balken, Düsseldorf, 1981

/75/ Zellerer, E.: Durchlaufträger; Einflußlinien, Momentenlinien, Schnittgrößen, Berlin, München, Düsseldorf, 1975

/76/ Scheer, Nölke, Geutz: Beulsicherheitsnachweis für Platten, DASt-Richtlinie 012, 1979

/77/ VDE 0530: Bestimmungen für umlaufende elektrische Maschinen Teil 1, 11/72

/78/ Winter, Knut: Erläuterungen zur DIN 1080, Band 1, 1977; Band 2 1980; Band 3, 1982, Berlin, München, Düsseldorf

/79/ Berechnungsgrundlagen für Kranbahnen,Schweizerische Zentralstelle für Stahlbau, Postfach 8034, Zürich, 1979

/80/ Junker, G., Blume, D.: Neue Wege einer systematischen Schraubenberechnung, wissenschaftliche Veröffentlichung der Firma Bauer u. Schaurte, Neuß/Rhein, Michael Triltsch Verlag, Düsseldorf, 1965

/81/ Fritsche, G: Grundlagen einer genaueren Berechnung statisch und dynamisch beanspruchter Schraubenverbindungen, Diss. TU Berlin, 1962

/82/ Pflüger, A.: Stabilitätsprobleme der Elastostatik, Berlin, Heidelberg, New York, 1975

/83/ Protte, W.: Zum Scheiben- und Beulproblem längsversteifter Stegblechfelder bei örtlicher Lasteinleitung und bei Belastung aus Haupttragwirkung, Technische Mitteilungen Krupp, Forschungsberichte Band 33, Heft 2, 1975

/84/ Klöppel, Scheer, Möller: Beulwerte ausgesteifter Rechteckplatten Band I und II, Berlin, Heidelberg, New York

/85/ Strigl, G.: Das lineare Überlagerungsgesetz für die Lösungen von zusammengesetzten Stabilitätsproblemen mit Verzweigungspunkt, Der Stahlbau 24, 1955, 33-39, 51-61

/86/ Dietrich, M.: Probleme dynamischer Belastungen von Turmdrehkranen, Hebezeuge und Fördermittel, 1962, Heft 9, S. 278-282

/87/ Müller, F.P.: Baudynamik, Betonkalender Teil II, 1978

/88/ Rausch, E.: Maschinenfundamente und andere dynamisch beanspruchte Baukonstruktionen, VDI Verlag, Düsseldorf, 1959

/89/ Luz, E.: Vorlesungen über Baudynamik Teil 1, Institut für Mechanik, Universität Stuttgart, 1977

/90/ Pocanschi, A.: Einführung in die Baudynamik und in erdbebensicheres Bauen, Diss. Institut für Tragwerkskonstruktionen und konstruktives Entwerfen, Universität Stuttgart, Heft 22, 1986

/91/ Valtinat, G.: Schraubenverbindungen, Kapitel 9.2 im Stahlbauhandbuch Band 1, Köln, 1982

/92/ Strelow, D.: Sicherungen für Schraubenverbindungen, Beratungsstelle für Stahlverwendung, Düsseldorf, Merkblatt 302, 1983

/93/ Bossard, H.: Handbuch der Verschraubungstechnik, Grafenau, 1982

/94/ Bachmann, H., Ammann, W.: Schwingungsprobleme bei Bauwerken, Zürich 1987

/95/ Sicherheitslehrbrief für Transportarbeiter, ZH 1/185, Ausgabe 1988, herausgegeben von der Arbeitsgemeinschaft der Eisen- und Metall-Berufsgenossenschaften

/96/ Gentz, E.: Der Einfluß von Hublastexzentrizitäten im Kranbau, Festschrift für Prof. Dr.-Ing. Joachim Scheer, München 1987

/97/ Valtinat, G., Wilhelm, M.: Schrauben-Verbindungen im Stahlbau, Literatur-Zusammenstellung und -Auswertung, Lastverschiebungsdiagramme, Heft 2 der Schriftenreihe Stahlbau und Holzbau, Technische Universität Hamburg-Harburg, Hamburg 1988

/98/ Cywinski, Z.: Drillträger-Formeln für die wichtigsten Belastungsfälle, Der Stahlbau 8/1983, Seite 245 ff.

Sachwortverzeichnis

GPSR Compliance

The European Union's (EU) General Product Safety Regulation (GPSR) is a set of rules that requires consumer products to be safe and our obligations to ensure this.

If you have any concerns about our products, you can contact us on ProductSafety@springernature.com

In case Publisher is established outside the EU, the EU authorized representative is:

Springer Nature Customer Service Center GmbH
Europaplatz 3
69115 Heidelberg, Germany

Batch number: 10584556

Printed by Printforce, the Netherlands